新型职业农民培育系列教材
——家畜规模养殖

现代生猪生产技术

关红民　主编

中国农业大学出版社
·北京·

内 容 简 介

　　《现代生猪生产技术》一书从猪品种选用与引种繁育、猪场饲料生产管理技术、猪群的饲养管理技术、猪场兽医卫生保健与猪病防控技术、生猪养殖成本核算与效益分析等方面进行了阐述，重点就生猪产业实际生产中遇到的常见问题提出了有效的应对措施和解决办法。本书紧紧围绕现代肉猪产业生产不同阶段的特点，侧重介绍了生猪优质高产高效生产关键性技术，具有较强的针对性和实用性，有利用培养学员的应职岗位能力、创业能力和创新精神。

图书在版编目(CIP)数据

　　现代生猪生产技术/关红民主编．—北京：中国农业大学出版社，2016.4

　　ISBN 978-7-5655-1536-1

　　Ⅰ.①现… Ⅱ.①关… Ⅲ.①养猪学-技术培训-教材
Ⅳ.①S828

　　中国版本图书馆 CIP 数据核字(2016)第 057622 号

书　名	现代生猪生产技术
作　者	关红民　主编

策划编辑	张　蕊	责任编辑	张　玉
封面设计	郑　川	责任校对	王晓凤

出版发行　中国农业大学出版社
社　　址　北京市海淀区圆明园西路 2 号　　邮政编码　100193
电　　话　发行部 010-62818525，8625　　读者服务部 010-62732336
　　　　　编辑部 010-62732617，2618　　出　版　部 010-62733440
网　　址　http：//www.cau.edu.cn/caup　　E-mail cbsszs @ cau.edu.cn
经　　销　新华书店
印　　刷　北京俊林印刷有限公司
版　　次　2016 年 5 月第 1 版　　2016 年 5 月第 1 次印刷
规　　格　850×1 168　　32 开本　　9.625 印张　　240 千字
定　　价　21.00 元

图书如有质量问题本社发行部负责调换

编 审 人 员

编 写 说 明

职业农民是农业生产经营主体。开展农民教育培训,提高农民综合素质、生产技能和经营能力,是发展现代农业和建设社会主义新农村的重要举措。党中央、国务院高度重视农民教育培训工作,提出了"大力培育新型职业农民"的历史任务。目前我国养猪生产具有广阔的发展空间,养猪生产的当务之急是从转变养猪生产方式的高度出发,以优质、高效、生态和可持续发展为目标,加大技术投资,依靠科技进步,形成专业生态化生产、一体化经营、社会化服务、企业化管理,加快养猪业专业化、系列化、市场化和社会化进程,向品种良种化、生产集约化、过程生态无害化和产品优质化方向迈进,全面提升养猪生产效益,让养猪产业实现突破式发展。

为贯彻落实中央的战略部署,提高农民教育培训质量,同时也为各地培育新型职业农民提供基础保障-高质量教材,遵循农民教育培训的基本特点和规律,我们编写了《现代生猪生产技术》一书。

《现代生猪生产技术》是新型职业农民培育系列教材之一。作者在对多年来养猪生产实践经验加以总结的基础上,以技术问答方式编写了《现代生猪生产技术》一书。本书内容主要包括猪品种选用与引种繁育、猪常见饲料与加工调制、各类猪群的饲养管理技术、猪场兽医卫生保健与常见猪病诊治、生猪养殖成本核算与效益分析5个部分。全书紧密结合养猪生产实际,技术先进,实用性与可操作性强,通俗易懂,既可作为养猪生产一线的新型职业农民的培训教材,也可作为从事养猪生产、管理人员及农业职业院校师生的学习参考用书。

本教材由甘肃畜牧工程职业技术学院关红民任主编。刘孟洲、岳达昌、田芳、张玺、王选慧、王佳与豆思远参加编写。全书由关红民统稿,甘肃畜牧工程职业技术学院杨孝列与李和国教授主审,北京农业职业学院李玉冰教授、原农业部科技教育司寇建平处长和原农业部农民科技教育培训中心教材处原处长陈肖安等同志对教材内容进行了最终审定,在此一并表示感谢。

由于编者水平有限,加之时间仓促,教材中不妥和错误之处在所难免。衷心希望广大读者提出宝贵意见,以期进一步修订和完善。

编　者

2015.12

目　录

一、引种繁育

(一)猪品种选用

1.猪的经济类型有哪些及其特征如何?

生产中根据不同猪种生产肉脂的性能和相应的体躯结构特点,将猪的类型按经济用途划分为瘦肉型、脂肪型和兼用型。

(1)瘦肉型猪

①体型外貌。体形呈流线型(长条形),结构紧凑,体格较大,前躯轻、后躯重,头颈小,体躯长,背腰平直或略弓起,腿臀丰满,腹部紧凑,四肢较高,毛色整齐,体长大于胸围,长 15～20 cm。

②生产性能。胴体瘦肉率 55%～60%以上,背膘厚 3 cm 以下,育肥期平均日增重 700～850 g,饲料利用率 2.8～3.0,出栏时间早,经济效益好;肉质差(肌纤维粗、肌间脂肪少、PSE 肉多),产仔少,应激强,饲养管理要求高等是其缺点。

③典型代表。如从国外引入我国的优良猪种。

(2)脂肪型猪

①体型外貌。体形呈方砖型,结构疏松,体格较小;头形粗糙,毛色较杂;体躯短宽,腹部下垂;腿臀狭窄,四肢较矮;体长小于胸围或基本相等。

②生产性能。胴体瘦肉率 38%～45%,肥肉率 35%～43%,背膘厚 5～6 cm 以上,肌纤维细,肉味香,性成熟早,繁殖力强,母性好,耐粗饲、适应性、抗应激能力强。育肥期平均日增重 500～600 g,

饲料利用率 4～5，脂多皮厚、瘦肉率低、育肥时间长、经济效益差等是其缺点。

③典型代表。如我国的大多数地方猪种。

（3）兼用型猪

①体型外貌。体形呈长方形或正方形，**体格中等大小，后躯略发达于前躯**，背腰中等长，腿臀较丰满，四肢略高，毛色整齐，体长略大于胸围或基本相等。

②生产性能。介于脂肪型和瘦肉型猪之间，胴体瘦肉率 45%～55%，背膘厚 3～5 cm，育肥期平均日增重 600～700 g，饲料利用率 3.5～4.0。

③典型代表。如我国的大多数培育猪种（表 1-1）。

表 1-1　中国培育猪种经济类型划分标准

划分标准	瘦肉型	肉脂兼用型	脂肉兼用型	脂肪型
瘦肉量/%	56 以上	50～55.9	45～49.9	45 以下
膘厚*/cm	3.0	3.1～4.0	4.1～5.0	5.0 以下
体长＞胸围/cm	15 以上	10～14.9	5～9.9	5 以下
眼肌面积/cm²	28 以上	28 以上	25～27.9	19 以下

* 肩部、胸腰结合部、腰荐结合处三点平均膘厚。

（陈清明，现代养猪生产，1997）

2.我国地方猪种分为哪些及其特征如何？

我国养猪历史悠久，生态环境多样，几千年来，在复杂的生态环境作用下和我国劳动人民精心的培育下，形成了丰富的地方猪种资源。根据 2004 年 1 月出版的《中国畜禽遗传资源状况》统计，我国已认定的 596 个畜禽品种中，猪种 99 个（其中地方品种 72 个，培育品种 19 个，引入品种 8 个），加上 2004 年以来审定的新品种和配套系 6 个，共 105 个猪种，是世界猪种资源宝库的重要组成部分。根据生产性能、体质外形、分布等情况,结合当地自然条件、饲料条件、农业和人类迁移等情况,可将我国地方猪种分为华北型、华南型、华中型、高原型、江海型和西南型六大类型。中国地方猪类型分布如图1-1所示。

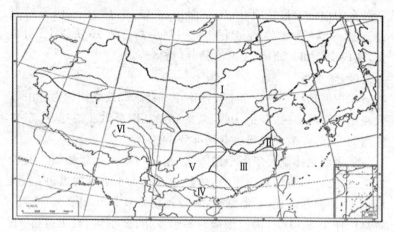

图 1-1 中国地方猪类型分布示意图

Ⅰ.华北型 Ⅱ.江海型 Ⅲ.华中型 Ⅳ.华南型 Ⅴ.西南型 Ⅵ.高原型

(杨公社,猪生产学,2002)

(1)华北型

华北型猪种分布最广,主要在淮河、秦岭以北。包括东北、华北、内蒙古、新疆、宁夏,以及陕西、湖北、安徽、江苏四省的北部地区和青海的西宁市、四川省广元市附近的小部分地区。

华北型猪毛色多为黑色,偶在末端出现白斑。体躯较大,四肢粗壮;头较平直,嘴筒较长;耳大下垂,额间多纵行皱纹;皮厚多皱褶,毛粗密,鬃毛发达,可长达 10 cm;冬季密生绒毛,抗寒力强。乳头 8 对左右,产仔数一般在 12 头以上,母性强,泌乳性能好,仔猪育成率较高。耐粗饲,消化能力强。如民猪、八眉猪、黄淮海黑猪、汉江黑猪和沂蒙黑猪等。

（2）江海型

江海型猪种主要分布于汉水和长江中下游沿岸以及东南沿海地区。

江海型猪种的毛色自北向南由全黑逐步向黑白花过渡，个别猪种全为白色。骨骼粗壮，皮厚而松，多皱褶，耳大下垂；繁殖力高，乳头多为8～9对，窝产仔13头以上，高者达15头以上；脂肪多，瘦肉少。如太湖猪、姜曲海猪、虹桥猪等。

（3）华中型

华中型猪种主要分布于长江南岸到北回归线之间的大巴山和武陵山以东的地区，包括江西、湖南和浙江南部以及福建、广东和广西的北部，安徽和贵州也有局部分布。

华中型猪体躯较华南型猪大，体型则与华南型猪相似。毛色以黑白花为主，头尾多为黑色，体躯中部有大小不等的黑斑，个别者全黑，体质较疏松，骨骼细致，背腰较宽而多下凹；乳头6～7对，每窝产仔10～13头；肉质细嫩。如宁乡猪、金华猪、大花白猪、华中两头乌猪等。

（4）华南型

华南型猪种分布在云南省西南部和南部边缘，广西和广东偏南的大部分地区，以及福建的东南角和台湾各地。

华南型猪毛色多为黑白花，在头、臀部多为黑色，腹部多为白色，体躯偏小，体型丰满，背腰宽阔下陷，腹大下垂，皮薄毛稀，耳小直立或向两侧平伸；性成熟早，乳头多为5～7对，产仔数较少，每胎6～10头；脂肪偏多。如两广小花猪、海南猪、滇南小耳猪、香猪等。

（5）西南型

西南型猪种主要分布在云贵高原和四川盆地的大部分地区，以及湘鄂西部。

西南型猪种毛色多为全黑和相当数量的黑白花（"六白"或不完全"六白"等），但也有少量红毛猪。头大，腿较粗短，额部多有旋毛或纵行皱纹；乳头多为6～7对，产仔数一般为8～10头；屠宰率低,脂肪多。如内江猪、荣昌猪、乌金猪等。

（6）高原型

高原型猪种主要分布在青藏高原。被毛多为全黑色,少数为黑白花和红毛。头狭长,嘴筒直尖,犬齿发达,耳小竖立,体型紧凑,四肢坚实,形似野猪;乳头多为5对,每窝产仔5～6头;生长慢,胴体瘦肉多;背毛粗长,绒毛密生,适应高寒气候,藏猪为典型代表。

3.我国地方猪种具有哪些优良种质特性?

我国地方猪种具有优良的种质特性,主要表现在以下几个方面。

（1）繁殖力强

无论公猪还是母猪,性成熟早,初配日龄早。母猪发情明显、排卵多、一般20～30枚,胚胎成活率高,产仔数多,泌乳力强。公猪性欲好,配种能力强。

（2）耐粗饲

消化粗纤维能力强,能大量利用青粗饲料,饲料来源广泛。在较低的营养水平下,获得一定的日增重。

（3）抗逆性强

华北型猪具有较强的抗寒能力,华南型猪能耐受潮湿和高温环境。另外,我国地方猪种还具有抗病力强、对饥饿耐受力强及高海拔适应能力强等特点。

（4）肉质优良

我国地方猪肉色鲜红,肉内含水量少,脂肪熔点高,肌纤维间大理石样花纹明显,肉质细嫩多汁,口感嫩滑,味香质嫩。

（5）性情温顺,母性强

我国地方猪种性情温顺,便于管理和调教。母猪护仔能力强,仔猪断奶育成率比较高。

（6）携带特殊基因

我国地方猪种资源的特殊基因中,具有较大优势的是矮小基因(或微小基因)。贵州和广西的香猪、海南的五指山猪、云南的版纳微型猪以及台湾的小耳猪,是我国特有的猪种资源。这些猪成年体高 35～45 cm,体重只有 40 kg 左右,具有性成熟早、体型小、耐粗饲、易饲养和肉质好等特性,是理想的医学实验动物模型。

另外,微型猪体成熟早,幼小时又无奶腥味,是制作烤乳猪的最佳原料,具有广阔的市场开发利用前景。

我国地方猪种虽具有以上优良种质特性,但同时也存在生长缓慢、胴体脂肪多和皮厚等缺点,需要扬长避短,合理开发利用。

4. 我国优良地方猪种有哪些及其特征如何?

我国地方猪种品种繁多,基本上是在各地区相比闭锁条件下,采用原始技术选育而成,适应当时经济的猪种。具有代表性的猪种主要包括以下几种。

(1)民猪

民猪(图 1-2)原名东北民猪,产于东北和华北部分地区。

（公猪♂）　　　　　　　　　　　　　（母猪♀）

图 1-2　民猪

(王林云,养猪词典,2004)

①体型外貌。全身被毛黑色,鬃长毛密,冬季密生绒毛。头中等大小,面直长,耳大下垂。体躯扁平,背腰狭窄,臀部倾斜,四肢粗壮,体质强健。乳头 7～8 对。

②生长发育与生产性能。成年公猪体重 195 kg,成年母猪体

重 151 kg。经产母猪平均产仔数 13.5 头,仔猪初生重 0.98 kg,18～92 kg 育肥期日增重 458 g,90 kg 屠宰时屠宰率 72.5%,胴体瘦肉率 46.1%。该猪的优点是抗寒、耐粗饲、产仔多、肉质品质好,但后腿肌肉不丰满,饲料转化率低。

③杂交利用。以民猪为母本分别与大约克夏猪、长白猪和杜洛克猪等进行经济杂交,效果良好。

(2)太湖猪

太湖猪主要分布于长江下游,江苏省、浙江省和上海市交界的太湖流域,由梅山猪(图 1-3)、嘉兴黑猪(图 1-4)、枫泾猪(图 1-5)、二花脸猪(图 1-6)、焦溪猪、横泾猪、米猪和沙乌头猪等类型组成。

（公猪♂）

（母猪♀）

图 1-3 梅山猪

（王林云,养猪词典,2004）

（公猪♂）

（母猪♀）

图 1-4 嘉兴黑猪

（王林云,养猪词典,2004）

（公猪♂）

（母猪♀）

图 1-5　枫泾猪

（王林云,养猪词典,2004）

（公猪♂）

（母猪♀）

图 1-6　二花脸猪

（王林云,养猪词典,2004）

　　①体型外貌。全身被毛稀疏,毛黑色或青灰色。头大额宽,额部多深皱褶,耳特大下垂。卧系、凹背斜尻。腹部皮肤多呈紫红色,梅山猪、枫泾猪和嘉兴黑猪的四肢末端为白色。乳头8～9对。

　　②生长发育和生产性能。成年梅山公猪体重193 kg,成年梅山母猪体重173 kg。经产母猪平均产仔数15.83头,是我国乃至全世界猪种中产仔数最多的品种。梅山猪在体重25～90 kg阶段日增重439 g,90 kg体重屠宰率65%～70%,胴体瘦肉率40%～45%。太湖猪具有产仔多、泌乳力强、母性好、肉鲜味美等优点,但

大腿欠丰满,增重较慢。

③杂交利用。以太湖猪为母本与杜洛克、长白猪和大约克夏猪杂交,效果良好。

（3）两广小花猪

两广小花猪（图1-7）分布于广东省和广西壮族自治区相邻的浔江、西江流域的南部,是由陆川猪、福绵猪、公馆猪和广东小耳花猪归并,1982年统称为两广小花猪。

（公猪♂）　　　　　　　　　　（母猪♀）

图1-7　两广小花猪

（王林云,养猪词典,2004）

①体型外貌。体型较小,具有头短、颈短、身短、耳短、脚短和尾短的特点,故有"六短猪"之称。额较宽,有"O"形或菱形波纹,中间有白斑三角形。耳小向外平伸,背腰宽而凹陷,腹大触地。被毛稀疏,毛色为黑白花,乳头6～7对。

②生长发育与生产性能。成年公猪体重130.96 kg,成年母猪体重112.12 kg。经产母猪平均产仔数10.36头。陆川猪体重15～90 kg阶段,日增重307 g左右。体重75 kg屠宰,屠宰率68%,胴体瘦肉率37.2%。两广小花猪具有早熟易肥、产仔较多、母性强、肉脂好等优点。但存在凹背、腹大拖地、生长发育较慢等缺点。

③杂交利用。以两广小花猪为母本同长白猪、大约克夏猪杂交,效果较好。

（4）华中两头乌猪

华中两头乌猪产于湖北、湖南、江西、广东等省和沿江滨湖平原以及江南丘陵地区。1982 年召开的华中两头乌猪学术讨论会商定,将原来湖南的沙子岭猪(图 1-8)、湖北省的通城猪(图 1-9)和监利猪(图 1-10)、江西的赣南两头乌猪和广西东山猪统一定名为华中两头乌猪。

①体型外貌。头和臀部为黑色,四肢、躯干为白色。头短宽,额部皱纹呈菱形,耳中等大下垂,背腰微凹,腹大下垂,后躯欠丰满,乳头多为 6～7 对。

（公猪♂）　　　　　　　　　（母猪♀）

图 1-8　沙子岭猪

（王林云,养猪词典,2004）

（公猪♂）　　　　　　　　　（母猪♀）

图 1-9　通城猪

（王林云,养猪词典,2004）

（公猪♂）　　　　　　　　　　（母猪♀）

图 1-10　监利猪

（王林云，养猪词典，2004）

②生长发育与生产性能。成年公猪体重 100 kg，成年母猪体重 90 kg。经产母猪平均产仔数 11 头。中等营养水平下，育肥猪在 15～80 kg 阶段，日增重 400 g 左右。体重 75 kg 屠宰，屠宰率 71％，胴体瘦肉率 41％～43％。华中两头乌猪具有早熟易肥，生长较快、肉脂细嫩、肉味鲜美等优点。

③杂交利用。以华中两头乌猪作母本，与长白猪、大约克夏猪、杜洛克等猪种杂交，杂种一代均表现较明显的杂种优势。我国著名的瘦肉型培育品种湖北白猪就是利用长白猪，大约克夏猪和通城猪杂交而培育成功的。

（5）荣昌猪

荣昌猪（图 1-11）原产于四川省荣昌和隆昌两县，主要分布在永川、泸县和江津等 10 余个县市。

①体型外貌。体型较大，全身被毛除两眼周围或头部有黑斑外，其余均为白色。头大小适中，面微凹，耳中等大小而下垂，背腰微凹，腹大而深，臀部稍倾斜，四肢细致、结实，乳头 6～7 对。

②生长发育与生产性能。成年公猪体重 158 kg，成年母猪体重 144.2 kg。经产母猪平均产仔数 12 头。中等营养水平下，育肥猪在 20～80 kg 阶段，日增重 488 g。育肥猪体重 87 kg 屠宰，屠宰率 69％，胴体瘦肉率 42％～46％。荣昌猪具有早熟易肥，耐粗饲、肉质优良、鬃毛洁白、刚韧等优点，但抗寒力稍差，后腿欠丰满。

（公猪♂）　　　　　　　（母猪♀）

图 1-11　荣昌猪

（王林云，养猪词典，2004）

③杂交利用。用大约克夏、长白猪、杜洛克、汉普夏等猪种作父本与荣昌猪杂交，一代杂种猪均有一定杂种优势，其中长白猪与荣昌猪配合力较好。

（6）香猪

香猪（图 1-12）是我国超小型地方猪种，分布在贵州省从江县和三都县以及广西壮族自治区环江县等地。

（公猪♂）　　　　　　　（母猪♀）

图 1-12　香猪

（王林云，养猪词典，2004）

①体型外貌。体躯短小，头较直，耳较小且薄，略向两侧平伸或稍下垂。背腰宽而微凹，腹大丰圆触地，后躯较丰满。四肢细短，后肢多卧系。毛色多全黑，但亦有"六白"或不完全"六白"特

征。乳头 5～6 对。

②生长发育与生产性能。成年公猪体重 37.4 kg，成年母猪体重 40 kg，经产母猪平均产仔数 5～8 头。在较好的饲养条件下，从 90 日龄体重 3.72 kg 育肥至 180 日龄体重 22.61 kg，日增重 210 g。体重 38.8 kg 屠宰，屠宰率 65.7%，胴体瘦肉率 46.7%。香猪具有早熟易肥，皮薄骨细，肉嫩味美等优点。

③开发利用。香猪用作烤乳猪，腊肉别有风味。微型香猪作为实验动物和大城市家庭宠物，具有很大的发展潜力。

（7）金华猪

金华猪（图 1-13）原产于浙江省金华地区的东阳县、义乌县和金华县等地，主要分布于东阳、浦江、义乌、金华、永康及武义等县。我国的许多省市有引进。

（公猪♂）　　　　　　　（母猪♀）

图 1-13　金华猪

（王林云，养猪词典，2004）

①体型外貌。金华猪的体型中等偏小。耳中等大小，下垂。额部有皱褶。颈短粗。背腰微凹，腹大微下垂。四肢细短，蹄呈玉色，蹄质结实。毛色为体躯中间白、两端黑的"两头乌"特征。乳头 8 对以上。

②生长发育与生产性能。公、母猪一般 5 月龄左右配种，产仔数平均 13～14 头，8～9 月龄肉猪体重为 65～75 kg，屠宰率 72%，10 月龄瘦肉率 43.46%。

③开发利用。金华猪是一个优良的地方品种。其性成熟早,繁殖力高,皮薄骨细,肉质优良,适宜腌制火腿。可作为杂交亲本。常见的组合有:长金组合、苏金组合、大金组合、长大金组合、长苏金组合、苏大金组合及大长金组合等。金华猪的缺点是肉猪后期生长慢,饲料转化率较低。

5. 我国培育猪种具有哪些优良种质特性?

我国培育猪种或品系的育成,起始于国外品种的引入以及利用国外优良品种杂交改良我国的地方猪种。培育品种保留了我国地方品种母性强、发情明显、繁殖力高、肉质好、适应性强、能大量利用青粗饲料等优点,同时改进其增重慢、饲料利用率低、屠宰率低、体型结构不良、胴体中皮下脂肪多、瘦肉少等缺点。从新中国成立到现在,全国各地都在大力开展猪的杂交改良工作,到目前为止,共育成 40 多个猪的新品种或品系,这些新品种或品系的类型主要以瘦肉型和肉脂兼用型为主。

6. 我国培育猪种有哪些及其特征如何?

我国培育猪种主要有以下几种。

(1)三江白猪

三江白猪(图 1-14)原产于黑龙江佳木斯地区,现主要分布在黑龙江东部三江平原地区。三江白猪是利用长白猪和民猪正反交,一代杂种母猪再与长白公猪回交,经闭锁繁育于 1983 年育成的我国第一个瘦肉型猪种。

①体型外貌。全身被毛白色,毛丛稍密,体型近似长白猪,具有典型的瘦肉型猪的体躯结构。头轻嘴直,耳大下垂。背腰宽平,腿臀丰满。四肢粗壮,蹄质结实,乳头 7 对,排列整齐。

②生长发育与生产性能。成年公猪体重 250～300 kg,成年母猪体重 200～250 kg,经产母猪平均产仔数 12.4 头。6 月龄育肥猪体重达 90 kg 以上,平均日增重 666 g,饲料利用率 3.5 以下。

（公猪♂）　　　　　　　　　　　　（母猪♀）

图 1-14　三江白猪

（王林云,养猪词典,2004）

育肥猪 90 kg 体重屠宰,胴体瘦肉率 58.6%。三江白猪具有生长较快、耗料少、瘦肉多、肉质好、抗寒力强等优点。

③杂交利用。三江白猪与杜洛克,汉普夏等品种具有较好的配合力,既可以作杂交父本,也可以作杂交母本。

（2）湖北白猪

湖北白猪（图 1-15）原产于湖北省武汉市,在湖北省大部分市县均有分布。是利用通城猪、荣昌猪与长白猪和大约克夏猪进行杂交选育,于 1986 年培育成功的我国第二个瘦肉型猪种。

（公猪♂）　　　　　　　　　　　　（母猪♀）

图 1-15　湖北白猪

（王林云,养猪词典,2004）

①体型外貌。全身被毛白色,体型中等,头颈较轻,面部平直或微凹,耳中等大前倾或稍下垂,背腰较长,腹线较平直,腿臀肌肉

丰满,蹄质结实,乳头 6 对。

②生长发育与生产性能。成年公猪体重 250～300 kg,成年母猪体重 200～250 kg,经产母猪平均产仔数 12 头以上。6 月龄育肥猪体重达 90 kg 以上,20～90 kg 阶段日增重 600～650 g,饲料利用率 3.5 以下。育肥猪 90 kg 屠宰,胴体瘦肉率 58%以上。湖北白猪具有瘦肉多、肉质好、生长发育快、繁殖性能优良、耐高温能力强等优点。

③杂交利用。以湖北白猪为母本与杜洛克和汉普夏猪杂交具有较好的配合力,特别是与杜洛克杂交效果明显。

（3）苏太猪

苏太猪(图 1-16)原产于江苏省苏州市,现已向全国十余个省、市、自治区推广。是以繁殖性能突出的太湖猪为基础,于 1999 年培育成功的我国著名瘦肉型猪种。

（公猪♂）　　　　　　　　　（母猪♀）

图 1-16　苏太猪

（王林云,养猪词典,2004）

①体型外貌。全身被毛黑色,耳中等大向前下方下垂。头面部有清晰皱纹,嘴中等长而直。四肢结实,背腰平直。腹部紧凑,后躯丰满。乳头 7 对,分布均匀。

②生长发育与生产性能。正常饲养条件下,6 月龄后备公猪体重 70～85 kg;6 月龄后备母猪体重 72～88 kg。经产母猪平均产仔数 14.45 头。6 月龄体重达 90 kg 以上,育肥猪体重 25～90 kg 阶段平均日增重 623 g,饲料利用率 3.18。育肥猪 90 kg 屠宰,屠

宰率 72.88%,胴体瘦肉率 56%。苏太猪具有繁殖力强、耐粗饲、适应性强、肉质优良等优点。

③杂交利用。苏太猪是理想的杂交母本,与长白猪和大约克夏猪杂交配合力较高。

(4)哈尔滨白猪

哈尔滨白猪(图 1-17)简称哈白猪,产于黑龙江省南部和中部地区,并广泛分布于滨洲、滨绥和牡佳等铁路沿线。哈白猪是东北农学院于 1975 年育成的我国第一个肉脂兼用型品种。

(公猪♂)　　　　　　　　(母猪♀)

图 1-17　哈尔滨白猪

(王林云,养猪词典,2004)

①体型外貌。体型较大,全身被毛白色。头中等大,两耳直立,颜面微凹。背腰平直,腹稍大但不下垂,腿臀丰满。四肢强健,体质结实。乳头 7 对以上。

②生长发育与生产性能。成年公猪体重 200～250 kg,成年母猪体重 180～200 kg,经产母猪平均产仔数 11.3 头。育肥猪体重 15～120 kg 阶段,平均日增重 587 g。体重 115 kg 屠宰,屠宰率 74.75%,胴体瘦肉率 45.1%。近年来经过选育提高的哈白猪平均日增重达 650 g,胴体瘦肉率 56%以上。哈白猪具有抗寒力强、耐粗饲、生长较快、耗料较少等优点,是产区优良的杂交母本。

③杂交利用。哈白猪与民猪、三江白猪和东北花猪(黑龙系)进行正反杂交,所得的一代杂种猪在肥育期日增重和饲料利用率

上,均具有较强的杂种优势。用哈白猪做母本,与杜洛克、长白猪和大约克夏猪进行杂交,具有较好的杂交效果。

（5）上海白猪

上海白猪(图 1-18)产于上海近郊的上海和宝山两县,分布于上海市郊各县,是利用大约克夏猪、苏白猪等品种与本地猪经复杂育成杂交,于 1979 年育成的肉脂兼用型品种。

（公猪♂）   （母猪♀）

图 1-18   上海白猪

（王林云,养猪词典,2004）

①体型外貌。全身被毛白色,面部平直或略凹,耳中等大,略向前倾。体躯较长,背宽平直,腹较大,腿臀丰满,四肢强健。体质结实,乳头 7 对。

②生长发育与生产性能。成年公猪体重 177.6 kg,成年母猪体重 158 kg。经产母猪平均产仔数 12.93 头。育肥猪体重 22～89.7 kg 阶段,平均日增重 615 g,饲料利用率 3.5 左右。体重 90 kg 屠宰率 73%,胴体瘦肉率 52.49%。上海白猪具有生长较快、胴体瘦肉率较高、产仔较多等优点,但青年母猪发情不明显。

③杂交利用。用上海白猪作母本,与杜洛克、大约克夏猪进行杂交,具有较好的杂交效果。

（6）北京黑猪

北京黑猪(图 1-19)产于北京市各区县,是用巴克夏猪、约克夏猪、苏白猪及河北黑猪通过复杂杂交与系统选育于 1982 年育成的肉脂兼用型品种。

（公猪♂）　　　　　　　　　　（母猪♀）

图 1-19　北京黑猪

（王林云，养猪词典，2004）

①体型外貌。全身被毛黑色，头大小适中，两耳向前上方直立或平伸，面部微凹，额较宽，颈肩结合良好。背腰宽平，腿臀较丰满。四肢健壮，体质结实。结构匀称，乳头 7 对以上。

②生长发育与生产性能。成年公猪体重 262 kg，成年母猪体重 220 kg。经产母猪平均产仔数 11.52 头。生长育肥猪在体重 20～90 kg 阶段，日增重 650 g 左右，饲料利用率 3.36 左右。体重 90 kg 屠宰率 73%，胴体瘦肉率 51.5%。北京黑猪具有体型较大、生长较快、肉质好的特点。

③杂交利用。长白公猪与北京黑猪杂交，用杂种一代母猪作母本，再用杜洛克猪或大约克夏猪作父本进行经济杂交，效果明显。

7. 我国引入猪种有哪些及其特征如何？

从 19 世纪初开始，我国从国外引入的猪品种达 10 多个，其中对猪种改良贡献作业较大的有大约克夏猪、中约克夏猪、巴克夏猪、苏联大白猪、长白猪等品种。20 世纪 80 年代我国又引进了杜洛克猪、汉普夏猪，后来又引进了皮特兰猪。目前，在我国影响较大的引入猪种是大约克夏猪、长白猪、杜洛克猪和皮特兰猪，这些品种都属于瘦肉型猪种。

（1）大约克夏猪

大约克夏猪（图1-20）又称为大白猪，原产于英国北部的约克郡及附近地区，于18世纪末育成，现分布于世界各地，是世界上分布最广的品种之一。约克夏猪有大、中、小三种类型，目前引入我国的主要是大约克夏猪。大约克夏猪种猪鉴定标准如表1-2所示。

（公猪♂）

（母猪♀）

图1-20　大约克夏猪

（王林云，养猪词典，2004）

表1-2　大约克夏猪种猪鉴定标准

项目	说明	标准评分
一般外貌	大型，发育良好，有足够的体积，全身大致呈长方形；头、颈应轻，身体富有长度、深度和高度，背线和腹线外观大致平直，各部位结合良好，身体紧凑；性情温顺有精神，性征表现良好，体质强健，合乎标准；毛白色，毛质好有光泽，皮肤平滑无皱褶无斑点	25
头、颈	头要轻，脸稍长，面部稍凹下，鼻端宽，下巴正，面颊紧凑；目光温和有神，两眼间距宽，耳大小中等，稍向前方直立，两耳间隔宽；颈不太长，宽度中等紧凑，向前和肩移转良好	5
前躯	轻、紧凑，肩部附着良好，向前肢和中躯移转良好；胸部深、充实，前胸宽	15
中躯	背腰长，向后躯移转良好，背平直健壮，宽背，肋部开张好，腹部深、丰满又紧凑，下肷部深而充实	20

续表1-2

项目	说明	标准评分
后躯	臀部宽、长,尾根附着高,腿应厚、宽,飞节充实、紧凑,尾的长度、粗细适中	20
乳房、生殖器	乳房形质良好,正常的乳头有12个以上,排列整齐,乳房无过多的脂肪;生殖器发育正常,形质良好	5
肢、蹄	四肢稍长,站立端正,肢间距宽,飞节健壮,管部不太粗,很紧凑,系部要短,有弹性,蹄质好,左右一致,步态轻盈准确	10
合计		100

①体型外貌。体形较大,全身被毛白色,眼角、额部皮肤允许有小块黑斑,头大小适中,颜面宽且呈中等凹陷,耳薄直立,背腰平直或稍呈弓形,腹充实而紧,四肢较高,后躯宽长,腿臀丰满,乳头7对。

②生长发育与生产性能。成年公猪体重350～380 kg,成年母猪体重250～300 kg。经产母猪平均产仔数12头以上。不同时期引入的大约克夏猪的主要生产性能差异较大,20世纪80～90年代引入的猪种生产性能较高。生长肥育猪25～90 kg平均日增重达800 g左右,饲料利用率2.8以内,体重100 kg屠宰时,屠宰率71%～73%,胴体瘦肉率62%以上。大约克夏猪具有生长快、饲料利用率高、胴体瘦肉率高、适应性强、产仔多等优点,但蹄质欠结实。

③杂交利用。用大约克夏猪作父本与许多培育品种和地方良种杂交,效果明显。大约克夏猪也常用作杂交母本,如杜长大组合,效果十分突出。

（2）长白猪

长白猪（图1-21）又称为兰德瑞斯猪,原产于丹麦,因其体躯长,毛色全白,故称为长白猪。分布于世界各地,是世界上分布最广的品种之一。在不同国家,经风土驯化与选育形成许多适合当地条件和突出特点的长白猪品系,如荷兰系长白猪臀部特别丰满,英系长白猪生长特别快。长白猪种猪鉴定标准如表1-3所示。

（公猪♂）

（母猪♀）

图 1-21　长白猪

（王林云，养猪词典，2004）

表 1-3　长白猪种猪鉴定标准

项目	说明	标准评分
一般外貌	大型，发育良好，舒展，全身大致呈梯形；头、颈轻，体躯长，后躯很发达，体要高，背线稍呈弓形，腹线大致平直，各部位匀称，身体紧凑；性情温顺有精神，性征表现明显，身体强健，合乎标准；毛白色，毛质好有光泽，皮肤平滑无皱褶，应无斑点	25
头、颈	头轻，脸要长些，鼻平直，下巴正，面颊紧凑，目光温和有神，两耳大小适中，向前方倾斜盖住脸部，两耳间距不过狭；颈稍长，宽度略薄又很紧凑，向头和肩平顺的移转	5
前躯	要轻、紧凑，肩附着好，向前肢和中躯移转良好；胸要深、充实，前胸要宽	15
中躯	背腰长，向后躯移转良好，背大体平直强壮，背的宽度不狭，肋部开张，腹部深、丰满又紧凑，下肷部深而充实	20
后躯	臀部宽、长，尾根附着高，腿厚、宽，飞节充实、紧凑，整个后躯丰满；尾的长度、粗细适中	20
乳房、生殖器	乳房形质良好，正常的乳头有 12 个以上，排列整齐，乳房无过多的脂肪；生殖器发育正常，形质良好	5
肢、蹄	四肢稍长，站立端正，肢间要宽，飞节健壮；管部不太粗，很紧凑，系部要短，有弹性，蹄质好，左右一致，步态轻盈准确	10
合计		100

①体型外貌。全身被毛白色,头小而清秀,鼻筒长直,面直而狭长,耳大前倾或下垂,颈长,体躯长,前轻后重呈楔形,外观清秀美观,背腰平直或微弓,腹线平直,腿臀肌肉发达,乳头7对。

②生长发育与生产性能。成年公猪体重250～350 kg,成年母猪体重220～300 kg。经产母猪平均产仔数11～12头。生长肥育猪体重25～90 kg阶段平均日增重600～800 g,饲料利用率2.8以下,体重100 kg屠宰时,屠宰率72%～74%,胴体瘦肉率62%以上。长白猪具有生长快、饲料利用率高、胴体瘦肉率高、产仔多等优点,但存在抗逆性较差,四肢尤其是后肢比较软弱,对饲料要求较高等缺点。

③杂交利用。长白猪与我国大多数培育品种和地方良种均有较好的配合力。如长民哈、长荣等杂交组合,长白猪也常用作杂交母本猪,如杜大长组合。

(3)杜洛克猪

杜洛克猪(图1-22)原产于美国东北部的新泽西州,是目前世界上生长速度快,饲料利用率高的优秀品种之一。杜洛克种猪鉴定标准如表1-4所示。

(公猪♂)　　　　(母猪♀)

图1-22　杜洛克猪

(王林云,养猪词典,2004)

表1-4 杜洛克种猪鉴定标准

项目	说明	标准评分
一般外貌	近于大型,发育良好,全身大体呈半月状;头、颈要轻,体要高,后躯很发达,背线从头到臀部呈弓形,腹线平直,各部位结合良好,身体紧凑;性情温顺有精神,性征表现明显,体质强健,合乎标准;毛色棕红色或褐色,毛质好有光泽,皮肤平滑无皱褶,无斑点	25
头、颈	头要轻,脸长中等,面部微凹,下巴正,面颊要紧凑,目光温和有神,两眼间距宽,耳略小,向前折弯,两耳间隔宽;颈稍短,宽度中等很紧凑,向头和肩移转良好	5
前躯	前躯轻,很紧凑,肩附着良好,向前肢和中躯移转良好;胸部深、充实,前胸宽	15
中躯	背腰长度适中,向后躯移转良好,背部微带弯曲,健壮,背要宽,肋开张好,腹部深,很紧凑,下肷部深而充实	20
后躯	臀部宽、长,不倾斜,腿厚、宽,小腿很发达,紧凑,尾的长度、粗细适中	20
乳房、生殖器	乳房形质良好,正常的乳头有12个以上,排列良好,乳房无过多的脂肪;生殖器发育正常,形质良好	5
肢、蹄	四肢稍长,站立端正,肢间要宽,飞节健壮,管部不太粗,很紧凑,系部要短,有弹性,蹄质好,左右一致,步态轻盈准确	10
合计		100

①体型外貌。全身被毛棕红色,也有少数棕黄或浅棕色。头较小而清秀,嘴短,颜面微凹,耳中等大小,略向前倾,耳根较硬,耳尖稍下垂。体躯长,背腰呈弓形,胸宽而深,腹浅平直,后躯发达,肌肉丰满,四肢结实粗壮,蹄呈黑色。

②生长发育与生产性能。成年公猪体重340～450 kg,成年母猪体重300～390 kg,经产母猪产仔数9.78头。肥育猪体重25～90 kg阶段,平均日增重750 g以上,饲料利用率2.8以下,肥育猪100 kg屠宰时,屠宰率72%以上,胴体瘦肉率65%。杜洛克猪具有性情温顺、生长快、瘦肉多、肉质好、耗料少、抗逆性强、杂交效果好等优点,但产仔较少、泌乳力低。

③杂交利用。杜洛克用作父本与地方品种或培育品种的二元或三元杂交，效果都优于其他猪。杂交中用作终端父本，可明显提高商品肉猪的增重速度和饲料利用率。如杜长太、杜长哈、杜汉太、杜长民、杜长大等都是性能良好的杂交组合。

（4）汉普夏猪

汉普夏猪（图1-23）原产于美国肯塔基州，是北美分布较广的一个品种。

（公猪♂）　　　　　　　　　（母猪♀）

图1-23　汉普夏猪

（王林云，养猪词典，2004）

①体型外貌。该品种突出特点是在肩颈结合部（包括肩部和前肢）有一白色的肩带，其余部位均为黑色，故有"银带猪"之称。头中等大，嘴较长而直，耳中等大小而直立，体躯较长，背腰呈弓形，后躯臀部肌肉发达，性情活泼。

②生长发育与生产性能。成年公猪体重315～410 kg，成年母猪体重250～340 kg。经产母猪平均产仔数8.66头。肥育期平均日增重800 g以上，肥育猪90 kg屠宰时，屠宰率71%～75%，胴体瘦肉率60%以上。汉普夏猪具有生长快、胴体瘦肉率高、杂交效果好等优点，但发情不明显、繁殖力低。

③杂交利用。以汉普夏猪为父本与我国大多数培育品种和地方良种杂交，进行二元或三元杂交，可以明显提高杂种仔猪初生重和商品率。

(5)皮特兰猪

皮特兰猪(图1-24)原产于比利时,是近年来在欧洲流行的胴体瘦肉率最高的瘦肉型猪。

（公猪♂）　　　　　　　　　（母猪♀）

图1-24　皮特兰猪

（王林云,养猪词典,2004）

①体型外貌。毛色灰白,并夹有黑色斑块,头部轻秀,嘴大且直,耳中等大且略向前倾,体躯呈圆柱形,背直而宽大,臀部肌肉特别丰满,向后向两侧突出,呈双肌臀。全身肌肉纹理清晰,肢蹄强健有力。

②生产性能。经产母猪平均产仔数9.7头,背膘薄,胴体瘦肉率70%左右,是目前世界上胴体瘦肉率最高的猪种,杂交时能显著提高后代的胴体瘦肉率。但皮特兰猪生长较慢,应激反应敏感,肉质不佳,尤其肉色较淡,肌纤维较粗。1991年以后,比利时、德国和法国已培育出抗应激皮特兰新品系。

③杂交利用。在经济杂交中用作终端父本,可显著提高后代腿臀围和胴体瘦肉率。一般杂交方式有:皮×杜、皮×(长大)、皮×大、皮杜×长大、皮×地方猪种。

(6)迪卡配套系猪

迪卡配套系猪是美国迪卡公司在20世纪70年代开始培育的优秀配套系品种。迪卡配套系猪包括曾祖代(GGP)、祖代(GP)、父母代(PS)和商品杂优代(MK)。1991年5月,我国从美国引进迪卡配套系曾祖代种猪,由A、B、C、E、F五个系组成,这五个系均为纯种猪,可进行商品肉猪生产,充分发挥专门化品系的遗传潜力,获得最大杂种优势。

①体型外貌。迪卡配套系种公猪肩、前肢毛为白色,其他毛为黑色;母猪毛色全白,四肢强健,耳竖立前倾,后躯丰满。

②生产性能。迪卡猪具有产仔数多、生长速度快、饲料利用率高、胴体瘦肉率高的突出特征,除此之外,还具有体质结实、群体整齐、采食能力强、肉质好、抗应激等一系列优点。5月龄体重达90 kg,平均日增重600～700 g,料重比为2.8∶1,胴体瘦肉率65%,屠宰率74%。迪卡猪初产母猪平均产仔数11.7头,经产母猪平均产仔数12.5头。

③杂交利用。迪卡猪与我国地方品种母猪有良好的杂交优势。

(7)斯格配套系猪

斯格配套系猪原产于比利时,主要由比利时长白、英系长白、荷系长白、法系长白、德系长白、丹系长白,经杂交合成,即为专门化品系杂交成的超级瘦肉型猪。我国从20世纪80年代开始从比利时引进祖代种猪,现在湖北、河北、黑龙江、辽宁、北京、福建等地皆有饲养。

①体型外貌。斯格猪体型外貌与长白猪相似,后腿和臀部十分发达,四肢比长白猪短,嘴筒也较长白猪短。

②生产性能。斯格猪生长发育迅速,28日龄体重6.5 kg,70日龄27 kg,170～180日龄达90～100 kg,平均日增重650 g以上,饲料利用率2.85～3.0,胴体品质良好,平均背膘厚2.3 cm,后腿比例33.22%,胴体瘦肉率60%以上。斯格猪繁殖性能好,初产母猪平均产活仔数8.7头,仔猪初生重1.34 kg,经产母猪产活仔数10.2头,仔猪成活率在90%以上。

③杂交利用。利用斯格猪作父本开展杂交利用,在增重、饲料

消耗和提高胴体瘦肉率方面均能取得良好效果。

(二)猪的选种与引种

种猪的选留实质就是通过选择来发掘有遗传优势的个体，然后将这些遗传优良的公、母猪留作种用，以生产出最优秀的个体，并迅速扩大其在群体中的基因频率的过程。选种就是根据选育目标，从现有猪群中选出优良个体作种用，以便产生符合选育要求的后代。其实质是改变猪群固有的遗传平衡和选择最佳基因型。

8.选种依据有哪些？

种猪的选留需要考察清楚被选猪的系谱情况、体型外貌、生产性能、生长发育、健康状态和某些关键性状的遗传力等项目，有些项目需要现场鉴定，有些项目需要查阅资料。选留的种猪在确保系谱优秀和身体健康的情况下，关键应抓住以下几个方面。

（1）品种特征

①毛色。纯白、纯黑、黑白花、灰白花、棕红色等。

②耳形。立耳、完全下垂、半下垂等。

③体躯特征。头颈的大小、体躯的发育、四肢的高矮及体格的大小。

④生产性能。产肉性能、繁殖性能。

⑤适应性和杂交利用。

（2）外貌等级

主要是对猪的一般外貌、头颈、前躯、中躯、后躯、肢蹄、乳房和生殖器官等项目，进行评分鉴定，依据等级结果确定是否选留。公猪等级至少在一级以上，母猪等级至少在三级以上。

整体表现良好：察看猪的整体时，需将猪赶在一个平坦、干净和光线良好的场地上，保持与被选猪一定距离，对猪的整体结构、健康状态、生殖器官、品种特征等进行肉眼鉴定。

①体质结实，结构匀称，各部结合良好。头部清秀，毛色、耳型符合品种要求，眼明亮有神，反应灵敏，具有本品种的典型特征。

②体躯长，背腰平直或呈弓形，肋骨开张良好，腹部容积大而充实，腹底平直，大腿丰满，臀部发育良好，尾根附着要高。

③四肢端正结实，步态稳健轻快。

④被毛短、稀而富有光泽，皮薄而富有弹性。睾丸和阴户发育良好，乳头在 6 对以上，无反转、瞎、凹乳头等。

关键部位鉴定：

①头、颈。头中等大小，额部稍宽，嘴鼻长短适中，上下颌吻合良好，光滑整洁，口角较深，无肥腮，颈长中等，以细薄为好。公猪头颈粗壮短厚，雄性特征明显；母猪头形轻小，母性良好。

②前躯。肩胛平整，胸宽且深，前胸肌肉丰满，鬐甲平宽无凹陷。

③中躯。背腰平直宽广，不能有凹背或凸背。腹部大而不下垂，肷窝明显，腹线平直。公猪切忌草肚垂腹，母猪切忌背腰单薄和乳房拖地。

④后躯。臀部宽广，肌肉丰满，大腿丰厚，肌肉结实，载肉量多。

⑤四肢。高而端正，肢势正确，肢蹄结实，系部有力，无卧系。

⑥乳房、生殖器官。种公、母猪都应有 6 对以上、发育良好的乳头。粗细、长短适中，无瞎乳头。公猪睾丸发育良好，左右对称，包皮无积尿；母猪阴户充盈，发育良好。

外貌等级优秀的种猪如图 1-25 所示。

评分鉴定：

依据猪外貌鉴定标准，进行外貌评分鉴定。如表 1-5 所示。

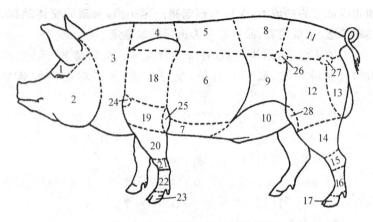

图 1-25　优秀种猪的体型外貌

1.颅部　2.面部　3.颈部　4.鬐甲　5.背部　6.胸侧部(肋部)　7.胸骨部　8.腰部
9.腹侧部　10.腹底部　11.荐臀部　12.股部　13.股后部　14.小腿部　15.跗部
16.跖部　17.趾部　18.肩部　19.臂部　20.前臂部　21.腕部　22.掌部
23.指部　24.肩关节　25.肘突　26.髋结节　27.髋关节　28.膝关节

表 1-5　猪外貌鉴定评分表

序号	鉴定项目	评语	标准评分	实得分
1	一般外貌		25	
2	头颈		5	
3	前躯		15	
4	中躯		20	
5	后躯		20	
6	乳房、生殖器		5	
7	肢蹄		10	
	合计		100	

等级确定:

根据鉴定结果,确定等级。如表1-6所示。

表 1-6　猪外貌鉴定等级表

性别	等级			
	特等	一等	二等	三等
公猪	≥90	≥85	≥80	≥70
母猪	≥90	≥80	≥70	≥60

鉴定地点 _____　鉴定员 _____　鉴定日期 _____

（3）体尺指标

主要是对猪的体重、体高、体长、胸围、胸深、腿臀围等体尺指标进行测量鉴定，依据测定结果，对照品种标准确定是否选留。要求生长发育指标达到或超过品种相应日龄时的体尺指标。

①体重：早饲前空腹称重，单位用千克表示。如称重不便，可按如下公式估算。

$$猪的体重(kg) = \frac{胸围(cm) \times 体长(cm)}{142(营养良好)或156(营养中等)或162(营养不良)}$$

②体长：从两耳根连线的中点，沿背线至尾根的长度。单位 cm，用皮尺量取。

③体高：从鬐甲最高点至地面的垂直距离。单位 cm，用测杖量取。

④胸围：沿肩胛后角绕胸一周的周径。单位 cm，用皮尺量取。

⑤腿臀围：从左侧膝关节前缘，经肛门绕至右侧膝关节前缘的距离。单位 cm，用皮尺量取。

（4）生产性状

繁殖性状：

①产仔数。产仔数有两项指标，即窝产仔数和窝产活仔数。窝产仔数是指出生时同窝仔猪总头数，包括死胎、畸形胎和木乃伊等。窝产活仔数则指出生 24 h 内存活的仔猪数，包括衰弱即将死

亡的仔猪在内。前者也称为潜在繁殖力,后者也称为实际繁殖力。产仔数是一个复合性状,受母猪的排卵数,受精率和胚胎成活率等诸多因素影响。

②初生重和初生窝重。初生重是指仔猪在出生后 12 h 内所称得的体重。初生窝重是指仔猪出生后 12 h 内所称得全窝活仔猪的重量。初生重与仔猪哺育率,仔猪哺乳期增重以及仔猪断奶体重呈正相关,与产仔数呈负相关。

③泌乳力。母猪泌乳力的高低直接影响到哺乳仔猪的生长发育情况。由于母猪泌乳的生理特点,很难直接准确称量泌乳量,一般用 20 日龄的全窝仔猪重量来表示,其中包括寄养进来的仔猪在内,而寄养出去的仔猪不计入。

④断奶个体重和断奶窝重。断奶个体重指断奶时仔猪的个体重;断奶窝重指断奶时全窝仔猪的总重,包括寄养的仔猪在内。通常在早晨空腹时称重,并注明断奶日龄。

$$情期受胎率 = \frac{受胎母猪}{配种母猪} \times 100\%$$

$$哺育率 = \frac{育成仔猪数}{窝产活仔数 - 寄出仔猪数 + 寄入仔猪数} \times 100\%$$

$$每头母猪年产仔胎数 = \frac{365}{妊娠期 + 哺乳期 + 空怀期} \times 100\%$$

$$每头母猪年产断奶仔猪数 = 年产仔胎数 \times 每胎产活仔数 \times 哺育率$$

育肥性状:

①采食量。猪的采食量是度量食欲的性状,在不限食条件下,猪的平均日采食量称为饲料采食能力或随意采食量,是近年来育种方案中日益受到重视的性状。采食量与平均日增重呈正相关,与胴体瘦肉率呈负相关。

现提供某猪场不同周龄猪群的采食量变化规律,如表 1-7 所示。

表 1-7　某猪场猪的采食量变化情况　　　　　　　kg

周龄	体重	每头猪日采食量	每头猪累计采食量
2	3	0.18	1.26
4	8	0.45	6.3
6	14	0.76	16.9
8	21	1.1	32.3
10	30	1.4	51.8
12	40	1.75	77
14	52	2.03	107.5
16	64	2.33	140.1
18	76	2.6	176.5
20	88	2.85	216.4
22	100	3	258.4
断奶至出栏	5～100	1.85	255.4

②生长速度。通常以平均日增重来表示。平均日增重是指猪只在一定的生长肥育期内(断奶到 180 日龄阶段),平均每天体重的增长量,用克/天(g/d)为单位。多用 20～90 kg 或 25～90 kg 期间平均每天的增重来表示,其计算公式为:

$$平均日增重 = \frac{育肥期总增重(末重-始重)}{育肥天数}$$

③饲料利用率。是指育肥期内猪每单位增重所需饲料消耗量。其计算公式为:

$$饲料利用率 = \frac{育肥期内饲料消耗总重量}{育肥期总增重(末重-始重)}$$

④屠宰率。是指胴体重占宰前空腹体重的比例。其计算公式为:

$$屠宰率 = \frac{胴体重}{宰前空腹体重} \times 100\%$$

宰前空腹体重:育肥猪达到适宜空腹屠宰体重($60\sim100$ kg不等,视品种而异)后,经 24 h 的停食休息,称得空腹活重。

胴体重:育肥猪经放血,褪毛,切除头(寰枕关节处)、蹄(前肢腕关节,后肢飞节处)和尾(尾根第一环褶处)后,开腔除去内脏(保留肾脏和板油)劈半,冷却后,分别称取左右两半片屠体的重量(包括肾脏和板油),其总重为胴体重。

⑤背膘厚。一般是指背部皮下脂肪厚度。国外测连皮膘厚,主要原因是国外猪种皮肤普遍较薄。背膘厚测量的部位有两种,一种测量方法是用游标卡尺测定左侧胴体第六和第七胸椎结合处,垂直于背部的皮下脂肪厚度,这一方法简便易行,是我国习惯采用的方法;另一种测量方法是测平均膘厚,用游标卡尺测肩部最厚处,胸腰椎结合处和腰荐椎结合处三点的皮下脂肪的平均厚度,用"cm"表示。近年来,随着活体测膘技术的进一步完善和普及,利用活体测膘仪进行背膘厚测定为育种工作提供了极大方便。

⑥眼肌面积。是指倒数第一和第二胸椎间背最长肌的横断面积,单位:cm^2。测定时可用游标卡尺测量眼肌的宽度和厚度,然后用公式(眼肌面积=宽×高×0.7)求眼肌面积。另外,也可用硫酸纸贴在眼肌断面描绘其轮廓,然后用求积仪测定或用坐标纸统计面积。眼肌面积与胴体瘦肉率呈强正相关。

⑦胴体瘦肉率。是指瘦肉(肌肉组织)占所有胴体组成成分总重的百分率,是反映胴体产肉量高低的关键性状。胴体瘦肉率的测定方法是左侧胴体摘除板油和肾脏后,剖分为瘦肉、脂肪、皮和骨四种成分,剖分时,肌间脂肪不另剔出,并尽量减少作业损耗,控制在 2% 以下,然后求算肌肉重量占四种成分总重量的百分率。其计算公式为:

$$胴体瘦肉率 = \frac{瘦肉重量}{胴体重 - 板油和肾脏重 - 作业损耗} \times 100\%$$

⑧腿臀比例。指沿腰椎与荐椎结合处的垂直线切下的腿臀重占胴体重量的比例。其计算公式为：

$$腿臀比例 = \frac{腿臀重}{胴体重} \times 100\%$$

⑨肌肉 pH。pH 测定的时间是在屠宰后 45 min 和宰后 24 h，测定部位是背最长肌和半膜肌或半棘肌中心部位。可将玻璃电极直接插入测定部位肌肉内测定。宰后 45 min 和宰后 24 h 眼肌的 pH 分别低于 5.6 和 5.5 是 PSE 肉（即宰后肉色苍白、质地松软和汁液渗出为特征的肌肉）；宰后 24 h 半膜肌的 pH 高于 6.2 是 DFD 肉（即宰后肉色暗红色、质地坚硬和肌肉表面干燥为特征的肌肉）。

⑩肉色。屠宰后 2 h 内在胸腰椎结合处，取新鲜背最长肌横断面，用五分制目测对比法评定。1 分为灰白色（PSE 肉色），2 分为轻度灰白色（倾向 PSE 肉色），3 分为鲜红色（正常肉色），4 分为稍深红色（正常肉色），5 分为暗红色（DFD 肉色）。

9.断奶仔猪如何选择?

由于断奶仔猪本身的生产性能还未完全表现出来，这时系谱成绩应是选种的主要依据，并结合生长发育和体型外貌进行选择。

（1）根据亲代和同胞资料选择（系谱选择）

比较不同窝仔猪的系谱，从祖代到双亲尤其是双亲性能优异的窝中进行选留，要求同窝仔猪表现突出，即在产仔数多、哺乳期成活率高、断奶窝重大、发育整齐、无遗传疾患或畸形的窝中选择。

（2）根据本身表现选择（个体选择）

初选后，再根据仔猪的生长发育和外貌进行选择。具体要求是：达到品种规定月龄时的体重和体尺指标，头型、耳型、毛色和体躯结构符合本品种特征，将同窝仔猪中断奶重大、体躯较长、体格健壮、发育良好、生殖器官正常、乳头 6 对以上且排列均匀的仔猪留下。断奶时,小母猪可按预留数的 2~3 倍选留,小公猪按预留数的 3~4 倍选留。

10.后备猪如何选择?

后备猪的选择一般可在 4 月龄、6 月龄和配种前三个关键阶段进行。

(1)4 月龄阶段

本阶段采用个体表型选择,以个体的生长发育和外形为依据。体重和日增重应达到选育标准制定的目标,外形结构良好,肢蹄坚实。

(2)6 月龄阶段

后备猪达到 6 月龄时,除繁殖性能以外的各项经济性状都已基本表现,因此,这一阶段是选择的重点和关键,应作为主选阶段,以个体表型选择为主,适当参考同胞成绩,综合考查,严格淘汰。

(3)配种阶段

后备猪一般在 8 月龄左右配种,这时可淘汰生长发育慢、达不到选育指标,或繁殖机能差的个体。7 月龄仍无发情征兆或在一个发情期内连续配种三次未受孕的母猪应淘汰。公猪性欲低下、精液品质差者需淘汰。

11.成年猪如何选择?

成年猪包括初产母猪、初配公猪及种公、母猪,三类猪群分别按照如下方法选择:

(1)初产母猪(14~16 月龄)的选择

这时母猪已经过前两次选择,对系谱成绩、生长发育和体型外貌等各方面都已有了比较全面的评定。此时选择淘汰的对象是产仔数少,断奶成活率低,仔猪中有畸形、隐(单)睾及毛色和耳型不符合育种要求的个体。

（2）初配公猪的选择

这时公猪也经过前两次选择,已有了比较全面的评价。此时对公猪选择的依据是其同胞姐妹的繁殖成绩、自身的生产性能及其配种成绩。选择时突出同胞姐妹繁殖成绩,自身性机能旺盛,配种成绩优良的公猪留作种用。

（3）种公、母猪的选择

对于已产两胎以上的母猪和正式参加配种的公猪,不仅本身有了两胎以上的成绩表现,而且也有用作育肥或种用的后裔。此时信息多,资料全,应根据本身生产力表现和后裔成绩进行选择。一般来讲,公猪选留时应符合如下要求:睾丸发育良好,左右对称,轮廓清晰,包皮不积尿且不过大,用手触摸柔软富有弹性,精液品质优良,性欲旺盛,配种能力强;母猪选留时应符合如下要求:母性好,发情明显且规律性强,配种易受胎,平均每窝产仔数至少10～12头以上。选种过程中,公、母猪应同时满足品种特征明显、体质结实、健康无病、生长发育良好、背膘薄、瘦肉率高、达到与月龄相适应的体重、膘情适中、无繁殖障碍等基本要求。

12.引入种猪的依据是什么?

猪场引入种猪关系到未来的发展。引入生产性能好、健康水平高的种猪,可以为猪场以后的发展打下良好的基础。种猪的引入主要是后备母猪和后备公猪的引进。猪场应结合自身实际情况,根据引种计划,确定所引品种和数量。如果是加入核心群进行育种,应购买经过生产性能测定的种公猪或种母猪。新建猪场应从猪场的生产规模、产品市场和未来发展方向等方面综合考虑,确定引种数量、品种和等级,是引入外来品种,还是地方品种,是原种猪、祖代猪,还是父母代猪。

13.引种前的准备工作有哪些?

引种前重点考虑以下两个方面的工作。

(1)制订引种计划

主要是确定引入的品种、数量、等级及引种人员、资金、时间和运输方式等,应根据猪场性质、规模或场内猪群血缘更新的需求来确定。一般原种猪场必须引进同品种多血缘纯种公、母猪,扩繁场可引进不同品种纯种公、母猪,商品场可引进纯种公猪及二元母猪(如长大二元母猪)。

(2)确定目标猪场

选择适度规模、信誉度高、有种畜禽生产经营许可证、有足够的供种能力且技术服务水平较高的种猪场。选择厂家时,应把猪的健康状况放在第一位,必要时在购种前进行采血化验,合格后再进行引种。种猪的系谱要清楚并具有完整翔实的育种记录。选择售后服务好的场家,尽量从同一猪场选购,多场采购会增加带病的风险。确定引种场家,应在间接了解或咨询后,再到场家与销售人员实地了解详情。

14. 引种关键是什么?

要想保证引种工作取得成功,必须严格把好以下四关:

(1)生产性能关

购买种猪时,生产性能还没有充分表现出来,仅能根据体型外貌对生产性能做出初步评估,这就需要父母性能测定结果或生产记录,正规种猪场都开展种猪性能测定,可通过其父母生产性能的测定成绩对所选种猪质量进行准确评定。引种时都希望引进的种猪各方面都很优秀,实际上很难做到,可以有重点地选择某方面具有突出表现的种猪,其他方面基本符合要求即可。

(2)体型外貌关

体型外貌和生产性能紧密相关,所有的养猪人都会关注种猪的体型外貌。首先应有一个统一、协调整体的理念,不能仅仅"以貌取猪",更不能偏重某一方面过度选择。一般选择结构匀称、头颈结合好、背腰平直、腹部发育充分但不下垂、没有突出缺点(如脐疝或阴囊疝）、四肢端正健壮结实的种猪。选择外貌时还要兼顾体重，以 50～60 kg 为宜，不要选择体重过大或过小的种猪。

（3）身体健康关

引种前首先应对目标猪场及所在地区的疫病流行情况进行调查，避免从疫区引进种猪。考察目标猪场的兽医卫生制度是否健全，猪场的管理是否规范，猪场疫病免疫制度是否完整。仔细检查备选猪的健康状况，精神是否活泼，被毛是否光顺，眼、鼻、肛门以及体表是否清洁，粪尿及正常生理指标是否有异常等。通过现场检查，基本上可以判定猪只的健康状况，必要时对可能存在的传染病开展实验室检测。

（4）环境适应关

大多数引种者只重视品种自身的生产性能，而忽视品种原产地的生态环境，引种后往往达不到预期效果。有时引进的种猪健康水平很高，但引进后不适应本场实际情况，很难饲养，甚至死亡。因此，猪场引种时要综合考虑本场与供种场在地域大环境和猪场小环境上的差异，认真做好环境适应性过渡，使本场饲养管理环境和供种场相一致。

15. 引种时如何运输？

种猪选好应及时运输，以尽快发挥作用。运输前办理好各项手续，如检疫证明、车辆消毒证明、非疫区证明等。运输车辆禁用贩运肉猪的运输车，运输前进行彻底清洗消毒并搭设遮阳棚。车辆面积充足，安装好车辆隔栏，以每栏 8～10 头为宜，保证猪只自由站立、活动，不可拥挤或过于宽松。为防止运输途中猪只摔伤和肢蹄受损，车厢底部应铺上垫草或锯末。装车前猪只不宜饱食，为防止运输途中猪只争斗受伤，尽可能同类猪只混于一栏，且体重不宜过大。途中给猪饲喂添加了抗应激药物的饲料或饮水。运输路线选择宽敞并远离城镇的道路，运输途中避免急刹骤停，保持车辆平稳行驶。长途运输兽医人员跟车并配备注射器械及镇静、抗生素类药物,必要时途中停车检查猪只状况,发现异常及时处理。夏季长途运输注意炎热对猪只的影响。

16. 入场后怎样科学管理?

种猪入场后为尽快适应本场环境、饲养方式和管理制度,应做好如下方面的工作:

(1)隔离观察

新引进的种猪到达目的地后,应先饲养在隔离舍观察30～45 d。隔离舍应远离原有猪场,隔离舍饲养人员不能与原猪场人员交叉活动。

(2)合理分群

新引进的种猪要按年龄、性别分群饲养,对受伤、脱肛等情况的猪只,单栏饲养,及时治疗。

(3)科学饲喂

入场后先给猪只提供清洁饮水,休息6～12 h后少量喂料,第二天开始逐渐增加饲喂量,5 d后达到正常饲喂量。为增强猪只抵抗力,缓解应激,可在饲料中加入抗生素和电解多维等。

(4)严格检疫

引进的种猪隔离期间严格检疫。对猪瘟、布氏杆菌病、伪狂犬病等疫病要高度重视,做好疫病的抗体检测。隔离饲养结束前根据实际情况对新引进的种猪免疫接种和驱虫保健。

(5)增强适应性

为保证引进的种猪与原有猪群的饲养管理条件相适应,可以采取以下两种方法:一是利用引进猪场和原有猪场的饲料逐渐过渡,交叉饲喂;二是隔离舍的环境条件应尽可能保持与引种猪场条件一致。

经过隔离观察饲养没有发现异常,隔离期结束后,新引入批次种猪经体表消毒后,即可转入生产群投入正常生产。

(三)猪的发情鉴定

17. 母猪发情症状表现有哪些?

母猪处于不同发情时期,其症状不尽相同,具体表现如下:

发情前期:兴奋性逐渐增加,采食量下降,烦躁不安,频频排尿,阴门红肿呈鲜红色,分泌少量清亮透明液体。

发情期:阴门红肿呈粉红,肿胀减轻,性欲旺盛,爬栏、爬跨其他母猪或接受其他母猪爬跨,主动接近公猪,按压背部时,安静、耳朵直立、流出白色浓稠带丝状黏液,尾上翘。

发情后期:阴门皱缩呈苍白色,无分泌物或有少量黏稠液体。

实际生产中可归纳为"四看"。一看阴户,由充血红肿到紫红暗淡,肿胀开始消退并出现皱纹;二看黏液,由稀薄到浓稠并带有丝状;三看表情,呆滞、出现"静立反射";四看年龄,"老配早,小配晚,不小不老配中间"。

18. 母猪发情鉴定方法有哪些?

母猪发情鉴定可采取以下几种方法:

(1)外部观察法

母猪发情时,外部表现明显,行动不安,食欲减退,跳栏(圈),鸣叫,排尿频繁;外阴红肿有光泽(黑猪只见肿大,不见红),阴道黏膜充血,有少量黏液;爬跨其他母猪,主动接近公猪。生产中主要观察外阴红肿与否、栏(圈)门附近粪尿多少、是否爬墙爬门或爬跨其他母猪等症状来鉴定。

(2)试情法

试情法是用试情公猪对母猪进行试情,根据母猪对公猪的性欲反应表现,来判定其发情程度。让公猪爬跨待试母猪或用手按压其背部,如果母猪呆立不动,出现呆立反应(静立反应),即表示发情,并接受配种。生产中常用试情法结合外部观察法,来鉴定母猪是否发情及发情程度。

（3）压背法

用手按压母猪腰背部,如母猪四肢前后活动,不安静,又哼又叫,这表明尚在发情初期,或者已到了发情后期,不宜配种;如果按压后母猪不哼不叫,四肢叉开,呆立不动,弓腰,这是母猪发情最旺的阶段,是配种最佳期。

（4）外激素法

采用人工合成的公猪性外激素,直接喷洒在被测母猪鼻子上,如果母猪出现呆立、压背反射等发情特征,则确定为发情。此法较简单,可避免驱赶试情公猪的麻烦,特别适用于规模化养猪场使用。

（5）电阻法

电阻法是根据母猪发情时生殖道分泌物增多,盐类和离子结晶物增加,从而提高了导电率即降低电阻值的原理,以总电阻值的高低来反应卵泡发育成熟程度,把阴道的最低电阻值作为判断适宜交配(输精)的依据。母猪发情后 30 h 电阻值最低,在发情后 30～42 h 交配(输精)受胎率最高,产子数最多。

此外还可采用向母猪播放公猪鸣叫的录音,来观察母猪对声音的反应等。在工业化程度较高的国家已广泛采用计算机技术进行繁殖管理,对每天可能出现发情的母猪进行重点观察,这样可大大降低管理人员的劳动强度,同时也提高了发情鉴定的准确性。

19. 促进母猪发情排卵的措施有哪些?

母猪断奶后,一般 3～7 d 出现发情,10 d 以上仍未发情的母猪可采取如下措施促使其及时发情排卵。

（1）公猪刺激

通过公猪的刺激,包括视觉、嗅觉、听觉和身体接触,可促进母猪发情和排卵。性欲好的成年公猪刺激比青年公猪和性欲差的公猪作用明显。待配种的母猪,应饲养在与成年公猪相邻的栏内,让其经常接受公猪的形态、气味和声音的刺激。每天让成年公猪在待配母猪栏内追逐母猪10～20 min,这样既可使母猪与公猪直接接触,又可起到公猪的试情作用。这种办法简便易行,效果明显。

(2)并栏饲养

把不发情的空怀母猪合并到有发情母猪的栏(圈)内饲养,通过爬跨和外激素的刺激,促进母猪发情排卵。

(3)按摩乳房

按摩空怀母猪乳房,可促进其发情。每天早晨饲喂后,进行10 min的表层按摩,即在乳房两侧前后按摩。当母猪出现发情征状后,改为表层和深层按摩各5 min。配种当天早晨,进行10 min的深层按摩,即每个乳房周围用五个手指捏摩。

(4)加强运动

不发情的母猪赶入大圈内饲养,增加活动空间或驱赶运动,促进新陈代谢,改善膘情,有利于发情。若能加强光照,并在运动场内添加一定量的青绿饲料,效果更好。

(5)寄养仔猪

将产仔数过少或泌乳力差的母猪所带的仔猪,待其吃完初奶后,全部寄养给同期产仔的其他母猪,将其提前断乳,进而发情配种,从而增加年产窝数。

(6)激素催情

采取以上方法后仍不发情的母猪,可以采取激素诱导发情。目前常用于促进母猪发情的激素有促卵泡激素(FSH)、人绒毛膜促性腺激素(HCG)、孕马血清促性腺激素(PMSG)等。促卵泡激素:10～25 mg,一次肌注;孕马血清促性腺激素:200～800 IU,一次肌注;人绒毛膜促性腺激素:500～1 000 IU,一次肌注;前列腺素:3～8 mg,一次肌注;氯前列烯醇:175 μg,一次肌注。

（7）中药催情

仔猪断奶后超过 7 d 的经产母猪不发情，可选用下列中药催情。处方一（催情散）：阳起石、淫羊藿各 40 g，当归、黄芪、肉桂、山药、熟地各 30 g，共研成末，拌入精料中一次喂服；处方二：当归 15 g、川芎 12 g、白芍 12 g、熟地 12 g、小茴香 12 g、乌药 12 g、香附 15 g、陈皮 12 g、白酒 100 mL。水煎后每日内服 2 次，每次外加白酒 25 mL；处方三：王不留行 50 g、益母草 30 g、石楠叶 20 g，煎水喂服，每日一次，连喂 5~7 d。

（四）猪的配种安排

20.怎样才能达到适时配种？

要达到适时配种应满足以下几方面要求：

（1）精卵结合

公猪的精子在母猪生殖道内存活 20~30 h；母猪的排卵时间一般在发情开始后的 24~36 h，卵子在输卵管内存活的时间是 6~18 h；公猪配种时射出的精子要经过 2~4 h，才能到达受精部位。因此，根据母猪的排卵时间，公、母猪交配适期应在母猪发情开始后 20~32 h。

（2）配种年龄

母猪配种时间受年龄影响。老龄母猪在发情当天，壮年母猪在发情后的第 2 天，青年母猪在发情后的第 3 天配种。遵循"老配早，少配晚，不老不少配中间"的基本原则。

母猪配种时间在品种间存在差异。我国地方品种的母猪性成熟年龄 3~4 月龄，初配年龄 6~8 月龄，初配体重达 50 kg 以上，配种时间稍晚，在发情后的第 2 天或第 3 天；国外及培育品种性成熟年龄 4~5 月龄，初配年龄 8~10 月龄，初配体重达 90 kg 以上，配种稍早，在发情后的第 2 天；杂交品种在发情后的第 2 天下午到第3天上午。

生产实践中,应以体重为主确定初配年龄,有些母猪月龄虽达到要求,但体重不符合标准,不能参与配种。后备母猪的体重达到成年母猪70%左右,开始初配为好。经产母猪在断奶后3～10 d发情配种,断奶时母猪应有7～8成膘,确保断奶后按时发情配种,进入下一个繁殖周期。

(3)适配表现

从发情表现看,母猪精神状态从不安到发呆,阴户由红肿到淡白有皱褶,黏液由稀薄变黏稠,表示已达配种适期。当阴户黏膜干燥,拒绝配种时,表示配种时间已过。生产中最佳配种时间可根据以下情况确定。

①阴户变化。发情初期为粉红色,当阴户变为深红色,水肿稍消退,有稍微皱缩时为最佳时间。

②阴户黏液。发情初期用手捻,无黏度,当有黏度且颜色为浅白时为最佳时间。

③静立反射。发情后按压母猪腰部,母猪两耳竖立,四肢直立不动,并呈现"静立反射",此时为母猪的适时配种时间。

21. 配种方式有哪些?

配种时应选择最恰当的配种方式,以便提高情期受胎率和母猪产仔数,通常采取以下4种配种方式。

(1)单次配种

在母猪的一个发情期内,只用一头公猪交配一次,在适时配种的情况下,能获得较高的受胎率,并可减轻公猪的负担。一旦配种时间掌握不好,受胎率和产仔数会下降。

(2)重复配种

在母猪的一个发情期内,用同一头公猪先后配种两次。发情开始后20～32 h配种一次,间隔10～12 h再配一次。育种场可采用此法,既可增加产仔数,又不会混乱血统关系,但增加了公猪饲养头数。

(3)双重配种

在母猪的一个发情期内,用不同品种的两头公猪或同一品种的两头公猪,前后间隔 10～30 min 各配一次。弥补因第一次配种没有掌握好适宜配种时间或第一头公猪的精液品质欠佳造成的损失;减轻公猪的负担,保证精子的活力,提高母猪的受胎率和产仔数。商品猪场可采用此法。

(4)多次配种

一头母猪在一个发情期内用同一头公猪或不同公猪交配 3 次或 3 次以上。生产中 3 次配种适用于初产母猪或某些刚引入的国外品种。3 次以上的配种并不能提高产仔数,因为配种次数过多,造成公、母猪过于劳累,会影响性欲和精液品质。

22.猪人工辅助配种如何操作?

首先将母猪的阴门、尾巴、后臀用 0.1% 高锰酸钾溶液擦洗消毒。将公猪包皮内尿液挤排干净,使用 0.1% 高锰酸钾将包皮周围消毒。配种人员戴上消毒的橡胶手套或一次性塑料手套,准备做配种的辅助工作。然后当公猪爬跨到母猪背上时,用一只手将母猪尾巴拉向一侧,另一只手托住公猪包皮,将包皮口紧贴在母猪阴门口,这样便于阴茎进入阴道。公猪射精时肛门闪动,阴囊及后躯充血,一般交配时间为 10 min 左右。当遇到公猪与母猪体重差距较大时应做下面的辅助工作,配种栏(场)地面临时搭建木制的平台或土台,其高度为 10～20 cm。如果公猪体重体格显著地大于母猪,应将母猪赶到平台上,而将公猪赶到平台下,当公猪爬到母猪背上时,由两人抬起公猪的两前肢,协助母猪支撑公猪完成配种;反过来如果母猪体重体格显著地大于公猪,应将公猪赶到台上,而将母猪赶到台下进行配种。应注意的问题:地面不要过于光滑;把握好阴茎方向,防止阴茎插进肛门;配种结束后不要粗暴对待公、母猪。公、母猪休息 10～20 min 后将公、母猪各自赶回原圈栏,此时公猪注意避免与其他公猪见面接触,防止争斗咬架,然后填写好配种记录表,一式两份,一份办公室存档,另一份现场留存,用于配种效果检查和生产安排;或将配种资料存入计算机,并打印一份,便于现场生产及配种效果检查。

配种场所要保持安静、平坦、清洁;配种时间最好选择在早饲前、晚饲前 1 h;配种地点应选在母猪舍(圈)附近,禁止公猪舍(圈)附近配种;对母猪进行发情鉴定时,注意其排卵规律。

23.如何制订猪的选配计划?

猪配种前,应制订详细完整的选配计划,以确保配种工作顺利实施,制订计划时需考虑以下方面。

(1)选配人员要求

选配人员要熟练掌握有关育种方面的基础知识,如血缘、系谱、选配、品质、性状、近交等。

(2)整理畜群

按血缘关系对核心群种猪进行分群、分类。熟悉每头纯繁公猪的血缘、生产性能、体型特点,保证每一血缘至少有 2~3 头可用公猪。了解所有母猪的测定成绩、繁殖性能、健康状况、体型体况等。

(3)选配方法

选配时应准确把握选配时间、采用正确选配方法并提前拟订好选配计划表。

①选配时间:断奶母猪在断奶后即进行选配,后备母猪 7 月龄进行选配,配种员及时把需要选配的母猪耳号报选配人员。

②选配方法:选配人员根据育种方案、种猪的生长性能、繁殖性能、体型特点、血缘情况、已配窝数等,在控制血缘的基础上,进行同质或异质选配,填好选配登记卡。种公猪舍根据选配登记卡,做好精液供应计划,向配种舍提供符合选配要求的**精液**。

（4）拟订选配计划表（表 1-8）

表 1-8　猪的选配计划表

母猪	品种	预期配种时间	主要特征	与配公猪				主要特征	选配方式
				主配		候补			
				猪号	品种	猪号	品种		
012									
015									
.									
.									
.									

（5）选配应遵循的基本原则

①种猪选配应有阶段性和计划性，可根据年度生产任务和育种方案进行。

②核心群种猪选配前期尽量避免近交，交配公母猪 3 代内无血缘关系。

③每一独立血缘公猪至少与配不相关的 5 窝母猪，优秀公猪可以多配。

④选配时主选 1～2 个性状。

⑤适时展开随机交配，允许一定程度的近交，但近交系数不超过 0.125。

⑥在控制血缘的基础上，根据育种目标和育种值进行同质选配或异质选配；核心群种猪以同质选配为主，异质选配为辅。

24. 怎样设计配种程序？

为保住配种工作顺利开展，配种时应按照以下程序执行：

（1）配种顺序

一般情况下先配断奶母猪和返情母猪，然后根据配种计划安排选配后备母猪。保证全场满负荷均衡生产，不可盲目超配。

(2)配种方式

人工辅助交配或人工授精。

(3)配种次数

断奶后 7 d 内发情、状态好且历史产仔成绩高的经产母猪配 2 次，其他母猪、返情母猪需配 3 次。

(4)配种参考模式（表 1-9、表 1-10）

表 1-9　经产母猪配种模式

发情时间	第 1 次配种	第 2 次配种	第 3 次配种
上午"静立"	下午	次日上午	次日下午
下午"静立"	次日上午	第 3 天上午	第 3 天下午
断奶后≥7 d 发情的母猪及空杯、返情的母猪，发情即配			

表 1-10　初产母猪配种模式

发情时间	第 1 次配种	第 2 次配种	第 3 次配种
上午"静立" 下午"静立"	当日下午	次日上午	次日下午
超期发情（≥8.5 月龄）或激素处理的母猪，发情即配			

注：由于部分初产母猪发情静立反射不明显，应以外阴颜色、肿胀度、黏液变化综合判断适配时间，静立反射仅作参考。

（五）猪的人工授精

猪的人工授精是指用器械采取公猪的精液，经过检查，处理和保存，再用器械将精液输入到发情母猪的生殖道内以代替自然交配的一种配种方法。该项技术由调教公猪、采精前的准备、采精、精液品质检查、精液稀释、精液分装、精液保存、精液运输和输精等关键环节构成。

25.怎样调教公猪?

调教公猪时可采用以下操作方法进行:

①后备公猪在7.5月龄开始采精调教。先调教性欲旺盛的公猪,下一头隔栏观察、学习。

②挤出包皮积尿,清洗公猪的后腹部及包皮部,按摩公猪的包皮部。

③诱发爬跨:用发情母猪的尿液或阴道分泌物涂在假母猪上,同时模仿母猪叫声,也可用其他公猪的尿液或唾液涂在假母猪上,诱发公猪的爬跨欲。上述方法不奏效时,可赶来一头发情母猪,让公猪空爬几次,在公猪很兴奋时赶走发情母猪,也可采取强制将公猪抬上假母猪的方法。

④公猪爬上假母猪后即可进行采精。

⑤对于难调教的公猪,可实行多次短暂训练,每周4～5次,每次15～20 min,调教成功后,每天采1次,连采3次,如果公猪的性欲很好,调教以后7 d采1次;公猪性欲一般,调教成功后2～3 d采1次,连采3次。如果公猪表现任何厌烦、受挫或失去兴趣,应该立即停止调教训练。

⑥公猪兴奋时,要注意公猪和采精员自身安全,采精栏必须设有安全角。

⑦无论哪种调教方法,公猪爬跨后一定要进行采精。调教时,不能让两头或两头以上公猪同时在一起,以免引起公猪打架,影响调教的进行和造成不必要的经济损失。

26.采精前的准备工作有哪些?

采精前的准备工作主要包括以下几个方面:

(1)采精场地准备

应选择宽敞、明亮、安静、平坦、清洁的场地。有条件的应建立采精室。

（2）台猪的准备

台猪要尽量满足公猪的要求，选择体格大小适当，性情温顺，发情旺盛的母猪或专用假台猪（图1-26）。

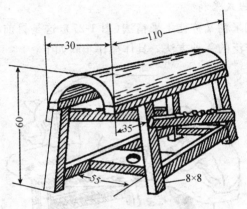

图1-26　假台猪构造（单位：cm）

（李和国，猪生产，2009）

（3）采精公猪的准备

剪去公猪包皮部的长毛，将公猪体表脏物冲洗干净并擦干体表水渍。

（4）采精器件的准备

集精器置于38℃的恒温箱中备用，并准备采精时清洁公猪包皮内污物的纸巾或消毒清洁的干纱布等。

（5）配制精液稀释液

配制所需量的稀释液，置于水浴锅中预热至35℃。

（6）精液质检设备的准备

调节质检用的显微镜，开启显微镜载物台上恒温板以及预热精子密度测定仪。

（7）精液分装器件的准备

主要有精液分装器、精液瓶或袋等。

27.采精方法有哪些?

公猪采精时可采取以下 4 种方法:

(1)手握式采精

手握式采精又称徒手采精法(图 1-27),这是目前采集公猪精液应用最广泛的一种方法。具体操作步骤如下:

图 1-27 猪的手握式采精

(李和国,猪生产,2009)

①采精杯的制备:先在保温杯内衬一只一次性食品袋,再在杯口覆一层过滤纸,用橡皮筋固定,要松一些,使其沉下 2 cm 左右。制好后放在 37℃恒温箱备用。

②采精之前先剪去公猪包皮上的被毛,防止干扰采精及细菌污染。

③将待采精公猪赶至采精栏,挤出包皮积尿,用 0.1% 高锰酸钾溶液清洗腹部及包皮部。

④用清水洗净,抹干。按摩公猪的包皮部,待公猪爬上假母猪后,用温暖清洁的手(有无手套皆可)握紧伸出的龟头,顺公猪前冲时将阴茎的"S"状弯曲拉直,握紧阴茎螺旋部的第一和第二摺,在公猪前冲时允许阴茎自然伸展,不必强拉。充分伸展后,阴茎将停

止推进,达到强直、"锁定"状态,开始射精。射精过程中不要松手,否则压力减轻将导致射精中断。注意在采精时不要碰阴茎体,否则阴茎将迅速缩回。

⑤有浓分精液出现时开始收集,直至公猪射精完毕(阴茎变软)时才放手,在收集精液过程中防止包皮部液体或其他杂质进入采精杯。

⑥采集完毕后彻底清洗采精栏,将公猪赶回原圈。

(2)假阴道采精

采精员右手握住假阴道,蹲在假台猪的右侧,当公猪爬上台猪背侧时,轻握包皮对准假阴道入口,待阴茎伸出自然插入。此时,采精员要有节奏地挤压双链球,调节好假阴道内的压力,增强公猪快感。如公猪伏卧假台猪不动,尾根和肛门有节奏地收缩,即为射精。此时,应将假阴道后端的胶头漏斗斜向下拉直,以利精液流入集精瓶。这种方法比较方便,但由于公猪射精时间较长,尿液和细菌容易通过包皮污染阴茎,从而污染精液,加之假阴道使用前后的洗涤和消毒工作费时费力,故很少使用。

(3)筒握法采精

筒握法由海绵套筒构成筒形采精器,呈漏斗状。公猪阴茎挺出后,用套筒套住阴茎头部,用手有节奏地施加压力。这种采精法的优点是不需清洗消毒手臂,海绵套筒为一次性,省去繁琐的清洗手续。

(4)电刺激法采精

适用于后肢损伤的优秀公猪。电刺激采精器由脉冲电流发生器和探头两部分组成。使用时先给公猪注射静松灵、氯胺酮等镇定或麻醉,再将探头涂上润滑剂塞入公猪直肠,接通电流,由低到高调节频率,增加刺激强度,直到顺利射精。

28. 怎样检查精液品质?

精液质量检查的主要指标有:精液量、颜色、气味、精子密度、精子活力、畸形精子率。

（1）精液量

后备公猪的射精量一般为 150～200 mL，成年公猪为 200～600 mL，称重量计算体积，1 g 计为 1 mL。

（2）颜色

正常精液的颜色为乳白色或灰白色。如果精液颜色有异常，则说明精液不纯或公猪有生殖道病变，凡发现颜色有异常的精液，均应弃去。同时对公猪进行检查，然后对症治疗。

（3）气味

正常的公猪精液具有其特有的微腥味，无腐败恶臭气味。有特殊臭味的精液一般混有尿液或其他异物，一旦发现，不应留用。

（4）密度

指每毫升精液中含有的精子数，它是用来确定精液稀释倍数的重要依据。正常公猪的精子密度为 2.0 亿～3.0 亿/mL。检查精子密度的方法常用以下两种：

①精子密度仪测量法：此法极为方便，检查时间短，准确率高。若用国产分光光度计改装，也较为适用。该法有一缺点，会将精液中的异物按精子来计算。

②红细胞计数法：此法最准确，但速度慢，具体操作步骤如下：

用不同的微量取样器分别取具有代表性的原精 100 μL 和 3% 的 KCl 溶液 900 μL，混匀。在计数板的计数室上放一盖玻片，取少量上述混合精液放入计数板槽中。在高倍显微镜下计数 5 个中方格内精子的总数，将该数乘以 50 万即得原精液的精子密度。

（5）精子活力

每次采精后及使用精液前，都要进行活力的检查。检查精子活力前必须预热保温板，先将载玻片放在 38℃ 保温板上预热 2～3 min，再滴上 1 小滴精液，盖上盖玻片，然后在显微镜下观察。保存后的精液在镜检时要先在玻片预热 2 min。

精子活力一般采用 10 级制,即在显微镜下观察一个视野内作直线运动的精子数,若有 90％的精子呈直线运动则其活力为 0.9;有 80％呈直线运动,则活力为 0.8;依此类推。新鲜精液的精子活力以高于 0.7 为正常,稀释后的精液,当活力低于 0.6 时,则弃去不用。

(6)精子畸形率

畸形精子包括巨型、短小、断尾、断头、顶体脱落、有原生质滴、大头、双头、双尾、折尾等精子。它们一般不能作直线运动,受精能力差,但不影响精子的密度。公猪的畸形精子率一般不能超过 18％,否则应弃去。采精公猪要求每两周检查一次畸形率,发现不合格的精液一律作废,不得用于生产。

(7)填表

检查结束后应立即填写《公猪精液品质检查登记表》(表 1-11),每头公猪建立完善的《公猪精检档案》(表 1-12)。

表 1-11　公猪精液品质检查登记表

采精日期	公猪耳号	采精员	采精量/mL	颜色	气味	pH	活力	精子密度/(亿/mL)	畸形精子率/%	总精子数/亿	稀释后总量/mL	稀释液总量/mL	头份数	检验员	备注

(引自 NY/T 636—2002)

表 1-12　公猪精液品质检查档案

检查日期	颜色	气味	体积	密度	活力	畸形率	结论

29.如何配制精液稀释液?

配制精液稀释液时应先设计合理的稀释液配方,然后依据配方按照正确操作步骤配制稀释液。

(1)稀释液

现提供 4 种猪用稀释液配方(表 1-13)。

表 1-13　常见几种公猪精液稀释液配方　　　g/1 000 mL

成分	配方一	配方二	配方三	配方四
保存时间/d	3	3	5	5
D-葡萄糖	37.15	60.00	11.50	11.50
柠檬酸三钠	6.00	3.70	11.65	11.65
EDTA 钠盐	1.25	3.70	2.35	2.35
碳酸氢钠	1.25	1.20	1.75	1.75
氯化钾	0.75			0.75
青霉素钠	0.60	0.50	0.60	
硫酸链霉素	1.00	0.50	1.00	0.50
聚乙烯醇			1.00	1.00
三羟甲基氨基甲烷			5.50	5.50
柠檬酸			4.10	4.10
半胱氨酸			0.07	0.07
海藻精				1.00
林肯霉素				1.00

(引自 NY/T 636—2002)

(2)配制稀释液

配制稀释剂要用精密电子天平,不得更改稀释液的配方或将不同的稀释液随意混合。配好后应先放置 1 h 以上才用于稀释精液,液态稀释液在 4℃冰箱中保存不超过 24 h,超过贮存期的稀释液应废弃。抗生素应在稀释精液前加入稀释液里,太早易失效。

稀释液配制的具体操作步骤如下：

①所用药品要求选用分析纯，对含有结晶水的试剂按摩尔浓度进行换算。

②按照稀释液配方，用称量纸和电子天平按 1 000 mL 和 2 000 mL 剂量准确称取所需药品，称好后装入密闭袋。

③用 1 h 前将称好的稀释剂溶于定量的双蒸水中，用磁力搅拌器加速其溶解。

④用 0.1 mol/L HCl 或 0.1 mol/L NaOH 调整稀释液 pH 为 7.2 左右。

⑤稀释液配好后及时贴上标签，标明品名、配制时间和经手人。

⑥放在水浴锅内进行预热，以备使用，水浴锅温度不能超过 39℃。

⑦认真检查配好的稀释液，发现问题及时纠正。

30.如何正确稀释精液？

处理精液必须在恒温环境中进行，品质检查后的精液和稀释液要在 37℃ 恒温下预热，稀释处理时，严禁太阳光直射精液。稀释液应在采精前准备好，并预热。精液采集后尽快稀释，精子活力在 0.7 以下的精液不能用于稀释。稀释处理每一步结束时应及时登记《精液稀释记录》(表 1-14)。具体稀释程序如下：

①用具洗涤：所有使用过的烧杯、玻璃棒及温度计，都要用蒸馏水洗涤，并高温消毒。

②确定精液稀释头份：人工授精的正常剂量一般为 40 亿个精子/头份，体积为 80 mL。假如有一份公猪的原精液密度为 2 亿/mL，采精量为 150 mL，稀释后密度为 40 亿/80 mL 头份，则此公猪精液可稀释 $150×2/40＝7.5$ 头份，需加稀释液 450 mL。

③测量精液和稀释液温度，保证稀释液的温度与精液一致，两者相差 1℃ 以内。

④将精液移至 2 000 mL 大塑料杯中,稀释液沿杯壁缓缓加入精液中,轻轻搅匀或摇匀。

⑤如需高倍稀释,先进行 1∶1 低倍稀释,1 min 后再将余下的稀释液缓慢分步加入。

⑥精液稀释的每一步操作均要检查活力,稀释后静置片刻再作活力检查。

⑦制作混精:两头或两头以上公猪的精液 1∶1 稀释或完全稀释以后可以制作混精。混精之前需各倒一小部分混匀,检查活力是否有下降,如有下降则不能生产混精。

表 1-14　精液稀释记录

日期	耳号	品种	采精量	活力1	精子密度	稀释体积	活力2	混精活力	精液份数	精液编号	采精员

31.精液如何分装?

分装精液时应按照如下步骤进行:

①稀释好精液后,先检查精子的活力,活力无明显下降则可进行分装。

②按每头份 60~80 mL 分装。精液若需运输,应排空瓶内空气,以减少运输中的震荡。

③分装后的精液,将精液瓶加盖密封,贴上标签,标明公猪场号、公猪品种、采精日期及精液编号。

32. 精液怎样保存？

精液保存时应按照以下要求进行：

①需保存的精液应先在 22℃ 左右室温下放置 1～2 h 后放入 17℃ 恒温冰箱中，或用几层干毛巾包好直接放在 17℃ 冰箱中。冰箱内挂有灵敏温度计，随时检查其温度。分装精液放入冰箱时，不同品种精液应分开放置，以免拿错精液。精液应平放，可叠放。

②放入冰箱后，每隔 12 h，摇匀精液 1 次（上下颠倒），防止精子沉淀聚集造成精子死亡。一般可在早上上班、下午下班时各摇匀 1 次，并做好摇匀时间和人员的记录。夜间超过 12 h 应安排夜班于凌晨摇匀 1 次。

③冰箱应一直处于通电状态，尽量减少冰箱门的开关次数，防止频繁升降温对精子的打击。保存过程中，随时观察冰箱内温度的变化，出现温度异常或停电，必须检查贮存精液的品质。

④精液一般可保存 3～7 d。

33. 精液怎样运输？

精液运输成败的关键在于保温和防震是否做得足够好。公猪站与猪场之间的精液运输采用专业的精液运输箱运送，要求达到 (17±1)℃ 恒温。

34. 如何正确输精？

为提高输精成功率，输精操作时应重点考虑以下几方面要求。

(1) 输精时间

发情母猪出现静立反射后 8～12 h 进行第 1 次输精，之后每间隔 8～12 h 进行第 2 次或第 3 次输精。

(2) 精液检查

从 17℃ 恒温箱中取出精液，轻轻摇匀，用已灭菌的滴管取 1 滴置于预热的载玻片，置于 37℃ 的恒温板上检查活力，精子活力

0.6 以上,方可使用。

(3)输精管

用清洁、已消毒的输精管输精。

(4)输精程序

①准备好输精栏、0.1%高锰酸钾消毒水、清水、抹布、精液、剪刀、针头、一次性卫生纸巾。

②先用消毒水清洁母猪外阴周围、尾根,再用温和清水洗去消毒水,抹干外阴。

③将试情公猪赶至待配母猪栏前,使母猪在输精时与公猪有口鼻接触,输完几头母猪更换另一头公猪,以提高公、母猪的兴奋度。

④从密封袋中取出无污染的一次性输精管(手不准触其前2/3部),在前端涂上对精子无毒的润滑油。

⑤将输精管斜向上 45°插入母猪生殖道内,当感觉到有阻力时再稍用一点力,直到感觉其前端被子宫颈锁定为止,轻轻回拉不动。

⑥从贮存箱中取出精液,确认标签正确。小心混匀精液,上下颠倒数次,剪去瓶嘴,将精液瓶接上输精管,开始输精。

⑦轻压输精瓶,确认精液能流出,2 min 后,用针头在瓶底扎一小孔,按摩母猪乳房、外阴或压背,使子宫产生负压将精液吸纳,不允许将精液挤入母猪的生殖道内。

⑧边输精边对母猪按摩,输精时要尽快找到母猪的兴奋点,如阴户、肋部、乳房等。

⑨通过调节输精瓶的高低来控制输精时间,一般 3~5 min 输完,确保不要少于 3 min,防止吸纳过快,出现精液倒流现象,输完精后继续对母猪按摩 1 min 以上。

⑩输精后为防止空气进入母猪生殖道,将输精管后端折起塞入输精瓶中,输精后 1~1.5 h,拉出输精管。

⑪高温季节宜在上午 8:00 前,下午 17:00 后进行输精,饲喂前空腹配种。

⑫输精操作分析(表1-15)。

如实记录输精时具体情况,便于在返情失配或产仔少时查找原因,制定相应对策,输精评分依据以下三个方面打分:

站立发情:1分(差),2分(稍有移动),3分(几乎没有移动)。

锁住程度:1分(没有锁住),2分(松散锁住),3分(持续牢固紧锁)。

倒流程度:1分(严重倒流),2分(少量倒流),3分(几乎没有倒流)。

表1-15　输精评分报表

与配母猪	日期	首配精液	评分	二配精液	评分	三配精液	评分	输精员	备注

注:为使输精评分便于比较,所有输精员应按照相同的标准评分,且单个输精员应输一头母猪的全部几次输精,如实填报评分。例如一头母猪站立反射明显,几乎没有移动,持续牢固紧锁,一些倒流,则此次配种的输精评分为3、3、2,不需求和。

⑬输完一头母猪后,立即登记《母猪输精记录表》(表-16)。

表1-16　母猪输精记录表

母猪耳号	胎次	发情日期	第1次输精				第2次输精				第3次输精				预产期	输精员
			公猪耳号	输精时间	站立反应	精液倒流	公猪耳号	输精时间	站立反应	精液倒流	公猪耳号	输精时间	站立反应	精液倒流		

(引自 NY/T 636—2002)

(5)输精注意事项

①精液从 17℃冰箱取出后不需升温,直接用于输精。

②输精管的选择:经产母猪用海绵头输精管,后备母猪用尖头输精管,输精前需检查海绵头是否松动。

③输精过程中出现排尿,将输精管放低,导出尿液,用清洁的纸巾将输精管至阴门的一段输精管擦拭干净,继续输精。排粪后不准再向生殖道内推进输精管,以免粪便进入生殖道引起感染。

④个别猪输完精后 24 h 仍出现发情,可多加一次授精。

⑤配种员的心态是影响输精效果的关键。应该专注每头猪的发情变化,输精时心态平和,要有耐心和信心,不骄不躁。每天的输精量合理,单人半天输精数不超过 15 头母猪。

(六)猪的妊娠诊断

35.妊娠诊断方法有哪些?

妊娠诊断是母猪繁殖管理上的一项重要内容。配种后,应尽早检出空怀母猪,及时补配,防止空怀。这对于保胎,缩短胎次间隔,提高繁殖力和经济效益具有重要意义。

(1)外部观察法

母猪配种后经 21 d 左右,如不再发情、食欲旺盛、行动稳重、性情温顺、贪睡、阴户紧收、皮毛有光泽、有增膘现象,则表明已妊娠。如发情症状明显、行动不安、则没有受胎,应及时补配。假发情的母猪,发情不明显,持续期短,虽稍有不安,但食欲不减,对公猪反应不明显,不接受公猪爬跨。

(2)激素诊断法

①孕马血清促性腺激素(PMSG)法:配种后 14~26 d 母猪,颈部注射 700 IU 的 PMSG 制剂,以判定母猪是否受孕。判断标准:被检母猪用 PMSG 处理后,5 d 内不发情判定为妊娠;5 d 内出

现发情,并接受公猪交配者判定为未妊娠。此法不会造成母猪流产,母猪产仔数及仔猪发育均正常。

②己烯雌酚法:配种后 16～18 d 母猪,肌肉注射己烯雌酚 1 mL 或 0.5％丙酸己烯雌酚和丙酸睾丸酮各 0.22 mL 的混合液,如注射后 2～3 d 无发情表现,说明已经妊娠。

(3)超声波诊断法

用特制的超声波测定仪,在母猪配种后 20～29 d 进行超声波测定。其原理是利用超声波感应效果测定猪的胎儿心跳,从而进行早期妊娠诊断。实践证明,母猪配种后 20～29 d 妊娠诊断准确率为 80％,40 d 以后的准确率为 100％。超声波胎儿心跳测定仪,由主机和探触器组成,将探触器贴在母猪腹部(右侧倒数第二个乳头),体表发射超声波,根据心脏跳动感应信号或脐带多普勒信号音而判断母猪是否妊娠。目前用于妊娠诊断的超声诊断仪主要有 A 型、B 型和 D 型。

①A 型超声波诊断仪:这种仪器体积较小,操作简便,几秒钟便可得出结果,适合基层猪场使用。准确率在 75％～80％。

②B 型超声波诊断仪:B 型超声诊断仪可通过探查胎体、胎水、胎心搏动及胎盘等来判断妊娠阶段、胎儿数、胎儿性别及胎儿状态等。具有时间早、速度快、准确率高等优点,但价格昂贵、体积大,只适用于大型猪场定期检查。

③多普勒超声波诊断仪(D 型):该仪器可通过测定胎儿和母体血流量、胎动等做较早期诊断。妊娠后 51～60 d 准确率可达 100％。

(4)尿液检查法

①尿中雌酮诊断法:用 2 cm×2 cm×3 cm 的软泡沫塑料,拴上棉线作阴道塞。检测时从阴道内取出,用一块硫酸纸将泡沫塑料中吸纳的尿液挤出,滴入塑料样品管内,于−20℃贮存待测。尿中雌酮及其结合物经放射免疫测定,小于 20 mg/mL 为没有妊娠,大于 40 mg/mL 为妊娠,20～40 mg/mL 为不确定。

②尿液碘化检查法:在母猪配种后 10 d,取其清晨第一次排出

的尿置于烧杯中,加入 5％碘酊 1 mL,摇匀、加热、煮开,若尿液变为红色,即为已怀孕;如为浅黄色或褐绿色说明未孕。

（5）公猪试情法

配种后 18～24 d,用性欲旺盛的成年公猪试情,若母猪拒绝公猪接近,并在公猪 2 次试情后 3～4 d 始终不发情,可初步确定为妊娠。

（6）阴道检查法

配种 10 d 后,如阴道颜色苍白,并附有浓稠黏液,触之涩而不润,说明已经妊娠。也可观看外阴户,母猪配种后如阴户下联合处逐渐收缩紧闭,且明显上翘,说明已经妊娠。

生产实际中,猪场应根据本场条件和每头母猪的真实情况,选用最佳的诊断方法,或将几种方法结合在一起,从而准确判断母猪配种后是否受孕,诊断后应认真填写《早期妊娠诊断记录表》(表1-17)。

表 1-17　早期妊娠诊断记录表

圈栏号	母猪品种	母猪耳号	诊断方法		结果
			外部观察法	超声波诊断法	

（七）猪的接产与产后护理

36.预产期推算有哪些方法?

母猪妊娠期为 111～117 d,平均 114 d。我国地方猪种妊娠期短,引入猪种较长。正确推算母猪预产期,做好接产准备工作,对生产很重要。推算预产期的方法有:查表法、"三三三"推算法、"月减 8,日减 7"推算法和"月加 4,日减 8"推算法。

（1）查表法

查表法推算母猪预产期如表 1-18 所示。说明如下：

表 1-18　母猪预产期推算表

日	月											
	一	二	三	四	五	六	七	八	九	十	十一	十二
1	25	26	23	24	23	23	23	23	24	23	23	25
2	26	27	24	25	24	24	24	24	25	24	24	26
3	27	28	25	26	25	25	25	25	26	25	25	27
4	28	29	26	27	26	26	26	26	27	26	26	28
5	29	30	27	28	27	27	27	27	28	27	27	29
6	30	31	28	29	28	28	28	28	29	28	28	30
7	1/5	1/6	29	30	29	29	29	29	30	29	1/3	31
8	2	2	30	31	30	30	30	30	31	30	2	1/4
9	3	6	1/7	1/8	31	1/10	31	1/12	1/1	31	3	2
10	4	4	2	2	1/9	2	1/11	2	2	1/2	4	3
11	5	5	3	3	2	3	2	3	3	2	5	4
12	6	6	4	4	3	4	3	4	4	3	6	5
13	7	7	5	5	4	5	4	5	5	4	7	6
14	8	8	6	6	5	6	5	6	6	5	8	7
15	9	9	7	7	6	7	6	7	7	6	9	8
16	10	10	8	8	7	8	7	8	8	7	10	9
17	11	11	9	9	8	9	8	9	9	8	11	10
18	12	12	10	10	9	10	9	10	10	9	12	11
19	13	13	11	11	10	11	10	11	11	10	13	12
20	14	14	12	12	11	12	11	12	12	11	14	13
21	15	15	13	13	12	13	12	13	13	12	15	14
22	16	16	14	14	13	14	13	14	14	13	16	15
23	17	17	15	15	14	15	14	15	15	14	17	16
24	18	18	16	16	15	16	15	16	16	15	18	17
25	19	19	17	17	16	17	16	17	17	16	19	18
26	20	20	18	18	17	18	17	18	18	17	20	19
27	21	21	19	19	18	19	18	19	19	18	21	20
28	22	22	20	20	19	20	19	20	20	19	22	21
29	23	—	21	21	20	21	20	21	21	20	23	22
30	24	—	22	22	21	22	21	22	22	21	24	23
31	25	—	23	—	22	—	22	23	—	22	—	24

①上行月份为配种月份,左侧第一列为配种日期。

②下行月份为预产期月份,左侧第 2～13 列的数字为预产日龄。

③此表按平年(2 月只有 28 d)计算结果,若闰年(2 月有 29 d),预产期相应提前 1 d。

(2)"三三三"推算法

此法是常用的推算方法,从母猪交配受孕的月数和日数加"3 个月 3 周 3 天",即 3 个月为 90 d,3 周为 21 d,另加 3 d,正好是 114 d,即是妊娠母猪的预产期。例如,某头母猪配种日期为 12 月 20 日,12 月加 3 个月,20 日加 3 周 21 d,再加 3 d,则母猪分娩日期大约在 4 月 14 日。

(3)"月减 8,日减 7"推算法

即从母猪交配受孕的月份减 8,交配受孕日期减 7,不分大月、小月、平月,平均每月按 30 d 计算,答数即是母猪妊娠的大约分娩日期。此法简便易记。例如,配种期 12 月 20 日,12 月减 8 个月为 4 月,再将配种日期 20 减 7 是 13 日,所以母猪分娩日期大约在 4 月 13 日。

(4)"月加 4,日减 8"推算法

即从母猪交配本受孕后的月份加 4,交配受孕日期减 8,其得出的数,就是母猪的大致预产日期。用这种方法推算月加 4,不分大月、小月和平月,但日减 8 要按大月、小月和平月计算。此推算法更为简便,可用于推算大群母猪的预产期。例如,配种日期为 12 月 20 日,12 月加 4 为 4 月,20 日减 8 为 12 日,即母猪的妊娠日期大致在 4 月 12 日。

使用后两种推算法时,如月不够减,可借 1 年(即 12 个月),日不够减可借 1 个月(按 30 d 计算);如超过 30 d 进 1 个月,超过 12 个月进 1 年。

37．母猪分娩征兆表现有哪些?

母猪的怀孕期平均是 114 d,但因个体差异不同,其产仔时间有的可提前4～6 d,有的推迟5～6 d。因此,掌握母猪临产前征兆以便安排接产工作,保证母猪平安。母猪的临产表现主要包括以下几方面。

(1)乳房的变化

母猪产前15～20 d,乳房开始由后向前逐渐下垂膨大,呈两条带状,俗称"两张皮",乳房发紧而红亮,两排乳头呈"八"字形向外侧张开;乳头从前向后渐渐能挤出奶汁,前面的乳头能挤出奶汁时,约24 h内产仔,中间乳头能挤出奶汁时,约12 h内产仔,最后一对乳头能挤出奶汁时,在4～6 h产仔或即将产仔。

(2)外阴部变化

母猪产前3～5 d阴户红肿,阴门肿大、松弛、呈红紫色,并有黏液流出,尾根两侧下陷,骨盆开张。

(3)行为表现

母猪分娩前3 d,起卧行动稳重谨慎,乳头分泌乳汁,手摸乳头有热感;分娩前6～10 h,母猪卧立不安、外阴肿胀变红、衔草做窝;分娩前1～2 h,母猪极度不安、呼吸急促、来回走动、频繁排尿,阴门中有浅黄色黏液流出,当母猪躺卧、四肢伸直、阵缩时间越来越短、羊水流出,表明即将产仔。

38.接产准备工作有哪些?

母猪接产准备工作重点包括3个方面的工作。

(1)产房

母猪分娩前5～10 d做好产房的准备。温度控制在15～22℃,寒冷季节应有取暖设备(暖气、火炉、保温灯等),如用垫草,应提前放入舍内,使其温度与舍温相同,垫草要求干燥、柔软、清洁、长短适中。在母猪转入产房前5～10 d打扫干净产房,清除过道、猪栏、运动场等地方的污物。地面、圈栏用2%烧碱水溶液刷洗消毒,墙壁、地面等用过氧乙酸喷洒消毒。产房要保持安静,阳光充足,空气新鲜。

（2）猪体

母猪分娩前 3～5 d 转入产房，并对猪体进行清洁和消毒，消除猪体特别是腹部、乳房、阴门周围的污物，然后再用 2%～5% 的来苏儿消毒。

（3）用具

主要有仔猪箱、5% 碘酊、0.1% 高锰酸钾溶液、洁净毛巾或拭布、剪刀、凡士林油、结扎线、耳号钳、体重秤及产仔记录簿等。

39. 接产技术包括哪些环节？

完整的接产技术应包括以下环节。

（1）擦黏液

胎儿产出后用洁净的毛巾、拭布或软草迅速擦去仔猪鼻和口腔的黏液，防止仔猪缺氧窒息或吸入液体呛死，然后彻底擦干全身黏液。

（2）断脐

把仔猪脐带内血液向仔猪腹部方向挤压，然后在距离仔猪腹部 3～4 cm 处（以不拖地为宜），用手指掐断脐带，并用碘酊消毒。出血较多时，用手指掐住断端，然后用线结扎。

（3）保温

仔猪擦黏液和断脐后，应尽快放入仔猪箱保温，箱内温度在 30～32℃。

（4）剪牙

即剪除犬齿，仔猪犬齿（上、下颌左右各两枚）容易咬伤奶头，可在仔猪出生后用剪牙钳剪掉，操作时应注意剪平。

（5）早吃初乳

对身体已干燥，行动灵活的仔猪应尽早哺乳，使其吃上初乳，对获得母源抗体，恢复仔猪体温，密切母仔关系均有较大益处。分娩表现安静的母猪，对其仔猪可采用"随生随哺"的方法；对分娩不安的母猪（多为初产母猪），可把仔猪放入保温箱内，待全部仔猪产出后一同哺乳。

（6）编号、称重及记录

编号便于记载、鉴别,建立健全生产档案,提高管理水平。编号常有耳标(或称耳号牌)和剪耳编号。随着大型规模化养猪生产的发展,大规模养猪场多采用耳标法编号。耳标是一种标有号码的特制塑料牌,钳在猪耳上。剪耳法是用耳号钳在猪耳上打缺口,一个缺口代表一个数字,几个数字相加,即猪的耳号。

（7）假死仔猪的抢救

若仔猪出生后全身发软、无呼吸,但有微弱心跳,即假死仔猪。此时,接产员用两手分别托住仔猪的头部和臀部,腹部向上,一屈一伸,促进其呼吸。若能在 $38\sim39℃$ 的温水中操作,效果更好。或倒提仔猪两腿,拍打其胸背,使呼吸道畅通,刺激复活。

（8）难产处理

母猪发生难产时,助产人员将指甲剪短、磨光,先用肥皂洗干净手,再用 0.1% 高锰酸钾或 2% 来苏儿溶液消毒,然后在手和手臂上涂凡士林油,趁着母猪努责间歇时,把手指并拢呈圆锥状,慢慢伸入产道,握住胎儿的适当部位,中指挂住胎齿,食指压住鼻突,随着母猪的努责,缓慢将胎儿拉出。在助产过程中尽量避免产道损伤或感染,助产后给母猪注射抗生素药物,以防感染。

（9）注意胎衣是否排出

若发现胎衣没有排出或排出不干净,应注射缩宫素(催产素)。

40.母猪产后如何护理？

母猪产后护理主要包括合理饲养和科学管理两个方面。

（1）饲养

①饮水。分娩过程中,母猪的体力消耗很大,体液损失多,常表现疲劳和口渴。所以,在母猪产后,最好立即给母猪饮少量含盐

的温水,或饮热的麸皮盐水汤,补充体液。

②饲养。母猪产后 8～10 h 内原则上可不喂料,只喂给温盐水或稀粥状的饲料。分娩后 2～3 d 内,由于母猪体质较虚弱,代谢机能较差,饲料不能喂得过多。且饲料的品质应该是营养丰富、容易消化的。从产后第 3 天起,视母猪膘情、消化能力及泌乳情况逐渐增加饲料给量,至 1 周左右按哺乳期饲喂量投给。对个别体质较虚弱的母猪,过早大量补料反而会造成消化不良,使乳质发生变化引发仔猪下痢。对产后体况较好、消化能力强、哺育仔猪头数多的母猪,可提前加料,以促进泌乳。为促进母猪消化,改善乳汁品质,防止仔猪下痢,可在母猪产后 1 周内每天喂给 25 g 左右的小苏打,分 2～3 次于饮水时投给。对粪便干硬有便秘的母猪,应多给饮水或喂给有轻泻作用的饲料。

③催乳。有的母猪因妊娠期间营养不良,产后无奶或奶量不足,应及时进行催乳。否则将导致仔猪发育迟缓甚至饿死。可喂给母猪小米粥、豆浆、胎衣汤、小鱼小虾汤等。对膘情好而奶量不足的母猪,除喂给催乳饲料外,可同时采用药物催乳。如王不留行 40 g、大木通 30 g、益母草 50 g、六神曲 40 g、荆三棱 30 g、赤芍药 20 g、炒麦芽 50 g、杜红花 30 g,八味药混合,加水煎汁,每日 1 剂,分 2 次投给,连服 2～3 d。王不留行、漏芦、通草各 30 g,水煎配小麦粥喂服,每日 1 剂,连服 3 d。催乳灵 10 片,1 次内服等。

(2)管理

①保持产房卫生和安静。要保持产房温暖、干燥和卫生。产房小气候条件恶劣、产栏不卫生均可能造成母猪产后感染,表现恶露多、发烧、食欲降低、泌乳量下降或无乳,如不及时治疗,轻者导致仔猪发育缓慢,重者导致仔猪全部饿死。因此,要搞好产房卫生,经常更换垫草,注意舍内通风,保证舍内空气新鲜。产后母猪的外阴部要保持清洁,如尾根、外阴周围有恶露时,应及时洗净、消毒,夏季应防止蚊蝇飞落。必要时给母猪注射抗生素,并用 2%～

3％温热盐水或 0.1％高锰酸钾溶液冲洗子宫。

②加强运动。从产后第 3 天起,若天气晴好,可让母猪带仔或单独到户外自由活动,这对母猪恢复体力、促进消化和泌乳等均有益处,但要防止着凉和受惊,运动量不要过大。

(八)猪的杂交改良

41.怎样获得杂种优势的一般规律?

获得杂种优势的一般规律主要包括以下 4 个方面。

(1)猪的性状遗传力高低不同,杂种优势表现不同

遗传力低的性状,如猪的适应性、繁殖性状等,这类性状受非加性基因的控制,且环境影响较大,杂交时杂种优势表现明显;遗传力高的性状,如猪的外形结构、胴体性状等,这类性状主要受基因型和加性基因的控制,杂交时杂种优势表现不太明显。

(2)猪的杂交亲本遗传纯度越高,越容易获得杂种优势

杂种优势的出现取决于动物个体的杂合度大小,当杂合度增加时,出现的杂种优势效应明显。利用纯系、近交系配套杂交,可提高杂种后代群杂合子基因型频率,增加基因的杂合效应,易产生杂种优势。

(3)猪的杂交亲本遗传差异越大,越容易获得杂种优势

一般来说,杂种优势表现的程度取决于杂交亲本的差异程度。遗传差异相对较大的两个亲本群体,杂交后有利于提高后代基因型的杂合性,从而提高杂种优势。例如,用国内的两个地方品种杂交,其杂种优势表现程度就没有用国外引入品种和国内地方品种杂交的效果好。

(4)猪易退化和生命早期表现的性状,杂交时易显现杂种优势

如生活力、产仔数、仔猪初生重、成活率和断奶窝重等性状。

42.怎样选择猪杂交亲本？

猪杂交亲本选择包括母本选择和父本选择两个方面。

（1）母本的选择

用作母本的品种主要强调繁殖性能，哺育力和适应性。应选择本地区数量多，繁殖力高（产仔数多、断奶窝重大、仔猪成活率高、母性和泌乳能力强）的品种或品系作母本。由于杂交母本猪数量多，应强调对当地环境的适应性，在不影响杂种后代生长速度的前提下，母本的体格不宜过大。

（2）父本的选择

用作父本的品种主要强调生长育肥性状和胴体性状。一般应选用生长速度快、饲料利用率高、胴体品质好的品种或品系作父本。为了保证种公猪的种用价值，应强调性欲，精液品质，性成熟和适应性等方面的选择。

根据上述要求，我国大多数地方猪种和培育猪种杂交时适合作母本，国外引入猪种，如长白猪、杜洛克猪、大约克夏猪、汉普夏猪等，具备作父本的条件。

43.猪杂种优势利用的常用方法有哪些？

猪杂种优势的利用方法主要有以下 4 种。

（1）两品种简单杂交

两品种简单杂交又称二元杂交，这是我国养猪生产中应用广泛且比较简单的一种方式。两个品种的公、母猪杂交一次，一代杂种无论公、母猪，全部用作经济利用。猪的二元杂交模式如图 1-28 所示。

A♂×B♀

↓

AB（♂♀全部作为商品育肥猪）

图 1-28 二元杂交示意图

二元杂交的优点在于杂交方式简单,可充分利用个体的杂种优势,只经过一次配合力测定,就可筛选出最佳杂交组合;不足之处在于父本和母本品种都是纯种,不能利用父本杂种优势,特别是母本杂种优势。实际生产中,多选用我国地方良种或培育品种作母本,外来瘦肉型品种作父本,开展杂交利用。如长×民、杜×湖杂交组合。

(2)三品种杂交

三品种杂交又叫三元杂交,即从两品种简单杂交所得到的杂种一代母猪中,选留优良个体,与另一品种的公猪杂交,产生的后代作为商品肉猪。三元杂交是目前国内外现代化养猪业的主流杂交生产模式。猪的三元杂交模式如图1-29所示。

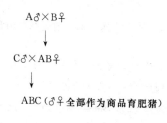

A♂×B♀

↓

C♂×AB♀

↓

ABC(♂♀全部作为商品育肥猪)

图1-29　三元杂交示意图

三元杂交的优点在于既能充分利用个体杂种优势,也能获得效果十分显著的母本杂种优势,还充分发挥了第二父本(终端父本)生长速度快、饲料利用率高、肉质好的特性。不足之处在于组织工作比较复杂,需要三个种群的纯种猪群,又要保留杂种一代母猪,杂交繁育体系较为复杂,需进行两次配合力测定,父本杂种优势不能充分利用。实际生产中,第一母本通常选用地方良种或培育品种,两个父本品种选用引入的优良瘦肉型猪种,如杜×长×民、杜×大×三等杂交组合。为了提高经济效益和市场竞争力,也可完全使用三个引入瘦肉型猪种开展三元杂交,目前在国内外普遍使用的杜×长×大或杜×大×长三元杂交组合,后代具有良好的生产性能,整齐度高,产肉性能突出,很受市场欢迎。

(3)四品种杂交

四品种杂交又称四元杂交或双杂交,杂交时选择四个品种的猪,首先分别进行两两杂交,从其杂交后代中选留优良个体,再进行杂交。猪的四元杂交模式如图 1-30 所示。

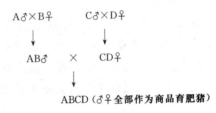

图 1-30   四元杂交示意图

四元杂交的优点在于商品代的父本、母本猪都是杂种,从理论上讲能充分利用个体杂种优势、父本杂种优势和母本杂种优势;缺点在于所需亲本过多,而且要进行杂种公猪和杂种母猪的制种,建立繁育体系非常复杂。

(4)专门化品系配套杂交(杂优猪生产)

专门化品系是指某个经济性状突出,且其他性状仍保持在一般水平上的品系。一般来说,专门化父系应集中表现生长快,饲料利用率高和胴体品质好等特点;专门化母系主要表现良好的产仔数,泌乳力等繁殖性状。专门化品系配套杂交,以品系作为杂交对象,每个品系只选择一两个突出的性状,遗传结构纯粹。由于分化选择,目标性状集中,缩短了选择时间,大大加速了品系的选育进程。育成的品系通过配套杂交繁育计划的实施,使商品后代能综合父系、母系的优点,后代杂种优势显著。因此,这种杂交方式更能机动灵活地适应集约化养猪的市场需要。专门化品系配套杂交模式如图 1-31 至图 1-33 所示。

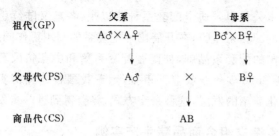

图 1-31 二系配套示意图

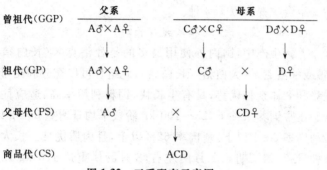

图 1-32 三系配套示意图

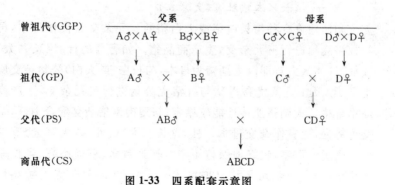

图 1-33 四系配套示意图

养猪业较发达的国家,配套系杂交方式已成为主流,如美国迪卡配套系、英国 PIC 配套系、法国伊彼得配套系等。我国自 1991

年从美国迪卡公司引入迪卡配套系种猪以来,各地又陆续引入一些国外著名的配套系品牌,在开展国外配套系的利用工作同时,也开始培育我国的配套系品牌,如南雁配套系猪和中育猪配套系分别于 1999 年和 2005 年获农业部审批,随着我国各地经济实力的增强和工厂化养猪的发展,这种杂交方式,将会得到进一步发展。

44. 优良杂交组合商品猪生产实例

我国优良杂交组合商品猪生产模式多种多样,具有代表性的杂交组合主要有以下 3 种。

(1)杜×长×大(或杜×大×长)

养猪生产中,国内外使用最多的是杜洛克×(长白猪×大白猪)或杜洛克×(大白猪×长白猪),此组合可以充分利用母本杂种优势和个体杂种优势,具有生长快、饲料利用率高、适应性强等优点。正常饲养条件下,25～100 kg 阶段平均日增重 800 g 以上,饲料利用率 3∶1 以下,瘦肉率 62% 以上,且肉质优良。长大或大长杂种母猪,初情期 5.5 月龄左右,8 月龄体重达 120 kg 以上时配种,产仔数 10～12 头。

(2)杜×(长×本)、杜×(大×本)

利用地方良种与长白猪或大白猪的二元杂交后代作母本,再与杜洛克猪进行三元杂交,生产商品猪。如著名的杜×(长×太)或杜×(大×太),即以太湖猪为母本,与长白(或大白)公猪杂交所生 F_1 代,从中选留优秀母猪与杜洛克公猪进行三元杂交,生产商品肥育猪。太湖猪遗传性能较稳定,与瘦肉型猪杂交配合力好,杂交优势强,适宜作杂交母本。杜×(长×太)或杜×(大×太)等三元杂交组合类型,较好地保持了亲本产仔数多、瘦肉率高、生长速度快等特点,该组合平均日增重达 550～600 g,每千克增重耗料 3.15 kg,达 90 kg 体重日龄 180～200 d,胴体瘦肉率 58%,适合我国饲料条件较好的农村地区饲养和推广。

（3）长×（大×本）、大×（长×本）

利用地方良种与长白猪或大白猪的二元杂交后代作母本,再与大白公猪或长白公猪进行三元杂交,生产商品猪。近年来,全国各地均利用长白猪或大白猪与本地猪或培育品种进行杂交,取得了明显的效果。

二、饲料筹划

(一)猪常见饲料及加工调制

依据各种饲料原料的营养特性,猪常用饲料可划分为粗饲料、青饲料、能量饲料、蛋白质饲料、矿物质饲料及饲料添加剂六大类;按照其配合程度又可划分为添加剂预混料、浓缩饲料和全价配合饲料三大类。猪常用饲料组成如图 2-1 所示。

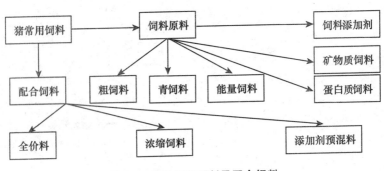

图 2-1　猪的饲料原料及配合饲料

45.猪常用饲料原料有哪些?

猪的饲料原料按营养特性可分为粗饲料、青饲料、能量饲料、蛋白质饲料、矿物质饲料及饲料添加剂六类。

(1)粗饲料

粗饲料指干物质中粗纤维含量达到或超过 18%,粗蛋白质含量小于14％,有机物消化率在65％～70％以下,每千克饲料干物质的消化能在10.46 MJ以下的饲料。猪常用粗饲料有干草、秸秆、秕壳。干草是人工栽培牧草与天然牧草收割后阴干或人工干燥制成,营养价值较高,如苜蓿草、三叶草;秸秆、秕壳是籽实收割后剩余的茎叶及皮壳,如稻草、玉米秸、豆秸、薯秧、花生秧、豆壳、麦壳等,其营养价值比青草低。粗饲料由于容积大、适口性差、难消化等特点,在猪的日粮中一般作为填充料。在日粮中所占比例随猪的品种、类型和年龄而改变,日粮中的用量比例一般为4％～20％,过量添加饲喂,会降低其他饲料的利用率,影响猪的生长和发育。

(2)青饲料

包括天然野草、人工栽培牧草、青刈作物和可利用的新鲜树叶等,这类饲料分布很广,养分比较完全,而且适口性好,消化利用率较高。养猪生产中,给妊娠母猪饲喂青绿饲料可节约精料,保持母猪体况,提高繁殖性能;给种公猪饲喂一些优质青绿多汁饲料,如胡萝卜能提高性欲,增加射精量、精子密度与活力;给生长育肥猪饲喂适当的青绿饲料,可以起到节省饲料成本,平衡饲料营养,改善猪肉品质,提高经济效益等作用。

(3)能量饲料

能量饲料指在干物质中粗纤维含量小于18％,粗蛋白质含量低于20％,每千克含消化能在10.46 MJ以上的饲料。包括禾本科植物籽实及其副产品(玉米、大麦、米糠、小麦麸等)、块根块茎瓜果类(甘薯、马铃薯、胡萝卜、南瓜等)和其他加工副产品(如油脂、糖蜜、乳清粉、草籽等)。

玉米是养猪的主要能量饲料,适口性好,但饲用过多会使肉猪、种猪背膘增加,降低肉猪瘦肉率和种猪的繁殖能力。玉米在我国瘦肉型生长育肥猪日粮中的使用比例为40％～80％。玉米中赖氨酸、蛋氨酸和色氨酸含量较低,配制猪饲料时应注意添加以上三种氨基酸。

米糠是能值较高的糠麸类饲料,新鲜米糠适口性好,若用量过多,可使猪背膘变软,胴体品质变差,用量宜控制在15%以下。小麦麸质地松散,容积大,适口性好,含有轻泻性的镁盐,有助于胃肠蠕动和通便润肠,是妊娠后期和哺乳母猪的良好饲料。幼猪不宜过多,育肥猪用量以不超过15%为宜。

(4)蛋白质饲料

蛋白质饲料指干物质中粗纤维含量小于18%,粗蛋白质含量大于20%的饲料。蛋白质饲料包括植物性蛋白质饲料(豆类籽实、饼粕类)和动物性蛋白质饲料(鱼粉、肉骨粉等)。

豆饼、豆粕等饼粕类饲料,蛋白质含量丰富,粗纤维含量较低,能量含量也比较高,是猪饲料配合时良好的蛋白质补充料。

大豆一般很少直接用作饲料。饼粕类在猪的日粮配合中较为常用,其价格相对较高。一些饼粕类饲料中含有毒素及抗营养因子,在配合日粮时,必须进行处理。饼粕类饲料在猪日粮中一般不超过20%。

常用的动物性蛋白质饲料有鱼粉、肉骨粉、血粉、蚕蛹和乳类。此类饲料体积小、不含纤维素,蛋白质含量高(如鱼粉含粗蛋白质55%～75%)、氨基酸较平衡,钙、磷多且全部为有效磷,含有丰富的维生素,营养价值高,是喂猪很好的蛋白质补充料。由于价格较高,猪日粮中动物性饲料用量一般在10%以下。

(5)矿物质饲料

矿物质饲料包括天然和工业合成的为猪提供常量元素的饲料,如食盐、石粉、贝壳粉、骨粉、蛋壳粉等。矿物质饲料营养物质单纯、用量较小,但不可缺少。配合饲料中常用的矿物质饲料以补充钙、磷、钠、氯等常量元素为主。矿物质饲料的添加量随猪的年龄大小及生理阶段的不同而不同,一般在猪日粮中的添加量不超过2%。

(6)饲料添加剂

饲料添加剂包括补充微量元素(主要有铁、铜、锌、锰、碘、钴和硒等)、维生素(B族维生素和维生素 D 等)和氨基酸(如赖氨酸、蛋氨酸和色氨酸)的营养性添加剂和保证饲料使用效果的非营养性添加剂,如防腐剂、防霉剂、抗氧化剂、着色剂、调味剂、药物保健剂及生长促进剂等。添加剂在猪日粮中所占比例很小,但作用很大,使用时应严格按照使用说明掌握其用法用量。添加剂化学稳定性差,相互之间容易发生化学反应,多数猪场不宜自行生产和配制添加剂,建议从可靠的生产厂家和经销单位选购符合标准的添加剂产品。

46.猪饲料加工调制方法有哪些?

猪饲料的消化利用率高低,不仅取决于饲料本身的营养含量和品质,而且还与饲料的加工调制和科学利用有关。猪饲料常用的加工调制方法有以下几种。

(1)粉碎

饲料粉碎后,便于采食,可改善饲料适口性,增加采食量,同时也加大与消化液的接触面积,有利于饲料的消化吸收。粉碎是籽实类饲料常见的加工方法,粉碎粒度大小适中,以颗粒直径 1.2~1.8 mm 的中等粉碎程度为宜,过粗不利于消化利用,过细易患溃疡病。另外,饲料粉碎后,含脂量高的玉米、燕麦等不宜长期保存,应尽快使用。在农区小规模养猪场,青饲料、块根块茎饲料可以切碎或打浆,然后再与混合精料拌匀饲喂。豆科作物和油类作物的秸秆、花生秧等粗饲料必须粉碎。

(2)制粒

制粒是颗粒饲料生产的主要工艺过程。颗粒饲料通常是圆柱形,根据猪的年龄不同而有不同规格。颗粒饲料的生产首先将所需的饲料原料按要求粉碎到一定细度,按比例混合,制成全价粉状的配合饲料,然后与蒸汽混合均匀,送入制粒机内,加压处理制成。乳猪料、保育仔猪料多为颗粒料,适口性好,易于消化。

（3）湿润

湿润是指在干粉料中加入一定量的水，调制成湿拌料的过程。小规模养猪户常采用湿拌料或稀料喂猪。粉料进行湿润处理时，料水比例以 1：（0.5～2.0）为好，料水比例超过 1：2.5，猪体消化液分泌减少，消化酶活性降低，饲料的消化吸收率降低，会影响猪的增重效果。规模化养猪场为了提高劳动效率一般采用干粉料或颗粒料，将其装入自动饲槽内，任其自由采食。如果用湿拌料或稀料喂猪，饲料中不宜加过多的水。喂颗粒料、干粉料，能提高劳动效率，冷不冻结，热不酸败，减少了饲料的损耗。

（4）蒸煮

蒸煮是饲料的熟制过程。饲料中的豆类籽实、豆饼、豆粕等煮熟后喂猪，可提高蛋白质的利用率，马铃薯及其粉渣，煮熟后可明显提高利用率，并减少腹泻的发生，剩菜、剩饭及泔水经煮沸后能杀灭一些病原微生物，猪的多数饲料不适合蒸煮熟喂。玉米、高粱、糠麸等禾本科籽实类饲料，煮熟后饲喂，会有 10％左右的营养损失；青饲料经过焖煮，不仅破坏了饲料中的维生素，引起蛋白变性，降低其营养价值，而且还易引起亚硝酸盐中毒。规模化养猪多采用干食生喂，生喂节省燃料，安全省工，保证营养成分不受损失，可提高养猪效益。

（5）焙炒

禾本科籽实经焙炒后，一部分淀粉转变成糊精，可提高淀粉的利用率。一些饲料经焙炒处理，还可消除有毒物质、杂菌和病虫，降低抗营养因子的活性。饲料焙炒后变得香脆、适口，可用作仔猪开食料。

（6）发酵

为了扩大饲料资源，降低养猪成本，在猪的粗饲料或特种饲料中加入一些菌剂使饲料发酵，发酵后的饲料质地变软，适口性变好，消化率提高。鸡粪发酵后喂猪，可去除臭味，杀灭病原微生物，有利于保护环境和资源的循环利用。

(二)猪的饲料配合及生产应用

猪的配合饲料按其营养成分和用途可分为添加剂预混料、浓缩饲料和全价配合饲料。添加剂预混料和浓缩饲料是半成品,不能直接喂猪,只有全价配合料可以直接喂猪。以上三种配合饲料之间的相互关系如图2-2所示。

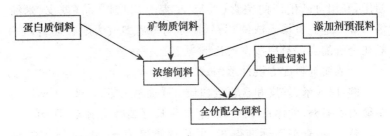

图 2-2　猪的配合饲料之间的关系

47. 配合饲料种类有哪些及如何使用?

猪常用配合饲料种类包括以下 3 种。

(1)添加剂预混料

添加剂预混料是由同一类的多种添加剂或不同类型的多种添加剂按一定比例配制而成的均质混合物。添加剂预混料是一种添加量少但作用大的饲料产品,是全价配合饲料的核心,具有补充营养,促进生长和繁殖,预防疾病,保护饲料品质,改善猪的产品质量等作用。添加剂预混料按组成可分为单一型预混料、同类复合预混料和综合复合预混料。

①单一型预混料。指以一种活性成分为原料的均质混合物,如维生素 E 制剂、微量元素硒制剂、植酸酶制剂、吉他霉素制剂等。

②同类复合预混料。指由一类添加剂组成的预混料,如多种维生素预混料、多种微量元素预混料。

③综合复合预混料。指由两类或两类以上的添加剂组成的预混料,如由维生素、微量元素、抗生素、药物等组成的复合预混料。

(2)浓缩饲料

①浓缩饲料构成及使用。猪浓缩饲料是由蛋白质饲料(鱼粉、豆饼等)、矿物质饲料(骨粉、石粉等)及添加剂预混料配制而成的配合饲料半成品。浓缩饲料具有蛋白质含量高(一般为 30%~50%)、营养成分全面、使用方便等优点。最适合农村专业户养猪使用,利用自己生产的粮食(玉米、小麦等)和副产品(麸皮、米糠等),按一定比例掺入浓缩饲料,搅拌均匀后即成为配合饲料。一般在全价配合饲料中所占的比例为 20%~40%。

②浓缩饲料配方设计示例。

例:用玉米、麸皮和含粗蛋白质 35%、消化能为 12.14 MJ/kg 的猪用浓缩料,为体重 20~60 kg 的生长育肥猪配制全价饲粮。

第一步:查饲养标准得知,生长育肥猪 20~60 kg 体重阶段需要粗蛋白质 16%,消化能 12.97 MJ/kg。查饲料营养价值成分表得知,玉米消化能 14.48 MJ/kg、粗蛋白质 8.6%;麸皮消化能 11.38 MJ/kg、粗蛋白质 14.2%。

第二步:假定玉米和麸皮的混合物为 A,其中玉米占 70%、麸皮占 30%。首先应计算出混合物 A 的粗蛋白质和消化能的含量。

混合物 A 中粗蛋白质含量=70%×8.6%+30%×14.2%=10.28%

混合物 A 中消化能含量=70%×14.48+30%×11.38=13.55 MJ/kg

第三步:利用对角线法,计算粗蛋白质含量为 16%的混合日粮中浓缩饲料和混合物 A 应占比例。

其中浓缩饲料所占比例＝5.72％÷（19％＋5.72％）＝23.14％

混合物 A 所占比例＝19％÷（19％＋5.72％）＝76.86％

第四步:检查混合日粮中消化能水平。

23.14％×12.14＋76.86％×13.55＝13.22 MJ

与饲养标准对照基本符合要求(允许营养指标含量有±5％的范围),若超标较多,调整玉米和麸皮的比例予以平衡即可。

第五步:计算日粮中各种原料的百分比。

浓缩料＝23.14％

玉米＝76.86％×70％＝53.80％

麸皮＝76.86％×30％＝23.06％

(3)全价配合饲料

①全价配合饲料的构成及使用。是指能够满足猪全部营养需要的混合饲料。按照不同类型猪的饲养标准配制,能充分满足猪的营养需要,可以直接饲喂。一些猪场直接从厂家购买全价饲料喂猪,省工省时,但饲料成本较高;也可依据当地饲料原料,自行配制玉米—豆粕型基础日粮。

②全价配合饲料配方设计示例。

例:用玉米、麸皮、豆饼、棉籽饼、菜籽饼、石粉、磷酸氢钙、食盐、微量元素及维生素预混料,配制 20~30 kg 生长肥育猪的全价日粮。

第一步:查饲养标准,查得 20~35 kg 生长肥育猪的饲养标准(表 2-1)。

表 2-1　20~35 kg 生长猪饲养标准

消化能/(MJ/kg)	粗蛋白质/%	钙/%	总磷/%	赖氨酸/%	蛋氨酸＋胱氨酸/%
12.78	15	0.7	0.6	0.8	0.48

第二步:依据饲料成分表查出所用各种饲料原料的营养成分(表 2-2)。

表 2-2　所用各种原料营养成分

饲料原料	消化能/(MJ/kg)	粗蛋白质/%	钙/%	总磷/%	赖氨酸/%	蛋氨酸+胱氨酸/%
玉米	14.31	8.5	0.03	0.28	0.25	0.4
麸皮	9.02	15.5	0.13	1.16	0.56	0.41
豆饼	13.47	44	0.3	0.65	2.90	1.18
棉籽饼	11.42	36.8	0.2	0.71	1.51	1.31
菜籽饼	11.30	38	0.68	1.17	1.27	1.15
石粉	—	—	38	—	—	—
磷酸氢钙	—	—	26	18	—	—

　　第三步:按照能量和蛋白质的需求量初拟配方,根据饲料配方实践经验和营养原理,初步拟定日粮中各种饲料的比例(表 2-3)。生长猪配合饲料中各种饲料比例一般为:能量饲料 65%～75%、蛋白质饲料 15%～25%、矿物质饲料和预混料为 3%,其中维生素和微量元素预混料为 1%。据此,先初步拟定蛋白质饲料用量,按占饲料的 17% 估计,棉籽饼和菜籽饼因适口性差并含有有毒物质,占日粮一般不超过 8%,暂定为棉籽饼 3%、菜籽饼 4%、豆饼 10%,矿物质饲料和预混料按 3% 计,能量饲料 80%,其中麸皮为10%、玉米为 70%。

表 2-3　初拟配方　　　　　　　　%

原料	配比
玉米	70
麸皮	10
豆饼	10
棉籽饼	3
菜籽饼	4
石粉	1.1
磷酸氢钙	0.6
食盐	0.3
预混料	1

配方中各原料的比例乘以相应的营养成分含量得总营养成分含量,结果如表 2-4 所示。

表 2-4　初拟配方养分含量

饲料原料	配比/%	消化能/(MJ/kg)	粗蛋白质/%	钙/%	总磷/%	赖氨酸/%	蛋氨酸＋胱氨酸/%
玉米	70	10.017	5.95	0.021	0.196	0.175	0.28
麸皮	10	0.902	1.55	0.013	0.116	0.056	0.041
豆饼	10	1.347	4.4	0.03	0.065	0.29	0.118
棉籽饼	3	0.342 6	1.104	0.006	0.021 3	0.045 3	0.039 3
菜籽饼	4	0.452	1.52	0.072	0.046 8	0.050 8	0.046
石粉	1.1	—	—	0.418	—	—	—
磷酸氢钙	0.6	—	—	0.156	0.108	—	—
食盐	0.3						
预混料	1						
总量	100	13.06	14.53	0.67	0.56	0.66	0.524
标准		12.78	15	0.7	0.6	0.8	0.48
与标准差		0.28	—0.47	—0.03	—0.04	—0.14	0.04

由以上计算可知,日粮中消化能比标准高 0.28 MJ/kg,CP 低 0.47%,需用蛋白质较高的饼粕类饲料来代替能量较高的玉米。蛋白质饲料中的棉籽饼、菜籽饼用量不宜再提高比例,应用豆饼替代玉米。每使用 1% 的豆饼替代玉米可使能量降低 14.309－13.472＝0.837 MJ/kg,CP 提高 0.44－0.085＝0.355%,要使日粮的蛋白质达到 15%,需要增加豆饼的比例为 0.47/0.355＝1.32%,玉米相应降低 1.32%。调整配方后,重新计算日粮中各种营养成分的浓度(表 2-5)。

表 2-5 第一次调整后日粮组成和营养成分

饲料原料	配比/%	消化能/(MJ/kg)	粗蛋白质/%	钙/%	总磷/%	赖氨酸/%	蛋氨酸+胱氨酸/%
玉米	68.68	9.828	5.839	0.02	0.192	0.172	0.275
麸皮	10	0.902	1.55	0.013	0.116	0.056	0.041
豆饼	11.32	1.524	4.98	0.034	0.074	0.328	0.134
棉籽饼	3	0.342 6	1.104	0.006	0.021 3	0.045 3	0.039 3
菜籽饼	4	0.452	1.52	0.072	0.046 8	0.050 8	0.046
石粉	1.1	—	—	0.418	—	—	—
磷酸氢钙	0.6	—	—	0.156	0.108	—	—
食盐	0.3						
预混料	1						
总量	100	13.05	15	0.67	0.56	0.651	0.541
标准		12.78	15	0.7	0.6	0.8	0.48
与标准差		0.27	0	−0.03	−0.04	−0.15	0.06

调整后,粗蛋白质已达到标准值,钙、磷、赖氨酸都低于标准值,只需对石粉和磷酸氢钙的用量稍加提高即可满足钙、磷的需要,赖氨酸的不足可以通过添加赖氨酸添加剂来满足,同时相应降低玉米的用量,以使总百分数为100%。蛋氨酸和胱氨酸的含量稍高于标准值,可以不做进一步调整,调整后的配方见表2-6。

表 2-6 第二次调整后日粮组分和营养成分

原料	配比/%	营养成分	含量	与标准相差
玉米	68.34	消化能/(MJ/kg)	13.0	0.22
麸皮	10	粗蛋白质/%	15.10	0.01
豆饼	11.32	钙/%	0.72	0.02
棉籽饼	3	总磷/%	0.62	0.02
菜籽饼	4	赖氨酸/%	0.80	0
石粉	1	蛋氨酸+胱氨酸/%	0.53	0.05
磷酸氢钙	0.9			
食盐	0.3			
预混料	1			
赖氨酸	0.14			
总计	100			

第二次调整后,所有指标均达到或超过标准,可以不再调整,如需更精确,可用类似方法进行微调。

48.如何配制各类猪群的配合饲料?

猪在不同生长或生产阶段,其营养需要和饲养标准不同。根据饲喂对象可将猪的配合饲料分为乳猪料、保育料、生长育肥料、后备料、妊娠料、泌乳料、配种料等种类。

(1)乳猪料

乳猪料一般用于饲喂哺乳阶段的仔猪。为促进仔猪消化器官的发育和消化机能的完善,逐渐适应植物性饲料并减轻母猪的泌乳负担,有利于早期断奶,哺乳仔猪一般在生后 6～7 日龄开始补料。

哺乳仔猪生长发育快、代谢机能旺盛、消化器官不发达、容积小、消化机能不完善,乳猪料应具有营养丰富、容易消化、适口性强等特点。配制乳猪料时能量浓度为每千克饲料 14.02 MJ,蛋白质含量为 21%,粗纤维含量不超过 4%,此外还要充分考虑氨基酸、矿物质、维生素和微量元素的需要。

(2)保育料

断奶仔猪(也称保育猪)是指生后 4～5 周龄到 10 周龄左右的仔猪。仔猪断奶后,营养来源由液体母乳或代乳料变成了以植物性饲料为主的干饲料,生活上由依赖母猪变成了完全独立的生活,生活环境由产房转移到保育舍,并有可能重新组群。饲料和生活环境的突然改变会引起仔猪腹泻。因此,做好饲料供应,控制腹泻、提高仔猪成活率和平均日增重,是此阶段饲养管理的首要任务。

一般情况下,断奶仔猪日粮要求适口性好、易消化、营养丰富,确保能量、蛋白质、矿物质和维生素的需要,以促进仔猪骨骼和肌肉的迅速生长。断奶仔猪日粮的消化能应控制在每千克饲料 13.6 MJ 左右,粗蛋白质含量 19%,粗纤维含量 4%;此外,在日粮中添加适宜的植物油、酸化剂、甜味剂、酶制剂、香味剂等,可有效提高仔猪的平均日增重和饲料利用率。

(3)生长育肥料

生长育肥猪也称肉猪,一般指 71～180 日龄的商品猪。20～60 kg 的瘦肉型猪,其蛋白质水平为 16.4%～17.8%,消化能为每千克饲料 13.4～13.6 MJ,粗纤维水平不宜超过 6%,粗脂肪含量不要超过 8%;体重 60～100 kg 的瘦肉型猪,蛋白质水平为 14.5%,消化能为每千克饲料 13.39 MJ,粗纤维水平应低于 15%,粗脂肪的含量不超过 10%。生长育肥猪饲料配制方法有多种。

①利用浓缩饲料配制。生长育肥猪在不同发育阶段,对消化能、蛋白质、氨基酸、矿物质、维生素等营养物质的需要量不同,通常以 60 kg 体重为界限,将其分为生长育肥前期和生长育肥后期两个阶段。饲养规模较小的养猪户,可以直接从饲料公司购买全价商品料饲喂,以保证饲料的质量,但成本较高。规模化养猪场可从饲料公司购买浓缩饲料,再添加自产或购买的玉米、米糠等谷物饲料及其副产品,配制全价饲料,自己配制的饲料质量有保证且成本较低。现提供几种参考配方如表 2-7 所示。

表 2-7　利用浓缩饲料配制不同蛋白水平猪饲料参考配方　　%

浓缩料	粗蛋白质	11	12	13	14	15	16	17	18	19
蛋白质 38	浓缩料	4.6	8.1	11.6	15.2	18.7	22.3	25.6	29.3	32.8
	玉米＋麦麸	95.4	91.9	88.4	84.8	81.3	77.7	74.4	70.7	67.2
蛋白质 36	浓缩料	4.9	8.7	12.5	16.3	20.2	24.0	27.7	31.5	35.4
	玉米＋麦麸	95.1	91.3	87.5	83.7	79.8	76.0	72.3	68.5	64.6

②利用添加剂预混料配制。拥有饲料加工与分析检验设备的规模化猪场,可以自己购买玉米、豆粕等饲料原料,再添加矿物质、维生素、微量元素等添加剂预混料,配制生长育肥猪饲料。

(4)后备料

为防止后备猪增重过快、过肥,一般采取前高后低的营养水平饲养。60 kg以前每千克饲料消化能12.4～12.6 MJ,蛋白质17.4％～18.8％;60 kg以后消化能每千克饲料12.39 MJ,蛋白质15.5％。后备猪料可购买全价成品料,也可自行配制。

(5)妊娠料

妊娠母猪除了维持自身体能,还需满足胎儿正常发育的营养需要。妊娠母猪日粮消化能每千克饲料12.55 MJ,粗蛋白质为12％～14％。妊娠母猪料可购买浓缩饲料加上玉米、麸皮等能量饲料配制,或购买添加剂预混料,再配以玉米、豆粕等饲料来配制。为防止妊娠母猪便秘,饲料中最好加入15％～25％的麦麸。为缓解母猪便秘,促进胎儿发育,提高产仔率,在母猪妊娠后期,每天可饲喂少量青绿多汁饲料或煮熟的甘薯。

(6)泌乳料

泌乳母猪因泌乳哺喂仔猪而需要大量营养物质。因此,泌乳母猪料应保证较高的蛋白质与能量水平。养猪户大多购买蛋白浓缩料,再加上玉米、麦麸、米糠等能量饲料而配制泌乳母猪料;规模化猪场一般利用添加剂预混料搭配能量饲料、蛋白质饲料来配制泌乳母猪料。

泌乳母猪料能量值不应低于每千克饲料13.80 MJ,蛋白质水平不低于17.5％,粗纤维含量不超过20％,脂肪含量不超过8％。为了促进泌乳,建议在日粮中添加3％～5％的进口鱼粉。泌乳母猪不宜饲喂菜籽粕。

(7)配种料

种公猪射精量大、精子数目多、交配时间长,在配种季节需要较多的营养物质。种公猪料中所用的蛋白质饲料最好是富含氨基酸的动物性蛋白质饲料(如鱼粉、肉骨粉等)。种公猪料应以精料为主,多种饲料搭配。有条件的猪场,公猪每天应喂少量青绿多汁饲料,有利于保持良好的食欲和旺盛的性欲。日粮中消化能水平不低于每千克饲料12.95 MJ,粗蛋白质水平不低于13.50％。种公猪料多自行配制。

(三)猪场饲料供应计划编制

饲料供应计划是养猪场生产计划中最重要的内容之一,主要是饲料生产与供给计划,它是猪场正常生产经营的保证。猪场饲料供应计划按照如下方法制订编制。

49.如何确定猪场各类猪群的存栏数?

确定猪场各类猪群的存栏数可通过现场调查,详细统计每类猪群的实际存栏数,亦可利用目标规划法计算各类猪群的存栏数。年出栏商品肉猪 5 000 头猪场各类猪群常年存栏数及日粮定额如表 2-8 所示。

表 2-8　年出栏肉猪 5 000 头猪场常年存栏数及日粮定额

猪群	日粮定额/kg	常年存栏猪群头数/头
空怀母猪群	2	67
妊娠母猪群	2.32	145.2
泌乳母猪群	5.0~6.0	69
哺乳仔猪群	0.18	575
保育仔猪群	0.8	517.5
生长肥育猪群	2.1	1 277.9
后备母猪群	2.3~2.5	28.8
公猪群	2.5~3.0	11.2
后备公猪群	2.3~2.5	3.7
总存栏数		2 695.3

50.怎样计算各类猪群的饲料需要量?

根据各类猪群日粮定额及其存栏数,计算饲料需要量。饲料需要量=猪群头数×日粮定额×饲养天数,按表 2-8 提供的数据计算,各类猪群每天、每周、每季(计 13 周)及每年(计 52 周)的饲料需要量,如表 2-9 所示。

表 2-9　某猪场饲粮需要量计算结果　　　　kg

猪群	饲粮需要量（取下限）			
	每天	每周	每季	全年
空怀母猪				
妊娠母猪				
后备母猪				
后备公猪				
种公猪				
哺乳母猪				
哺乳仔猪（0～28 日龄）				
断奶仔猪（29～70 日龄）				
育肥猪（71～170 日龄）				
总计				

51. 怎样计算各类猪群的饲料供应量？

饲料供应量除包括各类猪群的饲料需要量以外,还应计入饲料损耗率,通常情况下,饲料损耗率按 0.5％计算。猪场各种配合饲料季度供应计划如表 2-10 所示。

表 2-10　某猪场季度饲料损耗量与供应量　　　　kg

饲料名称	日均用量	季需要量	损耗量	季供应量
空怀母猪				
妊娠母猪				
后备母猪				
后备公猪				
种公猪				
哺乳母猪				
哺乳仔猪（0～28 日龄）				
断奶仔猪（29～70 日龄）				
育肥猪（71～170 日龄）				
总计				

52.如何填写年度饲料供应计划？

猪场如果采购饲料原料自制配合饲料,饲料原料的供应计划则应按饲料配方中各原料所占比例,并按不同原料在加工过程中的消耗,折算成各饲料原料数量;此外,还应调查清楚当地各种饲料的规格与单价,以便填写猪场的年度饲料供应计划(表2-11)。

表 2-11　年度饲料供应计划

序号	饲料名称	计量单位/kg	日均用量/kg	单价/(元/kg)	金额/(元/d)	每季供应量/kg				备注
						一季度	二季度	三季度	四季度	
1 ⋮	玉米									

53.猪场饲料供应计划生产实例

(1)案例介绍

甘肃省酒泉市某规模化猪场各类猪群常年存栏量为:种公猪26头,后备公猪10头,青年母猪180头,空怀配种母猪76头,妊娠母猪256头,泌乳母猪125头,哺乳仔猪1175头,保育仔猪1060头,生长育肥猪3312头。各类猪群的数量及日量定额如表2-12所示,饲料损耗率按0.5%计算。试根据当地的饲料规格与单价,做出本场下一年度的饲料供应计划。

表 2-12　甘肃省酒泉市某规模化猪场各类猪群常年存栏数及日粮定额

猪群	日粮定额/kg	常年存栏猪群头数/头
种公猪	2.5	26
后备公猪	2.2	10
青年母猪	2.1	180
空怀配种母猪	2.0	76
妊娠期母猪	2.2	256

续表 2-12

猪群	日粮定额/kg	常年存栏猪群头数/头
哺乳期母猪	5.0	125
15～35 日龄仔猪	0.3	1 175
36～70 日龄小猪	0.9	1 060
71～180 日龄肉猪	1.75	3 312
总计		6 220

(2)评价标准

第一步：根据公式，饲料需要量＝猪群头数×日粮定额×饲养天数，代入表 2-12 提供的数据，计算出各类猪群的每天、每周、每季(计 13 周)、每年(计 52 周)的饲料需要量，并填入表 2-13 中。

表 2-13　甘肃省酒泉市某规模化猪场各类猪群饲料
需要量计算结果　　　　　　　kg

猪群	饲粮需要量			
	每天	每周	每季(13 周)	全年(52 周)
种公猪	65.0	455.0	5 915.0	307 580.0
后备公猪	22.0	154.0	2 002.0	104 104.0
青年母猪	378.0	2 646.0	34 398.0	1 788 696.0
空怀配种母猪	152.0	1 064.0	13 832.0	719 264.0
妊娠期母猪	563.2	3 942.4	51 251.2	2 665 062.4
哺乳期母猪	625.0	4 375.0	56 875.0	2 957 500.0
15～35 日龄仔猪	352.5	2 467.5	32 077.5	1 668 030.0
36～70 日龄小猪	954.0	6 678.0	86 814.0	4 514 328.0
71～180 日龄肉猪	5 796.0	40 572.0	527 436.0	27 426 672.0
总计	8 907.7	62 353.9	810 600.7	42 151 236.4

第二步：根据计算结果，饲料损耗率按 0.5% 计，制定各种配合饲料的季度供应量计划，并填入表 2-14 中。

表 2-14　甘肃省酒泉市某规模化猪场各类猪群季度
饲料损耗量与供应　　　　　　　　kg

饲料名称	日均用量	季需要量	损耗量	季供应量
种公猪料	65.0	5 915.0	295.8	6 210.8
后备公猪料	22.0	2 002.0	100.1	2 102.1
青年母猪料	378.0	34 398.0	1 719.9	36 117.9
空怀配种母猪料	152.0	13 832.0	691.6	14 523.6
妊娠期母猪料	563.2	51 251.2	2 562.6	53 813.8
哺乳期母猪料	625.0	56 875.0	2 843.8	59 718.8
15～35 日龄仔猪料	352.5	32 077.5	1 603.9	33 681.4
36～70 日龄小猪料	954.0	86 814.0	4 340.7	91 154.7
71～180 日龄肉猪料	5 796.0	527 436.0	26 371.8	553 807.8
总计	8 907.7	810 600.7	40 530.2	851 130.9

第三步：经市场调查或问询猪场，了解饲料单价，计算金额后填入饲料供应计划表 2-15。

表 2-15　甘肃省酒泉市某规模化猪场年度饲料供应计划

序号	饲料名称	计量单位/kg	日均用量/kg	单价/(元/kg)	金额/(元/d)	每季供应量/kg				备注
						一季度	二季度	三季度	四季度	
1	仔猪料									
2	玉米									
⋮	⋮									

三、饲养管理

（一）猪的生活习性及利用

54.猪有哪些生物学特性？

猪在进化过程中形成了多种生物学特性，不同的猪种，既有其种属的共性，又有它们各自的特性。在生产实践中，应不断认识和掌握猪的生物学特性，并按适当的条件加以利用和改造，实行科学养猪，达到高产、优质、高效的目的。猪的生物学特性如下。

（1）性成熟早，多胎高产

猪的性成熟早，一般 4～5 月龄达到性成熟，6～8 月龄即可初次配种。我国地方猪种性成熟早于国外猪种。

猪是常年发情的多胎动物，妊娠期短，平均 114 d，1 岁时或更早的时间便可第一次产仔。一年能产 2～2.5 胎。经产母猪平均一胎产仔 10～12 头。我国太湖猪产仔数高于其他地方猪种和国外引入猪种，窝产活仔数平均超过 14 头，个别高产母猪一胎产仔超过 22 头，曾有一胎产仔 42 头的最高纪录。

生产实践中，可对繁殖母猪实行产后激素处理，提前断奶等措施，减少母猪空怀期，缩短产仔间隔，力争达到母猪两年产 5 胎或一年产 3 胎；也可利用激素对母猪进行超数排卵和通过育种手段提高母猪窝产仔数。后备种猪公母混养或圈栏不牢，易出现早配，影响后备猪的培育和利用年限。

（2）食性广泛，饲料来源广

猪是杂食动物，有发达的臼齿、切齿和犬齿。猪胃是肉食动物的简单胃与反刍动物的复杂胃之间的中间类型,既具有草食兽的特征,又具备肉食兽的特点。此外,猪具有坚强的鼻吻,嘴筒突出有力,吻突发达,能有力地掘食地下块根、块茎饲料。因而,采食饲料种类多,来源广泛,能充分利用各种动、植物饲料和矿物质饲料。由于猪胃内没有分解粗纤维的微生物,几乎全靠大肠内微生物分解,因此,对饲料中粗纤维的消化利用能力较差,仅为3%～25%。

生产实践中,一是广辟饲料资源,利用广大农村丰富的农副产品作为饲料原料;二是在配合饲料生产中,根据猪的年龄合理确定日粮中粗饲料的用量,乳猪料中粗饲料用量在4%以内,50 kg以下生长猪用量在6%以内,50 kg以上生长猪用量在15%以内,母猪粗饲料在20%以内;三是建造牢固的猪舍,猪舍地面用水泥抹光,防止猪拱墙拱地引起猪舍倒塌和损坏,造成不必要的经济损失。

(3)生长快,发育迅速,经济成熟早

在肉用家畜中,猪和马、牛、羊相比,无论是胚胎期还是生后生长期都是最短的,但生长强度最大。各种家畜的生长强度比较如表3-1所示。

表3-1　各种家畜的生长强度比较

畜别	合子重/mg	初生重/kg	成年重/kg	怀孕月数	体重加倍次数			生长期/月
					胚胎期	生长期	整个生长期	
猪	0.40	1	200	3.8	21.25	7.64	28.89	36
牛	0.50	35	500	9.5	26.06	3.84	30.00	48～60
羊	0.50	3	60	5.0	22.52	4.32	26.84	24～56
马	0.60	50	500	11.3	26.30	3.44	29.75	60

猪在生后2个月内生长发育最快,1月龄体重为初生重的5～6倍,2月龄体重为1月龄的2～3倍,断奶后至8月龄前,生长仍很迅速,后备母猪在8～10月龄,体重可达成年体重的50%～70%,体长可达成年体长的70%～80%。瘦肉型猪生长发育快是其突

出的特性,160～170 日龄体重可达到 90～100 kg,即可出栏上市,相当于初生重的 90～100 倍。

生产实践中,一是充分发挥其生长快的特点,生长期提供全价平衡日粮,创造适宜的生活环境,促使其以最少的饲料生产出最多的猪肉;二是做好出生仔猪的护理,因猪的胚胎期短,同窝个体多,初生重小,发育不充分,对外界抵抗力差,如果护理不当,常引起发病或死亡。

(4)嗅觉和听觉灵敏,视觉不发达

猪的鼻子嗅区广阔,分布在嗅区的嗅神经密集。因此,猪的嗅觉非常灵敏。据测定,猪对气味的识别能力强于犬 1 倍,比人强 7～8 倍。仔猪生后几小时便能鉴别气味,依靠嗅觉寻找乳头,3 d 内即可固定乳头,在任何情况下,不会弄错;母猪能用嗅觉识别自己产下的仔猪,排斥别的母猪所生仔猪;猪灵敏的嗅觉在公、母性联系中也发挥很大作用,例如发情母猪闻到公猪特有的气味后,即使公猪不在场,也会表现"呆立"反应,同样,公猪能敏锐地闻到发情母猪的气味,即使距离很远也能准确辨别出母猪所在方位。猪能用嗅觉区别排粪尿处和睡卧处,有的猪进圈后调教不当,第一次在圈内某处排泄粪尿,以后常在该处排泄粪尿。

猪的听觉发达,耳形大,外耳腔深而广,即使很微弱的声响,也能敏锐地觉察到。猪的头部转动灵活,可以迅速判断声源方向和声音的强度、音调和节律。生产实践中,通过呼名和口令的训练,可使猪只建立起条件反射。仔猪生后几小时,就对声音有反应,3～4 月龄能辨别出不同声音刺激物。猪对意外声响敏感,尤其是与吃喝有关的声响特别敏感,听到喂猪的铁桶等用具声响时,立即起立望食,发出饥饿叫声。

猪的视觉很弱,视距、视野范围小,缺乏精确的辨别能力。对光刺激的条件反射比声刺激慢,对光的强弱和物体形态的分辨能力较弱,辨色能力较差。

生产实践中,一是并窝合群或"寄养"时,为防止相互咬斗,母猪咬伤、咬死寄养仔猪,寄养前应在仔猪身上涂抹所寄母猪尿液、胎水、奶汁等,母猪不能区分真伪,便不会攻击寄养仔猪;二是防止母猪压伤、压死仔猪。由于母猪视觉差,躺卧时常会压住仔猪,造成仔猪伤亡,可在母猪躺卧区的围墙或围栏上设置一些突出物,母猪躺卧时不能直接卧到围栏或围墙根基,以便仔猪逃跑,减少压伤、压死事故,有条件的可采用母猪限位栏;三是保持猪舍环境安静,减少猪群骚动,提高饲料转化和营养沉积,促进猪只生长,可采用定时定次集中给料的方法饲喂,尽量减少非生产人员进入猪舍,谢绝外来人员参观;四是防止母猪偷配,母猪发情后常依靠嗅觉寻找公猪配种,管理不善易造成偷配,影响配种计划;五是利用各种口令等声音刺激,对猪进行采食、卧息和排粪尿的定位调教,使其尽快建立条件反射;六是利用猪视觉差的特点,用假母猪对公猪进行采精训练。

(5)对环境温度敏感

猪对环境温度很敏感,天气的冷热变化会影响猪的健康和生长。仔猪因个体小、皮薄、毛稀、皮下脂肪少、体温调节能力差而怕冷;成年猪因汗腺不发达、皮下脂肪层厚,阻碍大量体热散发而怕热。成年猪适宜温度为 $18\sim24℃$,超过适宜温度食欲减退,甚至中暑死亡。新生仔猪适宜的温度在 $30℃$ 以上。

生产实践中,夏季炎热应降温,冬季寒冷应保温。工厂化养猪生产应提供密闭环境全控式饲养方式,为生长猪提供一个适宜的生产环境,以减少疾病的发生,提高饲料利用率,促进生长,增加养猪效益。仔猪舍和仔猪栏内应设置供暖设备,如红外线灯或电热板。

(6)群体位次明显,爱好清洁

猪合群性较强,且有排位次的习性。同窝猪群居时,彼此相安无事,不同窝并群时,开始时会激烈咬斗,直至排出各自位次,之后才能正常生活。实践证明,猪群头数过多,难以建立位次且咬斗频繁,应注意合理组群。猪有爱好清洁的习惯,不在吃、睡地方排泄粪尿,喜欢在墙角、潮湿、荫蔽、有粪便气味处排泄。对新入圈的猪进行 3 d 调教,并不断强化,以后就会在规定的地点躺卧、采食和排便,有利于保持圈舍清洁卫生。

生产实践中,一是猪合群并窝时,群体不宜太大,个体大小不能相差悬殊,以免长时间排不出位次,增加咬斗次数和伤亡事故;二是不宜经常调群合群,以免猪群咬斗;三是仔猪出生后及时固定乳头,以免仔猪之间弱肉强食,相互争斗,造成伤亡;四是训练猪在固定位置采食、排泄和躺卧,以便搞好舍内的清洁卫生工作。

55.猪有哪些行为学特性?

猪和其他动物一样,对其生活环境、气候和饲养管理等条件的反应都有特殊的表现,而且有一定的规律性。如果掌握了猪的行为学特性,并能在生产中合理利用,便可提高猪的生产性能和养猪经济效益。

(1)采食行为

猪的采食行为包括吃食和饮水。拱土觅食是猪生来就有的一种突出特征,鼻子在猪的采食行为中作用特殊,猪只拱土觅食时,嗅觉起着决定性的作用。猪的采食具有选择性,特别喜爱甜食。颗粒料与粉料相比,猪爱吃颗粒料,干料与湿料相比,猪爱吃湿料。猪的采食具有竞争性,群饲的猪比单饲的猪吃得多、吃得快,增重也快。猪白天采食 6~8 次,比夜间多 1~3 次,每次采食时间 10~20 min,限饲时少于 10 min。仔猪每昼夜吸吮母乳的次数因日龄不同而异,在 15~25 次,占昼夜总时间的 10%~20%,大猪的采食量和摄食频率随体重增加而增加。

在多数情况下,猪的采食与饮水同时进行。仔猪出生后就要饮水,仔猪吃料时饮水量约为干料的 2 倍,即料水比为 1:2。成年猪饮水量除与饲料类型有关外,很大程度上取决于环境温度。吃颗粒料的小猪,每昼夜饮水 9~10 次,吃湿料平均 2~3 次,吃干料的猪每次采食后立即饮水。自由采食的猪通常采食与饮水交替进行,限制饲喂的猪则在吃完料后才饮水。通过模仿,2月龄前的小猪即可学会使用自动饮水器饮水。

(2)排泄行为

猪不在采食和休息的地方排泄粪尿,这是其祖先遗留下来的本能,因为野猪不在窝边排泄粪尿,避免被敌兽发现。

猪爱好清洁,窝床保持干燥清洁,在猪栏内远离窝床的固定地点排泄粪尿。猪排粪尿有一定的时间和区域,一般情况下,多在采食、饮水后或起卧时,选择阴暗潮湿或污浊的角落排泄粪尿。据观察,猪饮食后5 min左右开始排粪1~2次,多为先排粪后排尿,饲喂前也有排泄的,但多为先排尿后排粪,在两次饲喂的间隔时间里,多为排尿而很少排粪,夜间一般排粪2~3次,早晨的排泄量最大。

(3)群居行为

猪的群居行为可以表现出较多的身体接触和信息传递活动。在没有猪舍的情况下,猪能够寻找固定地方居住,表现出定居漫游的习性。猪既有合群性,也有以大欺小、以强欺弱和竞争好斗的习性,猪群越大,表现越明显。

一个稳定的猪群,是按优势序列原则组成具有等级的社群结构。重新组群后,稳定的社群结构发生变化,就会发生激烈争斗,直至重新组成新的社群结构。猪群有明显的等级,这种等级在猪出生后不久即形成。仔猪出生后几个小时内,为争夺母猪前端乳头会出现争斗行为。猪群等级最初形成时,以攻击行为最为多见。等级顺序的建立,受群体的品种、体重、性别、年龄和气质等因素的影响。体重大的、气质强的猪占优位,年龄大的比年龄小的占优位,公猪比母猪、未去势比去势的猪占优位,体形小及新加入到原有群中的猪列于次位。

(4)争斗行为

争斗行为主要是进攻、防御、躲避和守势等活动,生产中常由争夺饲料和地盘而引起。一头陌生的猪进入猪群中,便会成为全群攻击的对象,轻者伤及皮肉,重者造成死亡。若将两头性成熟的陌生公猪赶在一起会发生激烈的争斗,可持续 1 h 以上,屈服的猪调转身躯,嚎叫着逃离争斗现场,虽然两猪之间的格斗很少造成伤亡,但对一方或双方都会造成巨大的损耗。炎热的夏天,两头幼龄公猪之间的格斗,因体温升高及虚脱常造成一方或双方死亡。

猪的争斗行为受饲养密度的影响,猪群密度过大,每头猪所占空间减少,群内咬斗次数增加,吃料攻击行为增加。争斗有两种形式,一是咬对方的头部,二是猪群中相互咬尾。

(5)性行为

性行为主要包括发情、求偶和交配行为。母猪在发情期可见到特异的求偶表现,公猪只表现一些交配前的配种行为。

发情初期,母猪卧立不安,食欲忽高忽低,发出特有的音调柔和且有节律的哼哼声,爬跨其他母猪,或等待其他母猪爬跨,频频排尿,公猪在场时排尿更为频繁;发情中期,母猪性欲强烈,公猪接近时,调其臀部靠近公猪,闻公猪的头、肛门和阴茎包皮,紧贴公猪不走,甚至爬跨公猪,最后站立不动,接受公猪爬跨,压迫母猪背部会出现"呆立反射"。

公猪接触发情母猪,会追逐母猪,嗅其体侧肋部和外阴部,将嘴插到母猪两后腿之间,往上拱母猪臀部,空嚼分泌唾液泡沫,发出低且有节奏的、连续的、柔和的喉音哼声,人们把这种特有的叫声称为"求偶歌声"。公猪性兴奋时,出现有节奏的排尿。公猪的爬跨次数与母猪的稳定程度有关,射精时间 3~20 min。

有的母猪由于体内激素分泌失调,而表现性行为亢进或衰弱。公猪由于遗传、近交、营养和运动等原因,常出现性欲低下,或出现自淫行为。群养公猪,常会形成稳固的同性性行为,群内地位较低的个体常成为受爬跨的对象。

(6)母性行为

母性行为主要是分娩前后母猪的一系列行为,如叼草絮窝、哺乳及哺育和保护仔猪的行为。母猪临近分娩时,通常衔取干草或树叶造窝,如果栏内是水泥地面,会用蹄子扒地来表示。分娩前24 h,母猪表现神情不安、频频排尿、磨牙、摇尾、拱地、时起时卧、不断改变姿势。母猪分娩时多侧卧,选择最安静时间分娩,一般在下午4时以后,多在夜间产仔。第一头仔猪产出后,母猪不去咬断仔猪脐带,也不舔仔猪,在生出最后一个胎儿以前,不去注意自己产出的仔猪,有时发出尖叫声。小猪吸吮母乳时,母猪四肢伸直亮出乳头,让出生仔猪吃乳。

母猪整个分娩过程中,都处在放乳状态,并不停地发出哼哼声,乳头饱满,乳汁流出,使仔猪容易吸吮。母猪分娩后以充分暴露乳房的姿势躺卧,引诱仔猪挨着母猪乳房躺下。授乳时常采取左倒卧或右倒卧姿势,一次哺乳中间不转身,母猪以低度有节奏的哼叫声呼唤仔猪哺乳,仔猪发出召唤声和持续地轻触母猪乳房以刺激放乳,一头母猪哺乳时母仔的叫声,常会引起同舍内其他母猪哺乳。

正常的母仔关系,一般维持到断奶为止。母猪非常注意保护自己的仔猪,在行走、躺卧时十分谨慎。母性好的母猪躺卧时,多选择靠栏三角地并不断用嘴将仔猪拱离卧区后慢慢躺下,遇到仔猪被压,听到仔猪尖叫声时,马上站起,防压动作重复一遍,直到不压仔猪为止。

母猪对外来的侵犯,会发出报警的吼声,仔猪闻声逃窜或者伏地不动,母猪会用张合上下颌的动作对侵犯者发出威吓,甚至进行攻击。地方猪种母猪的护仔表现突出,因此有农谚"带仔母猪胜似狼"的说法,现代培育品种和瘦肉型猪种,母性行为有所减弱。

(7)活动与睡眠

猪的行为有明显的昼夜节律,活动多数在白天,在温暖季节和夏天,夜间也有活动和采食,遇上阴冷天气,活动时间缩短。猪昼夜活动因年龄及生产性能不同而有所差异,仔猪昼夜休息时间平均60%～70%、公猪70%、母猪80%～85%、肥猪70%～85%。休息高峰在半夜,清晨8时左右休息最少。

哺乳母猪睡卧时间随哺乳天数的增加逐渐减少,走动次数由少到多,时间由短到长。哺乳母猪睡卧休息有两种形式,一是静卧,二是熟睡。静卧休息姿势多为侧卧,呼吸轻而均匀,虽闭眼但易惊醒;熟睡为侧卧,呼吸深长,有鼾声且常有皮毛抖动,不易惊醒。

仔猪生后 3 d 内,除吮乳和排泄外,几乎酣睡不动,随体重增加和体质增强,活动量逐渐增多,睡眠减少,到 40 日龄大量采食后,睡卧时间又会增加,饱食后安静睡眠。仔猪活动与睡眠一般都效仿母猪。仔猪出生后 10 d 左右,便开始与同窝仔猪群体活动,单独活动少,睡眠休息表现为群体依偎睡卧。

(8)探究行为

探究行为是探查活动和体验行为。猪一般通过看、听、闻、尝、啃、拱等方式进行探究活动,并对环境发生经验性的交互作用。猪对新近探究中所熟悉的事物,表现出好奇、亲近两种反应,仔猪对环境中的事物都很"好奇",对同窝仔猪表示亲近。

仔猪的探究行为是用鼻拱、口咬周围环境中的新东西来表现,用吻突摆弄周围环境物体的探究行为,持续时间比群体玩闹的时间长。猪在采食时首先是拱掘动作,而后用鼻闻、拱、舔、啃,当诱食料合乎口味时,便开口采食。仔猪确定吸吮母猪乳头的序位和区分猪栏内睡卧、采食、排泄区域的行为,常常是用嗅觉区分不同气味而形成探究行为。另外,母仔之间通过嗅觉、味觉而彼此准确识别也是重要的探究行为。

(9)后效行为

后效行为是随着仔猪出生后对新鲜事物的熟悉而逐渐建立起来的。猪对吃、喝的记忆力强,对饲喂的工具、食槽、饮水槽及其方位,易建立起条件反射。小猪在人工哺乳时,每天定时饲喂,只要按时给以笛声或铃声或饲喂用具的敲打声,训练几次,即可建立条件反射,到指定地点吃食。

了解猪的行为学特性,可以为养猪生产者饲养管理好猪群提供科学依据。在整个养猪生产工艺流程中,充分利用这些特性,精心安排各类猪群的生活环境,使猪群处于最佳生长状态,才能充分发挥猪的生产潜力,获取最大经济效益。

(二)种公猪的饲养管理

种公猪质量的好坏直接影响整个猪群生产水平的高低,农谚道:"母猪好、好一窝,公猪好、好一坡",充分说明了养好公猪的重要性。采用本交方式配种的公猪,一年负担 20～30 头母猪的配种任务,繁殖仔猪 400～600 头;采用人工授精方式配种,每头公猪与配母猪头数和繁殖仔猪数更多。由此可见,加强公猪的饲养管理,提高公猪的配种效率,对改进猪群品质,具有十分重要的意义。生产中要提高公猪的配种效率,必须常年保持种公猪的饲养、管理和利用三者之间的平衡。

56.种公猪具有哪些生产特点?

种公猪产品是精液,种公猪具有射精量大,本交配种时间长的特点。正常情况下每次射精量 300～400 mL,个别高者可达 500 mL,精子数量 400 亿～800 亿个。每次本交配种时间,一般为 5～10 min,个别长者达 15～20 min。本交配种时间长,公猪体力消耗较大。公猪精液中干物质占 2%～3%,其中蛋白质为 60%左右,精液中还含有矿物质和维生素。因此,应根据公猪生产需要满足其所需要的各种营养物质。

57.饲养种公猪需满足哪些要求?

饲养种公猪应满足以下要求:

①保持种公猪体质健康生长发育良好,充分发挥其品种的性状特征;膘情适中,在配种季节内,性机能旺盛,使用年限长。

②生产品质优良的精液,精子的活力强,密度高,与配种母猪

达到全配满怀,受胎率高。

③加强调教,使种公猪性情温顺,不产生恶癖,便于接近,达到人畜亲和。

58. 如何合理饲养种公猪?

饲养种公猪时应重点做好以下几方面工作:

(1)营养需要

配种公猪营养需要包括维持、配种活动、精液生成和自身生长发育需要。其营养内容是能量、蛋白质(实质是氨基酸)、矿物质、维生素四个方面。各种营养物质的需要量应根据其品种、类型、体重、生产情况而定。

(2)配合日粮

喂给公猪营养价值高的日粮,实行合理的饲养才能使公猪保持优良种用体况,体质结实,精力充沛,性欲旺盛,精液品质好,配种成绩高。种公猪日粮参考配方如下:

①配种期:鱼粉 1%～2%,豆粕 16%～20%,玉米 50%～55%,麸皮 15%～20%,草粉 8%～10%,骨粉 1%～1.5%,食盐 0.5%,多维素 0.02%,微量元素 0.5%。

②非配种期:豆粕 15%～16%,玉米 50%～55%,麸皮 15%～20%,草粉 10%～15%,骨粉 10%～1.5%,食盐 0.5%,多维素 0.01%,微量元素 0.5%。

(3)饲粮供应

种公猪的饲粮除严格遵循饲养标准外,还需根据品种类型、体重大小、配种利用强度合理配制。正常情况下,配种期间成年公猪的日粮量为 2.5～3 kg/头;非配种期间日粮量为 1.5 kg/头左右;为了使种公猪顺利地完成季节配种任务,保证身体不受到损害,生产实践中多在季节配种来临前 2～3 周提前进入配种期饲养。青年公猪为了满足自身生长发育需要,可增加日粮给量 10%～20%。冬季寒冷,饲粮的营养水平应比饲养标准高 10%～20%。

(4)饲喂技术

种公猪的饲喂一般采用限量饲喂的方式,饲粮可用生湿拌料、干粉料或颗粒料。日喂 2～3 次,每次不要喂得太饱,以免过食和饱食后贪睡。严禁饲喂发霉变质的饲料。种公猪每天饮水量为10～12 L,其饮水方式通过饮水槽或自动饮水器供给,最好是选用自动饮水器饮水,其饮水器安装高度为 55～65 cm(与种公猪肩高等同),水流量至少为 250 mL/min。

59.种公猪的管理要求有哪些?

种公猪的管理除经常保持圈舍清洁干燥、通风良好外,应重点做好以下工作。

(1)建立稳定的日常管理制度

为减少公猪的应激影响,提高配种效率,种公猪的饲喂、饮水、运动、采精、刷拭、防疫、驱虫、清粪等管理环节,应固定时间,以利于猪群形成良好的生活规律。

(2)单圈饲养

成年公猪最好单圈喂养,可减少相互打斗或爬跨造成的精液损失或肢蹄伤残。

(3)适量运动

适量运动是保证种公猪性欲旺盛、体质健壮、提高精液品质的重要措施。规模猪场设有专门的运动场,公猪作轨道式运动或迷宫式运动;若无专门的运动场,种公猪也可自由运动,必要时进行驱赶运动。

(4)刷拭修蹄

每天刷拭猪体,既可保持皮肤清洁、健康,减少皮肤疾病,还可使公猪性情温顺,听从管教,便于调教、采精和人工辅助配种。

(5)定期称重

种公猪应定期称重或估重,及时检查生长发育状况,防止膘情过肥或过瘦,以提高配种效果。

（6）检查精液

平时做好种公猪的精液品质检查，通过检查，及时发现和解决种公猪营养、管理、疾病等方面的问题。实行人工授精，公猪每次采精后必须检查精液品质；如果采用本交，公猪每月应检查1～2次精液品质。种公猪合格的精液表现为射精量正常、精液颜色乳白色、精液略带腥味、精子密度中等以上，精子活力0.7以上。

（7）防止自淫

部分公猪性成熟早，性欲旺盛，容易形成自淫（非正常射精）恶癖。生产中杜绝公猪自淫恶癖可采取单圈饲养、远离配种点和母猪舍、利用频率合理和加强运动等方法。

（8）防暑防寒

种公猪舍适宜的温度为14～16℃，夏季防暑降温，冬季防寒保暖。高温对种公猪影响较大，公猪睾丸和阴囊温度通常比体温低3～5℃，这是精子发育所需要的正常体温。当高温超过公猪自身的调节能力时，睾丸温度随之升高，进而造成精液品质下降、精子畸形率增加，甚至出现大量的死精，一般在温度恢复正常后两个月左右，公猪才能进行正常配种。所以，在高温季节，公猪的防暑降温显得十分重要。炎热的季节可通过安装湿帘风机降温系统、地面洒水、洗澡、遮阳、安装吊扇等方法对种公猪降温。

60. 怎样合理利用种公猪？

种公猪应合理利用，不能过频。配种或采精过多，虽不影响精子活力，但会降低精子的密度和代谢能，从而影响受精率。刚开始使用的后备公猪，每周使用1次，1～2岁的小公猪每天配种不应超过1次，连续2～3 d后应休息2 d，2岁以上的成年公猪，每天不应超过2次，两次间隔时间不应少于6 h，每周最少休息2 d。公猪每次配种时间5～15 min，交配时应保持周围环境安静，不受任何干扰，使公猪射精完全。公猪长期不配种会造成精液品质下降、性欲减退，长时间不使用的公猪也应定期采精，以保持其性欲和精液品质。

61. 如何选择种公猪?

在养猪生产上要选择生长速度快、饲料利用率高、背膘薄的品种或品系作为配种公猪,从而提高后代的生长速度和胴体品质。外形要求身体结实强壮、四肢端正、腹线平直、睾丸大并且对称、乳头6对以上并且排列整齐。不要选择自由活动受限、站立不稳、直腿、高弓背的公猪,以免影响配种,要求公猪无瞎乳头,防止其遗传给后代。

62. 如何淘汰更新种公猪?

种公猪更新淘汰率为 35%~40%,使用年限一般为 3~4 年。射精量低于 200 mL,精子活力低于 0.7,精液密度低于 2.0 亿/mL;所配母猪受胎率低、产仔少;性欲低、配种能力差;患肢蹄病、传染病和其他不宜采精或配种的疾病;后代有遗传缺陷类疾病的公猪应及时淘汰。淘汰公猪阉割后,须饲养半年以上方可肉用。

63. 种公猪生产中有哪些常见问题?

种公猪饲养管理过程中常见以下问题:

(1)无精与死精

种公猪交配或采精频率过高,会引起突然无精或死精。治疗时使用丙酸睾丸素(每毫升含丙酸睾丸素 25 mg)一次颈部注射 3~4 mL,每 2 d 1 次,4 次为一个疗程,同时加强种公猪的饲养管理,1 周后可恢复正常。

(2)公猪阳痿

公猪无性欲,经诱情也无性欲表现。可用甲基睾丸素片口服治疗,日用量 100 mg,分两次拌入饲料中喂服,连续 10 d,性欲即可恢复。

（3）蹄底部角质增生

增生物可进行手术切除，用烙铁烧烙止血，同时服用一个疗程的土霉素，预防感染，7～10 d后患病猪的蹄部可以着地站立，投入使用。

（4）应激危害

各种应激因素容易诱发种公猪的配种能力下降，如炎热季节的高热、运输、免疫接种及各种传染病等多种因素会引起应急危害，影响公猪睾丸的生精能力。及时消除应激因素，部分种公猪可恢复功能，若消除不及时，部分公猪可能永久丧失生殖能力。

（5）睾丸疾病

种公猪的睾丸常常因疾病等因素，导致睾丸肿胀或萎缩，失去配种能力。如感染日本乙型脑炎病毒，可引起睾丸双侧肿大或萎缩，如不及时治疗，则会使公猪丧失种用价值。每年春、秋两季分别预防注射一次猪乙型脑炎疫苗，改善环境，减少蚊虫叮咬，防止猪乙型脑炎的发生。

64. 如何制定种公猪舍饲养管理技术操作规程？

制定种公猪舍饲养管理技术操作规程应包括以下几个方面。

（1）工作目标

规范种公猪饲养管理，提供所需营养，确保精液质量合格。

（2）工作日程

7:30～9:00	观察猪群、饲喂
9:00～9:30	清理卫生
9:30～10:30	试情、配种
10:30～11:30	其他工作（赶猪运动、治疗）
14:30～15:30	观察猪群、刷试、冲洗
15:30～17:00	试情、配种
17:00～17:30	饲喂、清理卫生

（3）操作程序

①饲养原则。提供所需的营养以使精液的品质最佳，数量最多。为了交配方便，延长使用年限，公猪不应太大，并执行限制饲养的方法。一般情况下，公猪日喂2次，每头每天喂2.5～3.0 kg。配种期每天补喂一枚鸡蛋（喂料前），每次不要喂得过饱，以免饱食贪睡，不愿运动而造成过肥。按免疫程序做好各种疫苗的免疫接种工作，预防烈性传染病的发生。

②单栏饲养，合理运动。有条件时每周安排2～3次驱赶运动，或舍外运动场所温度低于25℃时放出公猪仍其自由运动，有利于提高新陈代谢，增强其食欲和性欲。

③调教公猪。后备公猪达8月龄，体重达130 kg，膘情良好时即可开始调教。将后备公猪赶到配种能力较强的种公猪附近隔栏观摩、学习配种方法，第一次配种时，公、母大小比例要合理，母猪发情状态要好，不让母猪爬跨新公猪，以免影响公猪配种的主动性，正在交配时不能推压公猪，更不能鞭打或惊吓公猪。

④注意安全。工作时保持与公猪的距离，不要背对公猪。公猪试情时，需要将正在爬跨的公猪从母猪背上推下，这时要特别小心，不要推其肩、头部，以防遭受攻击。严禁粗暴对待公猪，在驱赶公猪时，最好使用赶猪板。

⑤公猪使用方法。后备公猪9月龄开始使用，使用前先进行配种调教和精液质量检查，初配体重应达到130 kg以上。9～12月龄公猪每周配种1～2次，13月龄以上公猪每周配种3～4次。健康公猪休息时间不得超过两周，以免发生配种障碍。若公猪患病，一个月内不准使用。

⑥本交公猪每月须检查精液品质一次，夏季每月两次，若连续三次精检不合格或连续二次精检不合格，且伴有睾丸肿大、萎缩、性欲低下、跛行等疾病时，必须淘汰。各生产线应根据精液品质检查结果，合理安排好公猪的使用强度。

⑦经常刷拭、冲洗猪体。在高温季节里，可在公猪舍内选择一大

栏,上方安装喷水装置,每天轮流安排公猪到此处淋水、刷洗一次。

⑧保持圈舍与猪体清洁,及时驱除体外寄生虫。

⑨做好消毒、驱虫和主要传染病预防工作。

⑩注意保护公猪的肢蹄,控制好地面湿度,减少不必要的冲栏。

⑪性欲低下的公猪,加强营养供应和运动锻炼,及时诊断和治疗,可肌注丙酸睾丸素 100 mg/d,隔天一次,连续 3~5 次,情况严重者淘汰。

⑫温度与通风:公猪舍适宜温度为 18~25℃,当环境温度高于27℃时注意公猪的防暑降温,当环境温度低于 15℃时,注意公猪的保温。冬季夜间公猪舍空气污浊,早晨应适当配合风机通风换气。

⑬提供合理的光照条件。应尽量保证猪舍有足够的光照(尤其是深秋到初春季节),减少病原含量,增加公猪抗病力,增加维生素 D 的合成与骨钙沉积,利用增强肢蹄功能。

⑭公猪舍每天要填写《种公猪舍生产情况周报表》(表 3-2),采精完毕立即登记《公猪采精登记表》(表 3-3)。

表 3-2　种公猪舍生产情况周报表

____年____周(____月____日至____月____日)

星期	存栏头数		采精头数	合格头数	不合格头数	合格率	平均采精量/mL	精子平均密度(亿/mL)	精子平均活率/%	调入头数	调出头数	死亡头数	淘汰头数	耗料量/kg
	成年公猪	后备公猪												
一														
二														
⋮														
日														

表 3-3　公猪采精登记表

公猪耳号	栏号	间隔时间	采精日期登记

(三)繁殖母猪的饲养管理

繁殖母猪是养猪生产经营管理的重要组成部分,既是养猪场重要的生产资料,又是饲养管理人员从事养猪生产的主要对象和生产产品。对于一个养猪场来说,繁殖母猪群管理效果的好坏,关系全场生产效益的高低。繁殖母猪的饲养管理按照生产周期可划分为空怀期、妊娠期和泌乳期三个时期,由于在不同的时期,母猪的生理特点和生产特点差异较大,在养猪生产实践中,应根据其各自的特点有针对性地制定相应的饲养管理方案,只有这样,才能确保母猪配种、妊娠、分娩顺利进行。否则,猪群的正常生产和周转就会出现混乱,最终导致养猪工作的失败。

65.怎样科学饲养管理空怀母猪?

空怀母猪是由分娩车间转来的断奶母猪和后备车间补充进来的后备母猪。管理者的主要任务是让母猪尽快恢复合适的膘情,按时发情配种,并做好妊娠鉴定工作,为转入妊娠舍做好准备。

(1)空怀母猪的饲养

①控制膘情。断奶后的母猪如果出现膘情过肥或过瘦的现象,都会导致母猪发情推迟、排卵减少、不发情或乏情等问题的发生,应根据其体况好坏,限制饲养,控制合理的膘情,促使其正常的繁殖产仔。空怀母猪的膘情鉴定如图 3-1 所示。

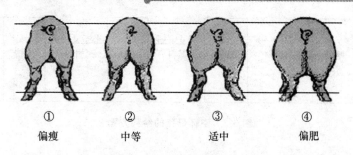

① 偏瘦　　② 中等　　③ 适中　　④ 偏肥

图 3-1　空怀母猪膘情鉴定图

注:偏瘦:明显露出臀部和背部骨;中等:不用力压很容易摸到臀部骨和背骨;适中:用力压才能摸到臀部骨和背骨;偏肥:臀部骨和背部骨深深地被覆盖。

体况消瘦的母猪:有些母猪特别是泌乳力高的个体,泌乳期间营养消耗多,减重大,到断奶前已经相当消瘦,奶量不多,一般不会发生乳房炎,断奶时可不减料,干乳后适当增喂营养丰富的易消化饲料,以尽快恢复体力,及时发情配种。

体况肥胖的母猪:过于肥胖的空怀母猪,往往贪吃、贪睡,发情不正常,要少喂精料,多喂青绿饲料,加强运动,使其尽快恢复适度膘情,以便及时发情配种。

②合理给料。经产母猪从断奶到再次配种这一段时期,称为空怀期。母猪断奶时应保持7~8成膘,以确保断奶后3~10 d再次发情配种,开始进入下一个繁殖周期。饲养空怀母猪的主要任务是保证母猪正常发情,并多排卵。生产中由于空怀母猪既不妊娠,也不带仔,人们在饲养上往往不重视,因而常出现发情推迟或不发情等问题。为了促使其发情排卵,按时组织配种并成功受胎,空怀母猪应合理给料。空怀母猪的给料方案如图 3-2 所示。

③适时干奶。如果断奶前母猪仍能分泌大量的乳汁,特别是早期断奶的母猪,为了防止乳房炎的发生,断奶前后要少喂精料,多喂青、粗饲料,使母猪尽快干奶。

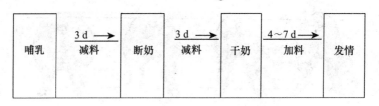

图 3-2　空怀母猪的给料方案

（2）空怀母猪的管理

①小群管理。小群管理是将同期断奶的母猪 3～5 头饲养在同一栏（圈）内，让其自由活动，有舍外运动场的栏（圈）舍，扩大运动范围。当群内出现发情母猪后，由于爬跨和外激素的刺激，便可引诱其他空怀母猪发情。母猪从分娩舍转来之前，固定于限位栏内饲养，活动范围小，缺乏运动。生产实践中，转入空怀舍的母猪应小群饲养在宽敞的圈舍环境中，以利于运动、光照和发情。

②提供适宜环境。保持圈舍清洁干燥，空气新鲜，采光良好，舍内温度保维持在 15～17℃，冬季注意防寒保暖，夏季注意防暑降温。

③适量运动。保证足够的运动时间，每天应让母猪在舍外自由运动 2～3 h，呼吸新鲜空气，接受光照，以利于促进母猪正常的发情排卵。

（3）后备母猪乏情的原因及防治对策

后备母猪 8 月龄，体重在 110 kg 以上仍未发情时，一般称之为后备母猪乏情。

①后备母猪乏情的原因。

选种失误：缺乏科学的选种标准，不具备种用价值的猪也当后备母猪留作种用。

卵巢发育不良：长期患病毒病、慢性呼吸系统病、慢性消化系统病或寄生虫病的小母猪，其卵巢发育不全，卵泡发育不良使激素分泌不足，影响发情。

营养管理不当:饲料营养问题:后备母猪饲料营养水平过低或过高,喂料过少或过多,造成母猪体况过瘦或过肥,均会影响其性成熟。

母猪隐性发情:极少数后备母猪已经达到性成熟年龄,其卵巢活动和卵泡发育也正常,却迟迟不表现发情症状或在公猪存在时不表现静立反射。

饲料原料霉变:玉米霉菌毒素对母猪正常发情影响较大,母猪摄入含有这种毒素的饲料后,其正常的内分泌功能将被打乱,导致发情不正常或排卵抑制。

②后备母猪乏情的防治对策。

a.预防措施:

合理选种:选择有效乳头 7 对以上、体长腹深、四肢强壮、外阴大小适中、后躯丰满的小母猪留作种用。

及时换料:后备母猪体重达 70 kg 后换用后备母猪料并限制饲养。

调控体况:体况瘦弱的母猪应加强营养,短期优饲,使其尽快达到 7～8 成膘;过肥母猪限饲,多运动。

投药保健:及时用伊维菌素驱虫,并用土霉素(1 000 g/t)拌料连续使用 14 d。

免疫接种:按免疫程序接种疫苗(猪瘟苗、伪狂犬苗、蓝耳病苗、细小病毒苗、乙脑苗等),以防病毒性繁殖障碍疾病引起的乏情。

控制原料:避免使用霉变的玉米或其他变质原料。

b.治疗措施:

诱导发情:不发情的后备母猪调圈或并圈处理;将成年公猪赶入后备母猪圈内,每次 30 min,每天 2 次;将正在发情的母猪赶入乏情母猪的圈中诱情;将乏情母猪驱赶到舍外运动,促使其发情。

饥饿处理:过肥母猪进行饥饿处理,料减半饲喂;或在保持充足供水的前提下停止喂料 1～2 d。

大蒜治疗:在饲料中添加 5% 的大蒜,粉碎后加入饲料,连续饲喂 5 d。

中药刺激:在饲料中加入中药催情散,一头母猪一包。

激素处理:肌注 800~1 000 IU 孕马血清促性腺激素和 600~800 IU 人绒毛膜促性腺激素,母猪一般在 3~5 d 表现发情和排卵。也可用激素合剂 PG 600,一次注射一头份。

(4)经产母猪乏情的原因及防治对策

经产母猪断奶后再发情,因受各种因素影响,发情早晚也不同。一般断奶后 7 d 便可乏情配种,若超过 10 d 以上仍不发情,则为经产母猪乏情。

①经产母猪乏情的原因。

原料质量:原料质量低劣特别是玉米霉变,将使母猪内分泌紊乱导致母猪乏情和不排卵。

营养水平:对母猪而言,配种时的体况与哺乳期的饲养有很大的关系。因此,哺乳期母猪体重损失过多将导致母猪发情延迟或乏情。

管理因素:断奶太迟,哺乳期延长将使母猪体重丢失过多、体况偏瘦,引起母猪延迟发情或乏情;缺乏较好的配种设施,配种人员对母猪的发情鉴定和配种不过关,也将引起对母猪乏情。

疾病:患乳房炎、子宫内膜炎和无乳症的母猪发生乏情的比例极高。猪瘟、蓝耳病、伪狂犬病、细小病毒病、圆环 II 病毒、乙脑病毒病和附红细胞体病等均会使引起母猪乏情及其他繁殖障碍症。

②经产母猪乏情的防治对策。

a.预防措施:

加强管理:哺乳期母猪应自由采食。断奶后母猪要根据体况并圈。每天用试情公猪与母猪接触 1 次,可促进母猪发情。

增加母猪运动和光照时间,可避免母猪过于肥胖而不发情。

增加营养:在炎热季节,哺乳母猪饲料中应添加 2%~3% 油脂或脂肪粉,以保证母猪摄入足够的能量满足泌乳的需要。在母猪饲料中适当增加维生素和矿物质,或喂以青饲料补充维生素,可促进发情。

保证原料质量:严格控制玉米等原料的品质,不使用霉变原料,在饲料中加入适量霉菌毒素吸附剂。

保健投药:饲料中添加抗病毒药和抗生素类药物。

b.治疗措施:

对症治疗:母猪患有子宫内膜炎,使用专用清宫液冲洗子宫,每天1次,连续3 d,之后,在子宫内投青霉素160 IU,同时肌注青链霉素或在饲料中添加阿莫西林250 g/t,连续使用7 d。

红糖疗法:断奶后体况瘦弱不发情的母猪,用红糖500 g/头在铁锅中加热翻炒至有焦味,加入1 000 g水煮沸15 min,糖水拌入料中一次喂服。

激素疗法:初产母猪断奶后当天肌注孕马血清促性腺激素1 000~1 500 IU。经产母猪断奶后14 d仍不发情,应根据膘情状态、体型大小,肌注孕马血清促性腺激素1 000~1 500 IU,同时注射人绒毛膜促性腺激素500 IU。

(5)母猪屡配不孕的原因和防治措施

母猪发情配种超过3次,仍然不怀孕,即称屡配不孕母猪。

①母猪屡配不孕的原因。

a.交配后21 d前后再发情的母猪,属于正常性周期范围内的再发情。在这种情况下,不受胎的原因有以下四种。

受精发生障碍:如子宫炎或子宫内分泌物阻碍精子的运动和生存,精子达不到受精部位;输卵管炎或水肿及卵巢粘连等,引起输卵管闭锁,不能受精。

受精卵死亡:发情早期或晚期授精以及使用了保存时间长的精液;公猪因热应激体温升高后配种,导致受精卵早期死亡。

胚胎在受精后12 d内死亡:即在子宫内游浮的胚胎着床前,常因子宫乳组成的异常或遭受高温、咬架、转栏、运输和采食过量浓度饲料或霉变饲料等应激作用,影响了胚胎的着床而迅速死亡。

疾病：母猪感染了乙脑或细小病毒等，可导致胚胎早期死亡和流产。

b. 配种 25 d 以后再发情的母猪，由于交配时或产后生殖器官感染，胚胎发生死亡并被吸收，子宫内胚胎全部消失，母猪可再发情。若是胎儿骨骼形成后死亡，可引起干尸化，长期停滞在子宫内，可引起母猪不发情。

c. 引起母猪不受胎的原因，除注意母猪方面的细菌感染、激素分泌失调和饲养管理不当等因素外，在公猪方面应作精液检查，特别是在炎热夏季精液质量会出现暂时性的降低，受胎率往往会受到严重的影响。

d. 饲料缺乏维生素 A 和维生素 E 引起胚胎被母体吸收，导致母猪再发情或长期乏情。

②母猪屡配不孕的防治措施。

a. 黄体酮 30～40 mg 或雌激素 6～8 mg，母猪配种当日，肌肉注射；或用 25％葡萄糖溶液 30～50 mL，加入土霉素 750 mg，于最后一次配种（授精）后 3～4 h 注入子宫内，可提高受胎率，这是预防母猪配种后不受胎的有效措施。

b. 母猪生殖器官发炎，不能正常发情，可用青、链霉素进行消炎和冲洗子宫；对卵巢囊肿的母猪，虽有发情，但不排卵，此时可肌注黄体酮进行治疗；母猪子宫化脓、干尸化胎儿等，可用前列腺素 0.5 mg＋青霉素 480 万 IU＋链霉素 200 万 IU＋蒸馏水 200 mL 进行子宫冲洗；如果有大量脓汁流出或有干尸或碎胎衣等组织排出，可过 7～10 d 再冲洗一次；也可用 2％～3％露它净溶液 150～250 mL 冲洗，对子宫流脓有极佳效果。待正常发情时即可配种。

c. 饲料中有黄曲霉的存在，往往会导致母猪在配种后 25 d 以上再发情，因为黄曲霉达到一定量的时候会产生一种类似"动情素"的物质，极易引起母猪外表发情、早期胎儿流产和死胎等情况，应注意防治。

66.怎样科学饲养管理妊娠母猪？

妊娠母猪是由配种车间转来的妊娠 21 d 左右的母猪。管理者的主要任务是根据母猪的膘情,按照饲养标准,对不同体况的母猪给予不同的饲养方法,维持中上等膘情,并做好母猪的安宫保胎和泌乳储备等工作。

妊娠母猪处于"妊娠合成代谢"状态,体重增加迅速。研究表明,母猪妊娠期的采食量与泌乳期的采食量成反比例关系,如表3-4 所示,这一研究结果很重要,因为母猪在哺乳期的采食量与产奶量的高低有密切关系,如表 3-5 所示。

表 3-4　妊娠期母猪饲料摄入量对哺乳期饲料摄入量的影响　kg

妊娠期饲料日摄入量	0.9	1.4	1.9	2.4	3.0
妊娠期体重的增加	5.9	30.3	51.2	62.8	74.4
哺乳期饲料日摄入量	4.3	4.3	4.4	3.9	3.4
哺乳期体重的变化	6.1	0.9	-4.4	-7.6	-8.5

表 3-5　泌乳期母猪饲料日摄入量对产奶量的影响　kg

日产奶量	饲料摄入量			
	4.5	5.3	6.0	6.8
第一胎	5.9	5.4	6.7	6.1
第二胎	5.4	6.0	6.8	6.6
第三胎	5.5	6.8	7.3	8.0

在泌乳期间,通过增加饲料摄入量,可使产奶量达到一个较高水平。若妊娠期间,母猪营养水平过高,会使母猪过于肥胖,这会造成饲料浪费,即饲料中营养物质经猪体消化吸收后变成脂肪等贮藏于体内的代谢过程,会损失一部分营养物质;泌乳时再由体脂肪转化为母乳营养的代谢过程,又会损失一部分营养物质,两次的营养损失超过泌乳母猪将饲料中的营养物质直接转化为猪乳的一

次性损失。另外,妊娠母猪过于肥胖,常常形成难产、奶水不足、食欲不振、产后易压死仔猪和不发情等现象。因此,妊娠母猪采用适度限制饲养,既可以节约饲料,还有利于分娩和泌乳。

(1)妊娠母猪的饲养

①供给充足营养。怀孕母猪从日粮中获得的营养物质,首先满足胎儿的生长发育,然后再供给本身的需要,并为哺乳贮备部分营养物质。因此,满足营养物质的供应是保证母猪和胎儿正常生长发育所必需的。故生产中除供给母猪足够的能量和蛋白质饲料外,还应保证满足其维生素和矿物质的需要。

②饲养方式。妊娠母猪的饲养方式应在限制饲养的基础上,根据其营养状况、膘情和胎儿的生长发育规律合理确定。

a.抓两头带中间:适用于断奶后膘情很差的经产母猪。具体做法是在配种前 10 d 和配种后 20 d 的 1 个月内,提高营养水平,日平均采食量在妊娠前期饲养标准的基础上增加 15%~20%,有利于体况恢复和受精卵着床。体况恢复后改为妊娠中期的基础日粮。妊娠 80 d 后再次提高营养水平,即日平均采食量在妊娠前期饲养标准的基础上增加 25%~30%,这种饲喂模式符合"高→低→高"的饲养方式。

b.步步登高:适用于初产母猪和繁殖力特别高的经产母猪。具体做法是在整个妊娠期,根据胎儿体重的增加,逐渐提高日粮的营养水平,到分娩前的 1 个月达到高峰,但在分娩前 1 周左右,采取减料饲养。

c.前粗后精:适用于配种前体况良好的经产母猪。具体做法是妊娠初期不增加营养,到妊娠后期,胎儿发育迅速,增加营养供给,但不能把母猪养得过肥。

分娩前 5~7 d,体况良好的母猪,减少日粮中 10%~20% 的精料,以防母猪产后乳房炎和仔猪下痢;体况较差的母猪,日粮中添加一些富含蛋白质的饲料。分娩当天,可少喂或停喂,并提供少量的麸皮盐水汤或麸皮红糖水。

③合理的饲喂技术。喂给怀孕母猪的日粮,除讲究卫生和保证质量外,还须具有一定量的青粗饲料,使母猪吃后有饱感,又不会压迫胎儿,青粗饲料富含氨基酸、维生素和微量元素,有利于胎儿的正常生长和发育,同时供给充足的饮水。此外,严禁饲喂霉变、冰冻、带毒和强刺激性饲料,否则容易引起流产;同时不随意更换饲料品种,喂青粗饲料应少喂勤添,随时让母猪饮到清洁的饮水。

(2)妊娠母猪的管理

①单栏或小群饲养。单栏饲养是母猪从受孕妊娠到分娩产仔前,均饲养在限位栏内。这种饲养方式的特点是采食均匀,管理方便,但母猪不能自由运动,肢蹄病较多。小群饲养时可将配种期相近、体重大少和性情相近的3~5头母猪,圈在同一栏(圈)内饲养,母猪可以自由运动,采食时因相互争抢可增进食欲,如果分群不合理,同栏个别母猪会因胆小而影响其采食与休息。

②保证饲料质量和卫生。严禁饲喂霉变、腐败、冰冻、有毒有害的饲料。饲料体积不宜太大,适当提高日粮中粗纤维水平,以防母猪便秘。喂料时最好采用粉料湿拌的饲喂方式。

③做好产前准备。搞好预产期推算,做好产房和接产准备,并做好记录

④防止流产。饲养员对待妊娠母猪态度温和,不能惊吓、打骂母猪,经常抚摸母猪的腹部,为将来接产提供便利条件。另外,应每天观察母猪的采食、饮水、粪尿和精神状态的变化,预防疾病发生,减少机械刺激,如挤、斗、咬、跌、骚动等,防止流产。

⑤产前免疫。产前3~4周适合于大多数疫苗的预防注射,为防止新生仔猪感染大肠杆菌引起下痢,在分娩1个月和分娩前21 d分别注射 K_{88}、K_{99} 疫苗和仔猪红痢疫苗,以防止仔猪黄白痢和红痢的发生。

⑥防止母猪便秘。怀孕后期的母猪易患便秘,导致母猪分娩困难、分娩时间延长,仔猪会因缺氧窒息,死胎数量增加,同时便秘

会使母猪发热,易感染产后无乳综合征。缓解便秘可使用青绿多汁饲料;也可使用矿物质轻泻剂,如在饲粮中添加 0.75%KCl 或 1%的高锰酸钾对防止母猪便秘效果明显。

(3)母猪胚胎死亡的原因及防止措施

胚胎在妊娠早期死亡后被子宫吸收称为化胎。胚胎在妊娠中、后期死亡不能被母猪吸收而形成干尸,称为木乃伊。胚胎在分娩前死亡,分娩时随仔猪一起产出称为死胎。母猪在妊娠过程中胎盘失去功能使妊娠中断,将胎儿排出体外称为流产。

①胚胎死亡时间。化胎、死胎、木乃伊和流产都是胚胎死亡。母猪每个发情期排出的卵子大约有 10%不能受精,有 20%~30%的受精卵在胚胎发育过程中死亡,出生仔猪数只占排卵数的 60%左右。猪胚胎死亡有三个高峰期:第一个高峰是受精后的 9~13 d,这时的受精卵附着在子宫壁上还没形成胎盘,易受各种因素的影响而死亡;第二个高峰是受精后的第三周,处于组织器官形成阶段,胎儿往往因营养供给不足,发育受阻而死亡,这两个时期的胚胎死亡占受精卵总数的 30%~40%;第三个高峰是受精后的 60~70 d,这时胎儿生长加快而胎盘停止生长,每个胎儿得到的营养不均,体弱胎儿容易死亡。

②胚胎死亡原因。

a.精子或卵子活力低,虽然能受精但受精卵的生活力低,容易导致早期死亡而被母体吸收,形成化胎。

b.高度近亲繁殖使胚胎生活力降低,形成死胎或畸形胎。

c.母猪饲料营养不全,特别是缺乏蛋白质、维生素 A、维生素 D 和维生素 E、钙和磷等营养物质容易引起死胎。

d.饲喂发霉变质、有毒有害的饲料,容易引发流产。

e.母猪喂养过肥,容易形成死胎。

f.母猪管理不当,如鞭打、急追猛赶、母猪相互咬架或进出窄小的圈门时,互相拥挤等,都可造成母猪流产。

g.某些疾病如乙型脑炎、细小病毒、蓝耳病等可引起死胎或流产。

③防止胚胎死亡的措施。

a.饲料全价而均衡,尤其注意供给充足的蛋白质、维生素和矿物质,不能把母猪养得过肥。

b.严禁饲喂发霉变质、有毒有害、有刺激性和冰冻的饲料。

c.妊娠后期少喂勤添,每次给量不宜过多,避免胃肠内容物过多而挤压胎儿,产前应给母猪减料。

d.防止母猪咬架、跌倒和滑倒等,不能强迫或鞭打母猪。

e.制订配种计划,掌握母猪发情规律,做到适时配种,防止近亲繁殖。

f.夏季防暑降温,冬季防寒保暖,注意圈舍卫生,防止疾病发生。

67.怎样科学饲养管理泌乳母猪?

泌乳期的母猪因泌乳量多,体力消耗大,体重下降快,带仔数超过 10 头的母猪,体重减轻和掉膘很明显。如果到哺乳期结束,能够很好地控制母猪体重下降幅度不超过 15%～20%,一般认为比较理想,若体重下降幅度过大,且不足以维持 7～8 成膘情,常会推迟断奶后的发情配种时间,给生产带来损失。因此,泌乳期母猪应以满足维持需要和泌乳需要为标准,实行科学饲养管理。

(1)泌乳母猪的饲养

①提供营养全价的日粮。母猪的乳汁含有丰富的营养物质,直接关系到哺乳仔猪生长发育的好坏。为了保证母猪多产乳,产好乳,避免少乳、无乳现象发生,应根据母猪的体重大小、带仔多少,给母猪提供营养丰富而全价的日粮,自由采食,饮水充足。泌乳母猪日粮中各种营养物质的浓度应满足:每千克饲料中含有消化能 13.8 MJ,粗蛋白质 17.5%～18.5%,钙 0.77%,有效磷 0.36%,钠 0.21%,氯 0.16%,赖氨酸 0.88%～0.94%。如果采用限量饲喂,日喂量应控制在 5.5～6.5 kg,每日饲喂 4 次。夏季

气候炎热,母猪食欲下降,可多喂青绿饲料,冬季舍内温度达不到15~20℃,可在日粮中添加3%~5%的动物脂肪或植物油,促进母猪提高泌乳量。

②不限量饲喂。泌乳母猪因产乳营养消耗大,即使充分饲养,体重的减轻和消瘦也是不可避免的。为了保证母猪断乳后正常发情排卵和维持配种膘情,应采用自由采食的方法饲喂泌乳母猪。产前3d开始减料,减至正常饲喂量的1/2~1/3,产后3d恢复正常,然后自由采食至断奶前的3d。

③合理饲养。母猪分娩后,处于极度疲劳状态,消化机能差。开始应喂给稀粥料,2~3d后,改喂湿拌料,并逐渐增加,5~7d后,达到正常饲喂量。产前、产后日粮中加0.75%~1.50%的电解质、轻泻剂(维力康、小苏打或芒硝)以预防产后便秘、消化不良、食欲不振等,夏季日粮中添加1.2%的碳酸氢钠可提高采食量。

(2)泌乳母猪的管理

①哺乳期内保持环境安静、圈舍清洁干燥,做到冬暖夏凉。随时观察母猪的采食量和泌乳量的变化,以便根据具体情况采取相应的措施。

②产房内设置自动饮水器,保证母猪随时饮水。

③培养母猪交替躺卧哺乳。母猪乳腺的发育与仔猪吮吸有关,特别是初产母猪一定要均匀利用所有的乳头。泌乳期间加强训练母猪交替躺卧哺乳的习惯,保护好母猪的乳房和乳头。

④冬季防寒保暖,夏季防暑降温。

⑤断乳时间控制。目前我国母猪的泌乳期大多执行28~35日龄断奶。母猪在何时断乳,要根据母猪的失重情况、断奶后的发情、年产仔窝数、仔猪断乳应激等因素确定。通常情况下,在35~45日龄断乳是比较合适的选择。

(3)提高母猪泌乳量的措施

母猪的泌乳量受多种因素的影响,如营养水平、管理、带仔数、胎次、品种等。就胎次而言,初产母猪的泌乳量低于经产母猪,第二胎开始上升,并保持一定水平,到 6～7 胎以后,逐渐下降。

①母猪泌乳量不足的原因。

a.营养方面。母猪在妊娠期间能量水平过高或过低,使得母猪偏胖或偏瘦,造成母猪产后无乳或泌乳性能不佳;泌乳母猪蛋白质水平偏低或蛋白质品质不好,日粮中严重缺钙、缺磷,或钙、磷比例不适宜,饮水不足等都会出现无乳或乳量不足。

b.疾病方面。母猪患有乳房炎、链球菌病、感冒发烧、肿瘤等,都会出现无乳或乳量不足。

c.其他方面。高温,低温,高湿,环境应激,母猪年龄过小、过大等,都会出现无乳或乳量不足。

②提高母猪泌乳量的措施。根据饲养标准科学配合日粮,满足母猪所需要的各种营养,特别是封闭式饲养的母猪,更应注意各种营养物质的合理供给,在确认无病、无饲养管理过失,但仍出现泌乳量不足的情况时,可用下列方法进行催乳:

a.将胎衣洗净煮沸 20～30 min,去掉血腥味,然后切碎,连同其汤一起拌在饲料中,分 2～3 次饲喂无乳或乳量不足的母猪,严禁生吃,以免出现消化不良。

b.产后 2～3 d 内无乳或乳量不足,可给母猪肌肉注射催产素,剂量为每 100 kg 体重 10 IU。

c.用淡水鱼或猪内脏、猪蹄、白条鸡等煎汤拌在饲料中饲喂。

d.适当饲喂一些青绿多汁饲料,可以避免母猪无乳或乳量不足,但要防止饲喂过多而影响混合精料的采食和消化吸收,导致母猪出现过度消瘦的营养不良现象。

e.中药催乳法。王不留行 36 g、漏芦 25 g、天花粉 36 g、僵蚕 18 g、猪蹄 2 对,水煎分两次拌在饲料中喂饲。

68.如何选择种母猪?

纯种繁殖场,应选择与公猪相同品种但无亲缘关系的母猪进行种猪生产;生产杂种母猪场,应选择经过配合力测定或经多年生产实践证明杂交效果较好的杂交组合所需要的品种,与公猪进行品种配套生产;生产商品肉猪场,充分运用杂交优势规律,根据本地区需要,一般选择二元或三元杂种母猪,现在多选择长大杂种母猪。对于所选择的母猪应考虑以下几个方面。

①所选母猪应该是发情正常、容易受孕的。

②母猪的生产性能选择:通过个体本身成绩(如背膘厚、日增重、料肉比等)和查找同胞及亲本资料作为选择依据(如产仔数、断奶窝重等)。

③母猪外形选择:母猪必须体质结实,无任何疾病,四肢端正,活动良好。背腰平直或略弓,腹线开张良好。乳头6对以上,排列整齐,无瞎乳头、内凹乳头、外翻乳头等畸形。外阴大小适中无上翘。

④母猪食欲旺盛、抗逆性强。

69.如何淘汰更新种母猪?

正常情况下母猪7~8胎淘汰,年更新率为30%左右。猪场应有计划地选留或购入一些适应市场需求、生产性能高、外形好的后备母猪去补充被淘汰的母猪。但遇到下列情形之一者应随时淘汰。

①产仔数低于7头。

②连续两胎少乳或无乳(营养、管理正常情况下)。

③断奶后连续两个情期不能发情配种。

④食仔或咬人。

⑤患有国家明令禁止的传染病或难以治愈和治疗意义不大的其他疾病,如口蹄疫、猪繁殖与呼吸障碍综合征、圆环病毒病等。

⑥肢蹄损伤。

⑦所产仔猪有畸形,如疝气、隐睾、脑水肿等。

⑧母性差。

⑨体型过大,行动不灵活,压踩仔猪。

⑩所产仔猪生长速度和胴体品质指标均低于猪群平均值。

70.如何制定配种舍饲养管理技术操作规程？

制定配种舍饲养管理技术操作规程应包括以下几个方面。

（1）工作目标

①按计划完成每周配种任务，保证全年均衡生产。

②保证母猪断奶后 7 d 内发情率达到 85％以上，10 d 内发情率达到 90％以上。

③保证后备母猪合格率在 90％以上（转入基础群为准）。

（2）工作日程

7:30～9:00	发情检查、配种
9:00～9:30	观察猪群、治疗
9:30	饲喂
9:30～10:30	清理卫生
10:30～11:30	其他工作（赶猪运动、处理不发情母猪等）
14:00～15:30	冲洗猪栏、猪体、其他工作
15:30～17:00	发情检查、配种
17:00～17:30	饲喂

（3）操作程序

①发情鉴定与组织配种。发情鉴定的最佳时间是在母猪喂料后 0.5 h，表现安静时进行，每天进行两次发情鉴定，上、下午各一次，采用人工查情与公猪试情相结合的方法。鉴定好的发情母猪，按照合理的组织程序安排配种。

a.选择大、小合适的公猪，把公、母猪赶到圈内宽敞处，防止地面打滑。一旦公猪开始爬跨，立即给予帮助。必要时，用腿顶住交配的公母猪，防止公猪抽动过猛，母猪承受不住而中止交配。配种员站在公猪后面辅助阴茎插入阴道，用消毒手套将公猪阴茎对准母猪阴门，使其插入，注意不要让阴茎打弯。

b.观察交配过程，保证配种质量。公、母猪的交配过程不得人为干扰或粗暴对待,保证公猪爬跨到位,射精充分。配种结束后,母猪赶回原圈,填写公猪配种卡和母猪记录卡。

c.高温季节宜在上午 8:00 前,下午 17:00 后进行配种,最好饲喂前空腹配种。

d.做好发情检查及配种记录。发现发情母猪,及时登记耳号、栏号及发情时间。

e.公猪配种后不宜马上洗澡和剧烈运动,也不宜马上饮水。如饲喂后配种,必须间隔 0.5 h 以上。

f.严格执行 NY/T 636—2002《猪人工授精技术规程标准》。

②断奶母猪的饲养管理。

a.断奶母猪的膘情至关重要,要做好哺乳后期的饲养管理,使其断奶时保持较好的膘情。

b.哺乳后期不要过多削减母猪喂料量,抓好仔猪的补饲,减少母猪泌乳的营养消耗,适当提前断奶。

c.断奶前后 1 周内适当减少哺乳次数,减少喂料量,以防发生乳房炎。

d.母猪断奶前将一胎、二胎和高胎龄(7 胎以上)做好记号,断奶时进行促发情特殊处理。断奶母猪赶入大栏饲养,并按大小、膘情分群。

e.断奶母猪赶入运动场运动半天,保证充足饮水。有肢蹄病不能混群运动的母猪单独饲养并护理治疗。

f.有计划地淘汰 7 胎以上或生产性能低下的母猪,确定淘汰猪最好在母猪断奶时进行。

g.母猪断奶后一般在 3～7 d 开始发情,此时注意做好母猪的发情鉴定和公猪的试情工作。母猪发情稳定后才可配种,不要强配。

h.断奶母猪可喂哺乳料,正常日喂量 2.5～3.0 kg,推迟发情的断奶母猪短期优饲,日喂量 3～4 kg。

i.按免疫程序做好各种疫苗的免疫接种工作,预防烈性传染病的发生。

③后备母猪配种前的饲养管理。

a. 母猪 6 月龄以前自由采食,6～7 月龄开始适当限饲,日采食量控制在 1.8～2.2 kg/(头·d),配种前半个月优饲,优饲比正常喂量多 30%,同时根据后备母猪的体况可适当在饲料中加拌 $NaSO_3$＋维生素 E 粉、鱼肝油粉、复合维生素 B 等;配种后喂量减到 1.6～1.8 kg。

b. 加强运动,每周保证 1～2 次以上,每次运动 1～1.5 h,同时用公猪诱情,每天 1～2 次,发现发情母猪挑出,按周次集中饲养。

c. 建立优饲、限饲及中西药物保健计划和开配计划档案,对不发情的母猪进行处理。配种前 1 周加利高霉素 1 200～2 000 mg/kg,预防子宫炎。

④不发情母猪的饲养管理。

a. 长期空怀、发情不正常母猪要集中饲养,栏内每天放进公猪,追逐 10 min 或在运动场公母猪混群运动,并及时观察发情情况。

b. 体质健康、饲养正常而不发情的母猪,先采取运动、转栏、饥饿、公猪追赶以及车辆运输等物理方法刺激发情,若无效可对症选用激素治疗,如氯前列烯醇、促排 3 号、PG600 等。

c. 不发情或屡配不孕的母猪,可对症使用前列腺素、孕马血清促性腺激素、人绒毛膜促性腺激素、促卵泡素、氯前列烯醇等外源性激素处理。

d. 长期病弱或空怀 2 个情期以上的,应及时淘汰。

⑤返情母猪的饲养管理。

a. 配种后 21 d 左右,用公猪对母猪做返情检查,以后每月做一次妊娠诊断。

b. 妊娠检查空怀母猪赶到观察区,及时复配,转入配种区要重新建立母猪卡。

c. 母猪每头每日喂料 3 kg 左右,日喂 2 次,过肥过瘦的调整喂料量,膘情恢复正常再配。

⑥做好资料记录(表3-6)。

表3-6 配种舍周报表　　　　　　　头、kg

	配种情况				变动情况						存栏情况			饲料消耗		
	断奶母猪	返情母猪	后备母猪	小计	转入		转出		死淘		空怀母猪	后备母猪	合计	空怀母猪料	后备母猪料	合计
					断奶母猪	后备母猪	妊娠母猪	头胎母猪	基础母猪	后备母猪						
星期一																
星期二																
⋮																
合计																
备注																

报表日期:＿＿＿年＿＿＿月＿＿＿日　　报表人:＿＿＿＿

71.如何制定妊娠舍饲养管理技术操作规程?

制定妊娠舍饲养管理技术操作规程应包括以下几个方面。

(1)工作目标

①确保妊娠母猪各阶段膘情合理。

②保证胚胎(胎儿)正常生长发育。

(2)工作日程

7:30~8:00　　　观察猪群、治疗

8:00~9:00　　　饲喂、清理料槽

9:00~10:30　　　清理卫生

10:30~11:30　　　其他工作

14:00~15:00　　　观察猪群、治疗

15:30~17:00　　　冲洗猪栏、猪体、其他工作

17：00～17：30　饲喂

（3）操作程序

①所有母猪配种后，按配种时间（周次）在妊娠定位栏编组排列。怀孕料分二阶段按标准饲喂。

②根据母猪的膘情调整投料量，每次投放饲料要准、快，以减少应激，要给每头猪足够的时间吃料。保证饮水质量，当饮水中出现异色、杂质或沉淀时应清洁水管。

③不喂发霉变质饲料，防止中毒。

④妊娠诊断。在正常情况下，配种后 21 d 左右不再发情的母猪，即可确定为妊娠，其表现为：贪睡、食欲旺盛、易上膘、皮毛光润、性情温顺、行动稳重、阴门缩成一条线等。同时做好配种后 18～65 d 内的重复发情检查工作。

⑤定期评估膘情。按妊娠阶段分三段进行饲喂和管理。妊娠前期 1 个月内的喂料量为每头 1.8～2.2 kg/d，妊娠中期 2 个月内的喂料量为每头 2.0～2.5 kg/d，妊娠后期最后 1 个月的喂料量为每头 2.8～3.5 kg/d，产前 1 周开始饲喂哺乳料，并适当减料。偏肥偏瘦猪用不同记号加以标识，初胎母猪应注意怀孕中后期适当控料以防难产。

⑥减少应激，防流保胎。夏天防暑，冬天防寒，减少剧烈响声刺激，严格控制怀孕舍湿度。

⑦按免疫程序做好各种疫苗的免疫接种工作，免疫前后防止应激。免疫注射在喂料后或天气凉爽时进行，做好《怀孕母猪免疫清单》记录。

⑧妊娠母猪临产前 3～7 d 转入产房，转猪前彻底做好体外驱虫工作，同时要彻底消毒猪身，注意双腿下方和腹部等角落；赶猪过程要有耐心，不得粗暴对待母猪；妊娠母猪转出后，原栏要彻底消毒。

⑨加强怀孕前期的饲养管理与护理，妊娠 18～25 d 使用金霉素等药物保健。妊娠后期适量补喂青饲料或使用小苏打防止便

秘,怀孕85～92 d阶段健胃、保健,可选用大黄苏打散、穿心莲、清肺散等药物。

⑩做好资料记录(表3-7、表3-8)。

表3-7   妊娠母猪失配情况周报表

母猪耳号	配种日期	鉴定返情日期	鉴定空怀日期	鉴定流产日期	死淘日期

表3-8   妊娠母猪免疫清单

疫苗名称: 剂量: 头份

周次	头数	需执行防疫的母猪耳号
合计		

注:疫苗来源: 生产日期: 批号: 规格:

72.如何制定分娩舍饲养管理技术操作规程?

制定分娩舍饲养管理技术操作规程应包括以下几个方面。

(1)工作目标

①保证母猪分娩率96%以上。

②保证母猪年产仔窝数达到2.1窝,每窝平均产活仔数在10.5头以上,哺乳期仔猪成活率92%以上。

③仔猪28日龄断奶,断奶时平均体重7.0 kg以上。

(2)工作日程

7:30～8:30   母猪、仔猪饲喂

8:30~9:30	治疗、打耳号、剪牙、断尾、补铁等工作
9:30~11:30	清洁卫生、其他工作
14:30~16:00	清洁卫生、其他工作
16:00~17:00	治疗、报表
17:00~17:30	母猪、仔猪饲喂

（3）操作程序

①产前准备。

a.空栏彻底清洗，检修产房设备，之后用卫康、消毒威等消毒药，连续消毒两次，晾干后备用。第二次消毒最好采用火焰消毒或熏蒸消毒。

b.产房温度最好控制在 25℃ 左右，湿度 65%～75%，分娩栏饮水器安装滴水装置，夏季滴水降温。

c.准确判定预产期，母猪的妊娠期平均为 114 d。

d.产前产后 3 d 母猪减料，以后自由采食。产前 3 d 开始投喂维力康或小苏打、芒硝，连喂 1 周，分娩前检查乳房是否有乳汁流出，以便做好接产准备。

e.准备好 4% 碘酊、高锰酸钾消毒水、抗生素、催产素、解热镇痛药和石蜡油等药品。

f.准备好保温灯、饲料车、扫帚、水盆、水桶、麻袋、毛巾、脱脂棉线、电热板、保温箱等用具，用前应进行消毒。

g.分娩前用 0.1% 高锰酸钾消毒水，清洗母猪的外阴和乳房部。

h.临产母猪提前 1 周上产床，上产床前清洗消毒，驱除体内外寄生虫一次。

i.产前肌注德力先等长效土霉素 5 mL。

j.产前产后母猪料添加 1～2 周的呼肠舒、强力霉素等，以防产后仔猪下痢。

②判断分娩。

a.外生殖器红肿，频频排尿，起卧不安，1～2 d 内分娩。

b. 乳房有光泽、两侧乳房外张,用手挤压有乳汁排出,初乳出现后 4~12 h 内分娩。

c. 骨盆韧带松弛,尾根两侧塌陷,羊水流出,2 h 内可分娩,个别初产母猪情况特殊。

③接产。

a. 要求专人看管,接产时每次离开时间不得超过半小时。

b. 产前母猪用 0.1% 高锰酸钾消毒外阴、乳房及腿臀部,产栏要消毒干净。

c. 仔猪出生后立即用毛巾将口鼻黏液擦干净,猪体擦干,然后断脐,离脐带根 3~4 cm 处断脐,用 4% 碘酊或其他有效药物消毒。

d. 把初生仔猪放入保温箱,保持箱内温度 30℃ 以上,防止贼风侵入。

e. 帮助仔猪吃上初乳,固定乳头,初生重小的放在前面,大的放在后面。仔猪吃初乳前,每个乳头的最初几滴奶要挤掉。

f. 产后检查胎衣或死胎是否完全排出,观察母猪是否有努责或产后体温升高,若有可打催产素进行处理。

④假死仔猪的救治。

a. 人工呼吸法:用擦布抠出假死仔猪口腔内的黏液,同时将口鼻周围擦干净。用一只手抓握住仔猪的头颈部,用另一只手将 4~5 层的医用纱布捂在口鼻上,隔着纱布向口内或鼻腔内吹气,并用手按摩胸部,使其尽快恢复呼吸。

b. 倒提拍打法:假死仔猪抠完膜后,左手提起仔猪两后肢并抖动其体躯,右手轻拍其胸腹或臀部,发现仔猪躯体抖动,深吸一口气,表明假死仔猪已抢救过来。

c. 屈伸运动法:两手分别托住仔猪的头颈和臀部,然后使仔猪体躯屈曲伸展,或两手分别抓住仔猪两前肢进行扩胸运动,反复进行,直至出现呼吸挣扎。

d. 刺激法:用芥末油、乙醇、白酒等有刺激性气味的东西涂抹到假死仔猪的鼻子上,以刺激其呼吸。

⑤难产处理。

a. 判断难产:羊水排出、强烈努责后 1~2 h 仍无仔猪产出或产仔间隔超过 1 h,即视为难产,需要人工助产。

b. 有难产史的母猪临产前 1 d,肌注律胎素或氯前列烯醇,或预产期当日注射缩宫素。

c. 临产母猪子宫收缩无力,或产仔间隔超过半小时者,用手由前向后用力挤压腹部,或改变母猪躺卧方向,产仔消耗过多母猪应补液,同时注射缩宫素 20~40 IU。

d. 注射催产素仍无效或由于胎儿过大、胎位不正、骨盆狭窄等原因造成的难产,应立即人工助产。

e. 人工助产:剪平指甲,润滑手、臂并消毒,然后随着子宫收缩节律慢慢伸入阴道内,手掌心向上,五指并拢,抓仔猪的两后腿或下颌部,母猪子宫扩张时,开始向外拉仔猪,努责收缩时停下,动作要轻,拉出仔猪后应帮助仔猪呼吸,假死仔猪及时处理。

f. 产后阴道内注入抗生素,同时肌注得力先等抗生素一个疗程,以防发生子宫炎、阴道炎。

g. 对产道损伤严重的母猪应及时淘汰,难产母猪要在卡上注明难产原因,以便下一产次的正确处理或作为淘汰鉴定的依据。

⑥产后护理和饲养。

a. 哺乳母猪每天喂 2~3 次,产前 3 d 开始减料,渐减至日常量的 1/2~1/3,产后 3 d 恢复正常,自由采食直至断奶前 3 d。喂料时若母猪不愿站立吃料应赶起。产前产后日粮中加 0.75%~1.50% 的电解质、轻泻剂(维力康、小苏打或芒硝),以预防产后便秘、消化不良、食欲不振。夏季日粮中添加 1.2% 的小苏打可提高采食量。

b. 哺乳期内注意环境安静、圈舍清洁干燥,做到冬暖夏凉。随时观察母猪的采食量和泌乳量的变化,以便针对具体情况采取相应措施。

c.仔猪初生后 2 d 内注射血康、富来血、牲血素等铁剂 1 mL，预防贫血；口服抗生素如兽友一针、庆大霉素 2 mL，以预防下痢；注射亚硒酸钠维生素 E 0.5 mL，以预防白肌病；如果猪场呼吸道病严重时，鼻腔喷雾卡那霉素加以预防；无乳母猪采用催乳中药拌料或口服。

d.新生仔猪要在 24 h 内称重、打耳号、剪牙、断尾。断脐以留下 3 cm 为宜，断端用 5％碘酊消毒；打耳号时尽量避开血管处，缺口处用 5％碘酊消毒；剪牙钳用 5％碘酊消毒后，剪掉上下两侧犬齿，弱仔不剪牙；断尾时，尾根部留下 3 cm 处剪断，用 5％碘酊消毒。

e.仔猪吃过初乳后适当过哺或寄养调整，尽量使仔猪数与母猪的有效乳头数相等，防止未使用的乳头萎缩，从而影响下一胎的泌乳性能。寄养时，产仔日龄间隔相差不超过 3 d，大的仔猪寄出去。寄出时用寄母的奶汁擦抹待寄仔猪的全身即可。3～7 日龄非留种小公猪去势，去势时要彻底，切口不宜太大，术后用 5％碘酊消毒。

f.产房适宜温度：分娩后 1 周 27℃，2 周 26℃，3 周 24℃，4 周 22℃。保温箱温度：初生时 36℃，体重 2 kg 时 30℃，体重 4 kg 时 29℃，体重 6 kg 时 28℃，体重 6 kg 以上至断奶 27℃，断奶后 3 周 24～26℃。产房保持干燥，预防仔猪下痢。

g.仔猪出生后 5～7 日龄开食补料，保持料槽清洁，饲料新鲜，少喂勤添，晚间要补添一次料。每天补料次数为 4～5 次。

h.仔猪平均 28～35 日龄一次性断奶，不换圈，不换料。断奶前后仔猪饲料中加入抗应激药物，如葡萄糖盐水、维生素 C 等添加剂，以防应激。

i.断奶后 1 周，逐渐过渡饲料，断奶后 1～3 d 注意限料，以防消化不良引起下痢。

j.在哺乳期因失重过多而瘦弱的母猪，要适当提前断奶，断奶前 3 d 需适当限料。产房人员不得擅自离岗，不得已离岗时控制在 1 h 以内。

⑦做好资料记录(表 3-9 至表 3-13)。

表 3-9　分娩舍夜班人员值班记录表

日期	分娩窝数	活产仔数	产仔情况	保温情况	分娩前准备工作	备注
星期一						
⋮						
星期日						

注:夜班人员 ＿＿＿＿＿＿＿　　　年 ＿＿＿＿＿ 周

表 3-10　产仔情况周报表

月　日　至　月　日　　　　报表人 ＿＿＿＿＿＿＿　　　　　　　kg

分娩母猪情况		产仔情况(头/窝)					
母猪耳号	分娩日期	窝产总仔数	活产仔数	死胎数	木乃伊胎	畸形胎	合计

表 3-11　断奶母猪及仔猪情况周报表　　　　　　kg

母猪耳号	品种	断奶日期	断奶仔数	寄入数	寄出数	活产仔数

表 3-12　断奶仔猪转运单

转出舍	日龄	转出日期	转猪头数	备注

表3-13 分娩舍周报表

第___周　头、kg

	分娩情况				母猪情况				哺乳仔猪情况						饲料消耗	
	窝数	活产仔数	死胎数	畸形数	木乃伊胎	总产数	转入数	转出数	临产数	哺乳数	死淘数	转出数	转入数	存栏数	泌乳母猪料	哺乳仔猪料
星期一																
⋮																
星期日																
合计																

报表日期：___年___月___日　　　　　报表人：

(四)哺乳仔猪的饲养管理

哺乳仔猪指从出生到断奶的仔猪。哺乳仔猪由于生长发育快和生理不成熟而难饲养,如果饲养管理不当,容易造成仔猪患病多、增重慢、哺育率低。因此,根据哺乳仔猪的生长与生理特点,制定科学的饲养管理,是哺乳仔猪培育成功与否的关键措施。

73.哺乳仔猪具有哪些生理特点?

哺乳仔猪的生理特点主要表现在以下4个方面。

(1)生长发育快,物质代谢旺盛

仔猪出生时体重小,不到成年体重的1%,低于其他家畜(羊为3.6%,牛6%,马9%~10%)。哺乳阶段是仔猪生长强度最大的时期,10日龄体重是初生重的2~3倍,30日龄达6倍以上,60日龄可达10~13倍,60日龄后随年龄的增长逐渐减弱。哺乳仔猪利用养分的能力强,饲料营养不全会严重影响仔猪的生长,因此,必须保证仔猪所需的各种营养物质。哺乳仔猪快速生长是以旺盛的物质代谢为基础,单位增重所需养分高,能量、矿物质代谢均高于成年猪。哺乳仔猪除哺乳外,应及早训练其开食,用高质量的乳猪料补饲。

(2)消化器官不发达,消化机能不完善

仔猪出生时胃内缺乏游离盐酸,胃蛋白酶无活性,不能很好地消化蛋白质,特别是植物性蛋白质。消化器官的重量和容积都很小,胃重 6～8 g,仅占体重的 0.44%。肠腺和胰腺发育比较完善,胰蛋白酶、肠淀粉酶和乳糖酶活性较高,食物主要在小肠内消化。所以,初生仔猪只能吃母乳而不能利用植物性饲料。

(3)缺乏先天免疫力,容易得病

猪的胎盘构造特殊,母猪血管与胎儿的脐带血管被 6～7 层组织隔开,母源抗体不能通过胎液进入胎儿体内。因此,初生仔猪没有先天免疫力,自身也不能产生抗体,只有吃初乳后,才能获得免疫力。

(4)体温调节能力差

初生仔猪大脑皮层发育不全,体温调节中枢不健全,调节体温能力差,皮薄毛稀,特别怕冷,如不及时吃母乳,很难成活。因此,初生仔猪难养,成活率低。

74. 怎样科学饲养管理哺乳仔猪?

饲养管理哺乳仔猪的任务是让哺乳仔猪获得最高的成活率和最大的断奶重。养好哺乳仔猪关键是过好以下三关。

(1)抓乳食,过好初生关

①早吃初乳,固定乳头。初乳是指母猪产后 3～5 d 内分泌的乳汁。初乳的特点是富含免疫球蛋白,可使仔猪尽快获得免疫抗体;初乳中蛋白质含量高,含有具有轻泻作用的镁盐,可促进胎粪排出;初乳酸度较高,可弥补初生仔猪消化道不发达和消化腺机能不完善的缺陷。初生仔猪可从肠壁吸收初乳中的免疫球蛋白,出

生 36 h 后不能再从肠壁吸收。因此,仔猪最好在生后 2 h 内吃到初乳。实践证明,吃不到初乳的仔猪很难成活。正常情况下,仔猪生后可靠灵敏的嗅觉找到乳头,弱小仔猪行动不灵活,不能及时找到乳头或被挤掉,应给予人工辅助。

初生仔猪有抢占多乳奶头、并固定为己有的习性,开始几次吸食某个乳头,一经认定至断奶不变。固定乳头分自然固定和人工固定,应在生后 2～3 d 内完成。生产中为了使一窝仔猪发育整齐,提高仔猪成活率,可将弱小仔猪固定在前 3 对乳头,体大强壮的仔猪固定在中、后部乳头,其他仔猪自寻乳头。看护人员要随时帮助弱小仔猪吃上乳汁,这样有利于弱小仔猪的成活。

②加强保温,防冻防压。哺乳仔猪对环境的要求很高。仔猪出生后,必须采取保温措施才能满足仔猪对温度的要求。哺乳仔猪适宜的环境温度为:1～3 日龄为 32～35℃,4～7 日龄为 28～30℃,15～30 日龄为 22～25℃,2～3 月龄为 22℃,温度应保持稳定,防止过高或过低。产房内温度应控制在 18～20℃,设置仔猪保温箱,在保温箱顶端悬挂 150～250 W 的红外线灯,悬挂高度可视需要调节,照射时间根据温度随时调整;还可用电热板等办法加温,条件差的可用热水袋、输液瓶灌上热水来保持箱内温度,既经济又实用,大大减少仔猪着凉、受潮和下痢的机会,从而提高仔猪成活率;南方还可用煤炉给仔猪舍加温。仔猪出生后 2～3 d,行动不灵活,同时母猪体力也未恢复,初产母猪通常缺乏护仔经验,常因起卧不当压死仔猪。所以,栏内除安装护仔栏外,还应建立昼夜值班制度,注意检查观察,做好护理工作,必要时采取定时哺乳。

③寄养和并窝。产仔母猪在生产中常会出现一些意外情况,如母猪产后患病、死亡或产后无奶、产活仔猪数超过母猪的有效乳头数,这时就需给仔猪找个"奶妈",即进行仔猪寄养工作。如果同时有几头母猪产仔不多,可进行并窝。寄养原则是有利于生产,两

窝产期不超过 3 d,个体相差不大。选择性情温顺、护仔性好、母性强的母猪承担寄养任务,通常等吃过初乳以后进行,如遇特殊情况也可采食养母的初乳。具体操作时,应针对母猪嗅觉发达这一特性,将要并窝或过寄的仔猪预先混味,在寄仔猪身上涂抹"奶妈"的乳汁,也可用喷药法,寄养最好在夜间进行。

④及时补铁、补硒。铁是造血原料,刚出生的仔猪体内铁贮备少,只有 30～50 mg。由于仔猪每天从母乳中获得的铁只有 1 mg左右,而仔猪正常生长每天每头需要铁 7～8 mg,如不及时补铁,仔猪就会患缺铁性贫血症;铜是猪必需的微量元素,铜的缺乏会减少仔猪对铁的吸收和血红素形成,同样会发生贫血。高铜对幼猪生长和饲料利用率有促进作用,但过量添加会导致中毒。另外,初生仔猪缺硒会引起拉稀、肝坏死和白肌病等。仔猪补铁常用的方法是生后 2～3 日龄肌肉注射 100～150 mg 牲血素或者富血来等,2 周龄再注射 1 次即可,也可用红黏土补铁,在圈内放一堆红黏土,任其舔食。

凡是怀疑妊娠母猪或仔猪缺乏维生素 E 或硒的时候,应在仔猪生后注意补注维生素 E 或硒,防止仔猪缺乏维生素 E 或硒,具体做法是仔猪出生后 1 d 内,每头仔猪肌肉注射亚硒酸钠维生素E 注射液 0.5 mL(含亚硒酸钠 0.5 mg、维生素 E 25 IU)。

⑤打耳号。为了便于管理仔猪,方便记录和资料存档,应将2～7 日龄的仔猪进行编号,方法如下:

a. 耳缺法(图 3-3)。遵循"左大右小,上一下三,公单母双"的原则。在猪的左耳上缘打一缺口代表 10,左耳下缘打一缺口代表30,左耳尖上缘打一缺口代表 200,左耳中央打一洞代表 800。在猪的右耳上缘打一缺口代表 1,右耳下缘打一缺口代表 3,右耳尖上缘打一缺口代表 100,右耳中央打一洞代表 400。操作者抓住仔猪后,用前臂和胸腹部将仔猪后驱夹住,用左(右)手拇指和食指捏住将要打号的耳朵,用右(左)手持耳号钳打号。

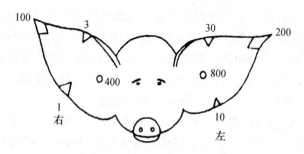

图 3-3 耳号编打操作指导图

b. 耳标法。操作者书写好耳标后,将其上部和下部分别装在耳标器的上部和下部,用前臂肘部和胸腹部绑定好仔猪,然后用耳标器将耳标铆上,应避开大血管。

c. 电子识别法。有条件的厂家,将仔猪的个体号、出生地、出生日期、品种、系谱等信息转译至脉冲转发器内,装在一个微型玻璃管,插到耳后皮肤下,需要时用手提阅读器进行识别阅读。

⑥仔猪生后其他处理。

a. 剪牙。用一只手的拇指和食指捏住小猪上下颌之间(即两侧口角),迫使小猪张开嘴露出犬牙,然后用剪牙剪紧贴仔猪的齿龈将左右两对犬齿剪断。防止损伤乳头和牙齿变形。

b. 断尾。术者左手将仔猪尾根拉直,右手持已充分预热的250 W 电热断尾钳在距尾跟 2.5 cm 处,稍用力压下,随烧烙尾巴被瞬间切断;或者用已消毒的剪刀在距尾根 2.5 cm 处直接剪断尾巴,然后涂上碘酒或止血剂。

c. 去势。仔猪生后 1 周内,将不作种的雄性仔猪去势,此时去势止血容易,应激小。

(2)抓开食,过好补料关

①开食补料。仔猪开食训练时使用加有甜味剂或奶香味的乳猪颗粒料或焙炒后带有香味的玉米粒、高粱粒或小麦粒等,可取得明显的效果。

②开食方法。仔猪开食一般在5～7日龄进行,因为仔猪生后3～5日龄活动增加,6～7日龄牙床开始发痒,喜欢啃咬硬物或拱掘地面,仔猪对这种行为有很大的模仿性,只要一头猪开始拱咬东西,别的仔猪很快也来模仿。因此,可以利用仔猪的这种习性和行为来引导其采食。一般经过7 d的训练,15日龄后仔猪即能大量采食饲料,仔猪20日龄以后随着消化机能渐趋完善和体重的迅速增加,食量大增,并进入旺食阶段,应加强这一时期的补料。补料的同时注意补水,最好安装自动饮水器。

a.诱导补饲。利用仔猪喜爱香味和甜味物质及模仿母猪采食的习性,在乳猪补饲栏中放入加有调味剂(如乳猪香)的乳猪料,或者炒香的高粱、玉米、黄豆或大、小麦粒等,任仔猪自由舔食;也可将粉料调成粥状,取少许抹在仔猪嘴上或在哺乳时涂在母猪乳头上让仔猪随乳汁一起吃进,每天3～4次,连续3 d,直到仔猪对饲料感兴趣为止。

b.强制补饲。仔猪达7日龄时,每天将母仔分开,定时哺乳,造成仔猪饥饿和被迫采食饲料的欲望,然后强制性地将饲料喂进仔猪口中。仔猪一旦对所补饲料的味道熟悉后,就会形成条件反射,闻到饲料味就会走过去吃料,这是补料成功的重要标志。

③补饲全价料。仔猪开食后,应逐渐过渡到补全价混合料。先在补饲栏内放入全价混合料,再在上面撒上一层诱食料,仔猪在吃进诱食料的同时,可将全价仔猪料同时吃进,然后逐渐过渡到全价混合料。补料可少喂勤添,10～15日龄每天2次,以后每增加5 d,增补1次,及时清除剩料,定期清洗补料槽。

仔猪开食到进入旺食期是补饲的关键时期,补饲效果主要取决于仔猪饲料的品质。哺乳仔猪的饲料要求高能量、高蛋白、营养全面、适口性好、容易消化、具有抗病性和采食后不易拉稀的特点。仔猪料每千克饲粮含消化能14.02 MJ,粗蛋白质21%,赖氨酸不低于1.42%,钙0.88%,有效磷0.54%,钠0.25%,氯0.25%,粗纤维含量不超过4%。近年来,对早期断奶仔猪饲粮的研究表明,适当添加复合酶、有机酸(延胡索酸、柠檬酸等)、调味剂(奶香味调味剂)、乳清粉、香味剂、微生态制剂(乳酸杆菌、双歧杆菌)等,可提高饲粮的补饲效果,并能预防下痢。

a.添加有机酸。由于仔猪消化机能不健全,胃底腺不发达,胃酸分泌不足,胃蛋白酶活性较低,再加上小肠内一些病原菌的繁殖,容易使肠道功能紊乱而发生腹泻。根据这一特性,在仔猪饮水和饲料中添加1%～3%的柠檬酸,可降低胃内 pH,激活消化酶,强化乳酸杆菌繁殖,提高消化能力,改善仔猪的增重速度和饲料利用率。

b.添加酶制剂。在日粮中添加稳定性好、特异性强的外源消化酶(脂肪酶和淀粉酶)对改善仔猪生长和提高饲料利用率有很好的效果,它可以弥补断奶后仔猪体内酶的分泌不足,防止消化不良性腹泻。

c.添加益生素。益生素是从畜禽肠道内的正常菌群中分离培养出的有益菌种,主要有乳酸菌和双歧杆菌。它可抑制病原菌及有害微生物的生长繁殖,形成肠道内良性微生态环境,从而减少仔猪腹泻,改善肠道健康,促进营养物质的消化吸收,增强机体抗病能力,有利于断奶仔猪的生长发育。

d.添加抗生素。在开食料和补料中添加抗生素,既可控制病原微生物增殖,又可加速肠道免疫耐受过程,从而减轻肠道损伤,预防腹泻的发生。目前用于防止仔猪腹泻的抗生素主要有金霉素、泰乐菌素、杆菌肽锌等。

e.添加油脂。添加油脂对仔猪补充能量、改善口味,提高断奶后第3周、第4周的增重和饲料利用率有利。椰子油最好,玉米油、豆油次之,动物油较差。

f.添加香味剂。为改善饲料的诱食性、适口性,增加采食量,常在饲料中添加香味剂,仔猪多用奶香味调味剂。

(3)抓防病,过好断奶关

①预防仔猪下痢。哺乳期的仔猪,受疫病的威胁较大,发病

率、死亡率都高,尤其是仔猪下痢(俗称拉稀)。引发仔猪下痢的原因很多,一是仔猪红痢病,它是由 C 型产气荚膜梭菌引起的,以 3 日龄内仔猪多发,最急性的发病快,不见拉稀便死亡,病程稍长的可见到拉灰黄和灰绿色稀便,后拉红色糊状粪便,红痢发病快,死亡率高。二是黄痢病,它是由大肠杆菌引起的急性肠道传染病,多发生在 3 日龄左右,临床表现是仔猪突然拉黄色或灰黄色稀薄如水的粪便,有气泡和腥臭味,死亡率高。三是白痢病,它是由大肠杆菌引起的胃肠炎,多发生在 10～20 日龄,表现为拉乳白色、灰白色或淡黄色的粥状粪便,有腥臭味,多发生在圈舍阴冷潮湿的环境或气候突然改变的情况下,死亡率较低,但影响仔猪增重,延长饲养期。另外,哺乳期的仔猪也会常常因饲粮营养浓度不合理,饲粮突然改变,环境卫生条件差,仔猪初生重小,各种应激和气候变化等,会引起非病原性下痢。

哺乳仔猪发病率高,应采取综合措施,切实做好防病工作,提高仔猪成活率。

a.搞好产房卫生与消毒,防止围产期感染。保持圈舍适宜的温、湿度,通风良好,控制有害气体的含量,定期消毒,减少仔猪感染机会。

b.加强妊娠母猪和泌乳母猪的饲养管理,提高仔猪初生重,改善初乳的质量。

c.供给仔猪全价饲粮,保持饲粮相对稳定,定时饲喂,注意哺乳、饲料和饮水卫生。

d.利用药物预防和治疗仔猪黄痢。仔猪出生后吃初乳前口腔滴服增效磺胺甲氧嗪注射液 0.5 mL 或口腔滴服硫酸庆大霉素注射液 1 万 IU,后每天两次,连服 3 d,如有发病继续投药,药量加倍。

e.母猪妊娠后期注射 K_{88}-K_{89} 双价基因工程苗或 K_{88} K_{89} K_{987}P 三价灭活苗,使母猪产生抗体,抗体可以通过初乳或乳汁供给仔猪。预防注射必须根据大肠杆菌的血清型注射对应的菌苗才会有效,预防效果最佳的是注射用本场分离的致病性大肠杆菌制成的灭活苗。

治疗仔猪腹泻的方法很多,可用的药物也很广,如用藿香正气水加抗生素治疗,但在生产上需要注意几点:一是治疗腹泻,口服比注射效果好;二是治疗过程易产生耐药性,需经常换药;三是在治疗仔猪时对母猪也要同时治疗;四是治疗时要及时补液,对仔猪恢复有利,可以腹腔注射生理葡萄糖水或口服补液盐水;五是注意环境温度、湿度,采取综合治疗效果显著。

②适时安全断奶。仔猪吃乳到一定时期,将母猪和仔猪分开就叫断乳。断乳时间的确定应根据猪场性质、仔猪用途及体质、母猪的利用强度和仔猪的饲养条件而定。家庭养猪可以 35 日龄断乳,饲养条件好的猪场可以实行 21~28 日龄断乳,一般不宜早于21 日龄。仔猪安全断乳的方法有一次断乳、分批断乳和逐渐断乳三种。

a.一次断乳。断奶前 3 d 减少母猪喂量,到断乳的预定日龄,断然将母仔分开。由于仔猪生存环境突然改变,会引起母猪和仔猪精神不安、消化不良、生长发育受阻,应加强母猪和仔猪的护理。此法的优点是简单易行,便于操作,但母仔应激大。大多数规模猪场在仔猪体重达到 5 kg 以上时一次断乳。

b.分批断乳。按预定断乳时间,将一窝中体重大的、食量高的、做育肥用的仔猪先断乳,其余的继续哺乳一段时间再断乳。此法虽对弱小仔猪生长发育有利,但拖长了断奶时间,降低了母猪年产窝数。

c.逐渐断乳。在预定断乳前的 4~6 d,逐渐减少哺乳次数,第 1 天 4 次,第 2 天 3 次,第 3 天 2 次,第 4 天 1 次,第 5 天断乳。此法虽然麻烦,但可减少母仔应激,对母猪和仔猪都比较安全,所以也叫安全断乳法。

d.间隔断奶法。仔猪达到断奶日龄后,白天将母猪赶出原饲养栏,让仔猪适应独立采食;晚上将母猪赶进原饲养栏(圈),让仔猪吸食部分乳汁,到预定时间全部断奶。此法不会使仔猪因改变环境而惊惶不安,影响生长发育,既可达到断奶目的,又能防止母猪发生乳房炎。

(五)保育仔猪的饲养管理

保育仔猪也叫断乳仔猪,一般指断奶至 70 日龄左右的仔猪。这个时期饲养管理的主要任务是做好饲料、饲养制度和环境的逐渐过渡,减少应激,预防疾病,及时供给全价饲料,保证仔猪正常的生长发育,为培育健壮结实的育成猪奠定基础。

75.保育仔猪具有哪些生理特点?

保育仔猪的生理特点主要表现在以下 3 个方面。

(1)生长发育快

断奶仔猪正处于一生中生长发育最快、新陈代谢最旺盛的时期,每天沉积的蛋白质可达 10～15 g,而成年猪仅为 0.3～0.4 g。因此,需要供给营养丰富的饲料,一旦饲料配给不善,营养不良,就会引起营养缺乏症,导致生长发育受阻。

(2)消化机能不完善

刚断奶仔猪,由于消化器官发育不完善,胃液中仅有凝乳酶和少量的胃蛋白酶而无盐酸,消化机能不强,如果饲养管理不当,极易引起腹泻等疾病。

(3)抗应激能力差

仔猪断奶后,因离开了母猪开始完全独立的生活,对新环境不适应,若舍温低、湿度大、消毒不彻底等,就会产生某种应激,均可引起条件性腹泻等疾病。

76.如何合理饲养保育仔猪?

仔猪断乳后由于生活条件的突然改变,往往表现不安,食欲不振,生长停滞,抵抗力下降,甚至发生腹泻等,影响仔猪的正常生长发育。为了养好断乳仔猪必须采取"两维持、三过渡"的办法。"两维持"即维持原圈或同一窝仔猪移至另一圈饲养,维持原饲料和饲养制度。"三过渡"即饲料的改变、饲养制度的改变和饲养环境的改变都要有过渡,每一变动都要逐步进行。因此,这一阶段的中心任务是保持仔猪的正常生长,减少和消除疾病的发生,提高保育仔猪的成活率,获得最高的平均日增重,为育肥猪生产奠定良好的基础。

(1)原圈饲养

是指仔猪断奶后仍留在原圈或产床上养育,经1周左右的过渡,再转移到仔猪培育舍。

(2)同栏转群

是指仔猪断奶后将同一窝仔猪转移到保育舍或另一个圈内同栏饲养,时间达到70日龄或体重达到$18\sim25$ kg时,再转入生长育肥舍分群饲养。可以有效降低仔猪的应激危害。

(3)网床培育

网床培育是指仔猪培育由地面饲养变成网上饲养的方法。目前大、中型猪场多采用此法来饲养哺乳仔猪和断乳仔猪。这种猪栏主要由金属网、围栏、自动食槽和自动饮水器组成,通过支架设在粪沟上或水泥地面上。网床离地面约35 cm,笼底可用钢筋,部分面积也可放置木板,便于仔猪休息,有的还设有活动保育箱,以便冬季保暖。饲养密度$10\sim13$头,每头仔猪的面积为$0.3\sim0.4$ m^2。这种方法的优点是:一是仔猪不与湿冷地面接触,减少冬季地面传导散热损失,有利于取暖;二是粪尿、污水随时通过漏粪地板漏到粪尿沟内,减少了仔猪直接接触污染源的机会,床面清洁干燥,降低仔猪腹泻的发生。因此,网床养育仔猪,生长发育快,仔猪均匀整齐,饲料利用率高,患病少,成活率高,有条件的猪场可推广应用。南方用炕床饲养,腹部保温效果好,减少了腹泻的发生。

（4）逐渐换料

断奶仔猪处于强烈的生长发育阶段，需要营养丰富且容易消化的饲料。由于仔猪断奶后所需营养物质完全来源于饲料，为了使断奶仔猪尽快适应断奶后的饲料，减少断奶应激造成的不良影响，应在断奶后的最初 7～10 d 保持断奶前的饲料、饲喂次数和饲喂方法不变，即继续饲喂哺乳仔猪料，并在饲料中适量添加抗生素、维生素和氨基酸，以减轻应激反应，2 周后逐渐过渡到断乳仔猪饲料。仔猪断奶后 5 d 最好限量饲喂，平均每头仔猪日喂量 160 g。环境过渡时，仔猪最好留在原圈内不混群，让仔猪同槽进食或一起运动，到断乳半个月后，仔猪表现稳定时，方可调圈并窝，并根据性别、体重、采食快慢等进行分群。断奶仔猪栏安装自动饮水器，保证仔猪能随时喝到清洁的水，另外还可以在饮水中添加抗应激药物。

77. 保育仔猪有哪些管理要求？

管理好保育仔猪应采取如下措施。

（1）加强定位训练

仔猪断奶转群后，要调教训练采食、躺卧和排泄三点定位的习惯，既可保持圈内清洁，又便于清扫。具体做法是：利用仔猪嗅觉灵敏的特性，在转群后 3 d 内排泄区的粪尿不全清除，在早晨、饲喂前后及睡觉前，将仔猪赶到排粪的地方，经过 1 周左右时间的训练就可养成仔猪定点排泄的习惯。

（2）创造适宜环境

仔猪舍温度要适宜，30～40 日龄为 21～22℃，41～60 日龄为 21℃，相对湿度为 65%～75%，通风良好，圈内粪尿及时清除。每周用百毒杀对圈舍、用具等进行 1～2 次消毒，随时观察仔猪采食、饮水、精神及粪便等，发现问题及时处理。

（3）搞好预防注射

根据当地疫病流行情况，认真制订仔猪的免疫程序，严格按规程执行,降低仔猪的发病率。

(4)减少仔猪断奶应激

①应激表现。仔猪情绪不稳定,急躁,整天鸣叫,争斗咬架。食欲下降,消化不良,腹泻或便秘。体质变弱,被毛蓬乱无光泽,皮肤黏膜颜色变浅。生长缓慢或停滞,有的减重,有时继发其他疾病,形成僵猪或死亡。

②产生应激的原因。

a.营养应激:断奶前仔猪哺乳和采食以液体饲料为主,断奶后单独采食固体饲料,由于仔猪胃酸分泌减弱,胃内 pH 升高,影响胃内消化功能,造成适口性和消化道消化能力不适应。

b.心理应激:母子分离、转群、混群可造成仔猪心理上不适应。

c.环境应激:仔猪断奶后转移到保育舍,保育舍内结构、设施及温湿度等均不同于分娩舍,从而产生一段时间内休息、活动不适应。

③减少应激的措施。

a.适时断奶。在仔猪免疫系统和消化系统基本成熟、体质健康时断奶,可以减少应激,建议 4 周龄断奶。

b.科学配合饲粮。仔猪早期饲粮中选择易于仔猪消化吸收的血浆蛋白、血清蛋白及乳清粉或奶粉。通过添加诱食剂改善适口性。选择与母猪乳汁气味相同的诱食剂。饲粮中添加 3%～8% 的动物脂肪,便于仔猪消化,有利于生长发育,从减少应激和提高免疫力。增加饲粮中维生素 A、维生素 E、维生素 C、B 族维生素和矿物质元素钾、镁、硒的添加量。

c.提前补饲。一般在 7 日龄开始补饲,提前锻炼仔猪胃肠道,促使相关酶分泌,使仔猪断奶后消化系统能适应植物性饲料,胃肠消化机能得到加强,从而减少营养性应激。

d.减少混群。断奶最后 2 d 夜间将母猪移舍,同一窝仔猪留在原舍饲喂 3～5 d,并注意看护,待适应后再转移到同一保育栏内,减少争斗机会。

e.断奶应逐渐过渡。断奶前 1～5 d,减少哺乳次数,直至断奶;断奶后控制饲喂量,少喂勤添,使用断奶前饲粮饲养 1 周左右,然后逐渐过渡到断奶后饲粮。

f.加强环境控制。保育舍要求安静舒适卫生,空气新鲜,并且有足够的趴卧和活动空间。舍内 3 周龄温度保持在 28～26℃,4 周龄 25～23℃。湿度控制在 50%～70%。保育舍要经常通风换气,使舍内空气新鲜,有足够氧气含量。每头断奶仔猪所需面积为 0.3 m²。定期带猪消毒,防止发生传染病,舍内粪尿每天至少清除 3 次。

g.其他方面。仔猪断奶后 1～2 周内,不要进行驱虫、免疫接种、去势。避免长途运输。

(5)防止僵猪产生

僵猪又叫"小老猪",是在生长发育的某一阶段,由于受到某些不利因素的影响,使猪生长停滞。年龄虽大,但体型较小。被毛粗乱,体躯消瘦,形成两头小中间大(肚子大)的小老猪。这种猪光吃不长,给生产造成损失。

①僵猪产生的原因。

a.妊娠母猪饲养管理不当,营养缺乏,使胎儿生长发育受阻,造成先天不足,形成"胎僵"。

b.泌乳母猪饲养管理欠佳,母猪没奶或缺乳,影响仔猪在哺乳期的生长发育,造成"奶僵"。

c.仔猪多次或反复患病,如仔猪腹泻病、蛔虫病、气喘病等,影响仔猪的正常生长发育,形成"病僵"。

d.仔猪补料不及时以及断奶方法不当,断奶后饲养管理不善,使得仔猪营养不平衡,特别是缺乏蛋白质、矿物质、维生素,引起仔猪发育停滞,而成为僵猪。

e.一些近亲繁殖和乱交滥配所生仔猪,生长能力弱,发育差,易形成僵猪。

②预防僵猪产生的措施。

a. 加强母猪怀孕期和哺乳期的饲养,保证仔猪在胎儿期正常发育,哺乳期也能吃到充足母乳。

b. 仔猪生后固定乳头哺乳,提早补料,提高仔猪增重,保证仔猪茁壮成长。

c. 抓好断奶,实现断奶的平稳过渡,特别是饲料的逐渐过渡,适宜温度的保持,以及圈舍良好的环境卫生条件的创造等。

d. 选择质量好的饲料品牌,不贪图便宜,关键看效益。在保证仔猪生长发育好的前提下选择价格较低的饲料。如果是自配饲料,要注意饲粮的多种搭配,各种养分平衡供应,防止饲粮单一。

e. 搞好圈舍卫生,做到冬暖夏凉,做好防疫工作,定期驱虫。

f. 防止近亲交配,不断更新猪群,提高猪群质量,及时淘汰老弱和泌乳性能差的母猪。

对已形成的僵猪,应单独饲养,个别照顾,有病治病,有虫驱虫,加强营养。必要时采取饥饿疗法,停食 24 h,仅饮些加适量盐的水,达到增强食欲的目的。对哺乳期的僵猪,有条件时可采取寄养的办法,让它多吃几天奶,以利于加速发育。

(6)防止仔猪腹泻

①仔猪腹泻的原因。

a. 细菌性因素。

仔猪黄痢。本病一年四季均可发生,主要感染 1 周龄以内的哺乳仔猪,日龄越小,死亡率越高。初产母猪所产的或猪场环境卫生条件差的仔猪感染率高。病仔猪排出黄色或黄白色的稀粪,内含凝乳小片,精神沉郁,不吃奶,口渴,迅速消瘦,眼球下陷,最后脱水衰竭死亡。

仔猪白痢。本病一年四季均可发生,主要发生于 10～20 日龄的哺乳仔猪。某些应激因素,如饲养管理差、猪舍卫生条件差或阴冷潮湿、气候突变、母乳过浓或过稀等,会导致本病流行。病仔猪以排出乳白色、淡绿色或灰白色的粪便为特征,可自行康复,若无继发感染,很少死亡。

仔猪红痢。本病一年四季均可发生,主要感染1～3日龄的仔猪。病仔猪精神沉郁,食欲废绝,排出浅红色或红褐色的恶臭稀粪,内含坏死组织碎片和小气泡,很快出现脱水,于2～3 d内死亡。

b.病毒性因素。

猪传染性胃肠炎。冬春寒冷季节易发,各种年龄的猪均可感染发病,10日龄以内仔猪病死率高。仔猪突然发病,先呕吐,继而发生水样腹泻,粪便呈黄色或灰白色,内含有未消化的小凝乳块并有恶臭味,最后脱水死亡,年龄越小,死亡率越高。

猪流行性腹泻。各种年龄的猪均可发病,以冬末春初发生较多,夏季也偶有发病。本病与猪传染性胃肠炎相比,传播速度慢,病死率较低,腹泻症状也较轻,两者常混合感染。

猪轮状病毒病。本病主要发生于晚秋和寒冷的冬春季节,以10～20日龄的仔猪较易感。新疫区偶有暴发,多为散发。仔猪出现呕吐、腹泻,粪便呈黄白色或黑色,较腥臭,呈水样或糊状,如无继发感染,症状轻,病死率在10%以下。

c.营养性因素。哺乳母猪饲料营养不均衡、配制不合理等,会导致乳汁质量差,仔猪出现腹泻。

d.中毒性因素。哺乳母猪饲料霉菌毒素含量超标,仔猪吮吸乳汁后会导致中毒,从而引起腹泻。

e.寄生虫性因素。

猪球虫病。夏季高温高湿季节易感且严重,病仔猪开始排黄褐色或灰色的糊状稀粪,1～2 d后转为水样腹泻,有强烈酸奶味,进行性消瘦,发病率高,死亡率低。若有继发感染,死亡率会升高,本病用抗菌药物治疗无效。

弓形虫病。夏秋季多发,呈地区性流行,似猪瘟、流感症状,体温升高稽留,腹泻或便秘,皮肤发绀。

f.其他原因。仔猪受寒应激、猪舍空气质量差、天气阴雨连绵等,都可引起仔猪腹泻。

②仔猪腹泻的防治措施。

a.免疫接种。根据猪场实际情况,可在母猪产前 35～42 d 注射猪传染性胃肠炎与猪流行性腹泻(或猪轮状病毒)二联灭活苗 4 mL/头;产前 21～28 d 肌注仔猪 C 型产气荚膜梭菌病、大肠埃希氏菌病二联灭活疫苗 2 mL/头(初产母猪需肌注 2 次,每次 2 mL/头,间隔 3 周再重复 1 次),同时做好猪瘟、猪伪狂犬病、猪蓝耳病、猪圆环病毒病、猪口蹄疫的免疫接种。

b.药物保健。

母猪保健。母猪每 3 个月驱虫 1 次,选用虫力黑(主要成分伊维菌素、阿苯哒唑)按 1 kg/t 饲料的量进行混饲,连喂 5 d。母猪产前、产后 10 d,选用利高-44(主要成分盐酸林可霉素、硫酸壮观霉素)按 1～2 kg/t 饲料的量进行混饲。

仔猪保健。仔猪 1～3 日龄,肌注富来血(右旋糖酐铁注射液) 1～22 mL/头。仔猪 3、7、21 日龄各肌注得米先(主要成分长效土霉素)0.5～12 mL/头或 1、7、21 日龄各肌注头孢噻呋钠 15～30 mg/头。仔猪 5 日龄,灌服百球清(托曲珠利溶液)2 mL/头。仔猪转出前后 5 d,每吨饲料中添加泰乐菌素 250 g+阿莫西林 200 g+多维 200 g。

c.加强饲养管理。

实行全进全出的饲养模式。每批猪调出后,必须严格清洗和消毒产房,并空置 1 周左右,方可赶新的待产母猪进入,以确保消毒效果,防止病原交叉感染。

加强母猪的生产护理。临产前,用 0.1% 高锰酸钾溶液清洗消毒母猪的后躯、阴户、乳房和腹部,并挤掉 1～2 滴乳汁后再让仔猪吃初乳。

做好仔猪的保温工作。冬春寒冷季节以及昼夜温差较大的季节,应注意防寒保暖,并保持猪舍干燥、清洁卫生、通风透气良好。

合理配制母猪料。应选用优质的饲料原料以及预混料配制哺乳母猪日粮,确保日粮营养均衡、合理、无霉变,并根据母猪食欲情况与带仔数量确定饲喂量,以保证母乳充足。

做好仔猪寄养工作。对于无乳与缺乳的仔猪,要及时进行寄养。弱小的仔猪亦要让乳汁充足的健康母猪代养。

78. 如何制定保育舍饲养管理技术操作规程?

制定保育舍饲养管理技术操作规程应包括以下几方面。

(1)工作目标

①保育期成活率95%以上。

②7周龄转出体重15 kg以上。

③10周龄转出体重20 kg以上。

④保育猪上市正品率96%以上。

(2)工作日程

7:30~8:30	饲喂
8:30~9:30	健康观察、治疗
9:30~11:00	清理卫生、其他工作
11:00~11:30	饲喂
14:30~15:00	饲喂
15:00~16:00	清理卫生、其他工作
16:00~17:00	治疗、报表
17:00~17:30	饲喂

(3)操作程序

①进猪前准备。空栏彻底冲洗消毒,干后用消毒水消毒,晾干后用福尔马林进行熏蒸消毒,保证消毒后空栏不少于3 d,进猪前一天做好准备工作。

检查猪栏设备及饮水器是否正常,不能正常运作的设备及时维修。

②转入仔猪。转入猪只尽量同窝饲养,每周一批次,认真记录。

猪群转入后立即进行调整，按大小和强弱分栏，保持每栏 14～18 头。残次猪及时隔离饲养，病猪栏位于下风向。

③饲养管理要求。转栏后当天适当限料，日喂 0.15～0.25 kg/头。以后自由采食，少量多餐，每天饲喂 3～4 次，必要时晚上加餐一次。

调整饮水器使其缓慢滴水或小量流水，诱导仔猪饮水，注意经常检查饮水器。

进猪后第一周，饲料中适当添加一些抗应激药物，如维力康、多维、矿物质添加剂等，适当添加一些抗生素药物如呼诺玢、呼肠舒、支原净、强力霉素、土霉素等。1 周后体内外驱虫一次，可用伊维菌素、阿维菌素等拌料 1 周。

保育期间应实行周淘汰制，对残、弱、病猪只每周淘汰 1～2 次。对不合格的种猪苗降级为肉猪苗或残次苗。

及时调整猪群，按照强弱、大小分群，保持合理的密度，病猪、僵猪及时隔离饲养，注意链球菌病的防治。

分群合群时，遵守"留弱不留强"、"拆多不拆少"、"夜并昼不并"的原则，并圈的猪只喷洒药液(如来苏儿)，清除气味差异，防止咬架而产生应激。

根据季节变化，做好防寒保温、防暑降温及通风换气工作。尽量降低舍内有害气体浓度。

保持圈舍卫生、干燥，每天清粪 2 次，加强猪群调教，训练猪群吃料、睡觉、排便"三定位"。尽可能不带猪冲洗猪栏或猪身。注意舍内湿度控制。

每周带猪喷雾消毒 2 次，冷天或雨天酌情减少次数，每周更换 1 次消毒药。

清理卫生时注意观察猪群排粪情况；喂料时观察食欲情况；休息时检查呼吸情况。发现病猪，及时隔离，对症治疗。严重或原因不明时及时上报。

④猪群转出。每周生产例会根据《仔猪质量跟踪表》中养殖户

反馈意见,分析原因,采取正确有效的措施,从而保证猪苗上市质量。残次猪按规定特殊处理或出售。

种猪场:63 日龄合格种猪苗转入测定站或生长舍饲养。

⑤做好资料记录(表 3-14 至表 3-16)。

表 3-14   保育仔猪死亡情况周报表

单元	日期	死亡头数	死亡原因	去向

表 3-15   保育仔猪出售情况周报表

单元	出售日期	出售头数	出售体重	去向

表 3-16   仔猪质量跟踪表

猪场		生产单元	
出售日期		猪苗头数	
调查人员		养猪户	

反应情况:

　　　　　　　　　　　　　　　　　　　　　　　　　年　　月　　日

备注	

(六)后备猪的饲养管理

79.后备猪具有哪些生长发育规律?

猪的生长发育包括生长和发育两个方面。生长是指组织、器官在重量和体积方面的不断增长和加大;发育是指组织、器官在结构和性能方面的不断成熟和完善。幼龄猪的生长发育规律如图3-4 所示。

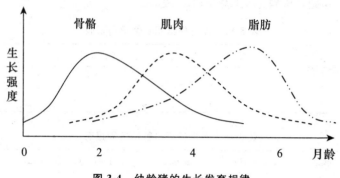

骨骼　　肌肉　　脂肪

生长强度

0　　　　2　　　　4　　　　6　　月龄

图 3-4　幼龄猪的生长发育规律

(1)体重的增长

体重是综合反映猪体各部位和组织变化的直接指标。在猪的生长发育阶段,绝对增重随日龄的增长而不断增加,并达到高峰,之后缓慢下降,到达成年时停止生长,即呈现"慢—快—慢"的变化趋势,相对增重则正好相反。猪体重的增长因品种类型而异,通常以平均日增重来表示其速度的快慢,如脂肪型猪成熟较早,体重的强烈增长期来得早,一般在活重 70～90 kg 时即达屠宰适期;现代瘦肉型品种猪成熟晚,体重的强烈增长期来得迟,但高峰期维持的时间较长,110 kg 以后才开始下降直至成年期不再增长,一般在活重 110～120 kg 时达到屠宰适期。生产中应充分利用猪的体重增长规律,保证后备猪骨骼、肌肉充分发育,防止体重过度增长而形成肥胖体质。

(2)体组织的变化

猪的骨骼、肌肉和脂肪的生长强度,随体重和日龄增长而呈现一定的规律性。三种体组织的生长强度顺序为:骨骼最早,肌肉居中,脂肪最晚。一般情况下,幼龄猪在生后 2～3 月龄(体重 20～

35 kg)骨骼生长迅速,同时肌肉也维持较高的生长速度;3～4 月龄(体重 35～60 kg)肌肉生长迅速并达到高峰,同时脂肪开始加快沉积;5～6 月龄(体重 60～90 kg)以后,骨骼和肌肉的生长迅速减缓,但脂肪沉积高峰来临。人们常说的"小猪长骨,中猪长肉,大猪长膘"就是这个道理。生产中应充分利用体组织的生长时序特点,后备猪在前期自由采食、后期适当限饲,保证种用体况,以满足其配种要求。

(3)猪体化学成分的变化

猪体内的化学成分随体重和体组织的增长呈现规律性变化,水分、蛋白质和矿物质的沉积速度,随年龄和体重的增长而相对减少,脂肪则相对增加;50～60 kg 之后,蛋白质和灰分含量相对稳定,脂肪迅速增长,水分明显下降。猪体化学成分变化的内在规律,可以为猪群制定不同体重时期的最佳营养水平和饲养措施,提供科学合理的理论依据。留种的幼龄猪通过生长发育阶段的定向培育,要求其体型长、高而适度宽,体格健壮,骨骼结实,组织和器官发育良好,避免过度发达的肌肉和大量的脂肪。在养猪生产实践中,应根据其生长发育规律,采用合适的饲料类型、营养水平和饲养方法,制定科学合理的培育方案。

80.怎样合理饲养后备猪?

后备猪是指从保育仔猪群中挑选出的留作种用的幼龄猪,一般饲养至 8～12 月龄时开始配种利用。培育后备猪的要求是使其正常生长发育,并保持不肥不瘦的种用体况,及早发情和适时配种。饲养好后备猪应重点做好以下几个方面工作。

(1)合理供给营养

掌握合适的营养水平是养好后备猪的关键。一般认为采用中上等营养水平比较适宜,注意营养全价,特别是蛋白质、矿物质与维生素的供给。如维生素 A、维生素 E 的供应,利于发情;充足的钙、磷,利于形成结实的体质;充足的生物素,可防止蹄裂等。建议日粮营养水平:60 kg 以前每千克日粮含粗蛋白 15.4%～18.0%,消化能 12.39～12.60 MJ;60 kg 以后每千克日粮含粗蛋白 13.5%,消化能 12.39 MJ。

(2)适时限量饲喂

后备猪一般在 60～70 kg 以后限量饲喂,这样可以保持适宜的种用体况,有利于发情配种。在此基础上可以供给一定量的优质青、粗饲料,尤其是豆科牧草,既可以满足后备猪对矿物质、维生素的需要,又可以减少碳水化合物的摄入,使猪不至于养得过肥而影响配种。具体可按如下程序进行:

①5 月龄之前自由采食,一直到体重 70 kg。

②5～6.5 月龄采取限制饲养,饲喂富含矿物质、维生素和微量元素的后备猪料,日喂量 2 kg,平均日增重应控制在 500 g 左右。

③6.5～7.5 月龄短期优饲,加大饲喂量,促进体重快速增长,为发情配种做好准备,日喂量 2.5～3 kg。

④7.5 月龄之后,视体况及发情表现调整饲喂量,母猪膘情保持 8～9 成膘。

(3)采用短期优饲

初配前的后备母猪,适合采用短期优饲的方法,即后备母猪配种前 15 d 左右,在原饲粮的基础上,适当增加精料喂量,配种结束后,恢复到母猪妊娠前期的饲喂量即可,有条件时可让母猪在圈外活动并提供青绿饲料。这种方法可促进后备母猪配种前的发情排卵,增加头胎产仔数,提高养猪经济效益。

81. 后备猪的管理要求有哪些?

管理好后备猪可采取以下措施:

(1)公母分群

后备猪应按品种、性别、体重等分群饲养,体重 60 kg 以前每栏饲养 4～6 头,体重 60 kg 以后每栏饲养 2～3 头。小群饲养时,可根据膘情限量饲喂,直到配种前。按猪场的具体情况,有条件时可单栏饲养。

(2)加强运动

运动可以增强体质,使猪体发育匀称,增强四肢的灵活性和坚实性。有条件的猪场可以把后备猪赶到运动场自由运动,也可以通过减小饲养密度、增加饲喂次数等方式促使其运动。对待不发情母猪还可以采用换圈、并圈及舍外驱赶运动来促进母猪发情。

(3)定期称重

后备猪应每月定期称测体重,检查其生长发育是否符合品种要求,以便及时调整饲养,6月龄以后应测定体尺指标和活体膘厚。后备猪在不同日龄阶段应保持相应的体尺与体重,发育不良的后备猪,应及时淘汰。

(4)耐心调教

后备猪要从小加强调教,以便建立人猪亲和关系,严禁打骂,为以后采精、配种、接产打下良好基础。管理人员要经常接触猪只,抚摸猪只敏感部位,如耳根、腹侧、乳房等处,促使人畜亲合。达到性成熟时,实行单圈饲养,避免造成自淫和互相爬跨的恶癖。

(5)接种疫苗

做好后备猪各阶段疫苗的接种工作。如口蹄疫、猪瘟、伪狂犬病、细小病毒病、乙型脑炎等。

(6)日常管理

保持舍内清洁卫生和通风换气,冬季防寒保温、夏季防暑降温。经常刷试猪体,及时观察记录,达到月龄和体重时开始配种。

82.如何制定后备舍饲养管理技术操作规程?

制定后备舍饲养管理技术操作规程应包括以下几个方面。

(1)工作目标

①确保7~8分的合理膘情,使后备母猪正常发情、排卵。

②保证后备母猪使用前合格率达到90%。

③保证后备母猪使用前合格率达到 80%。

（2）工作日程

7:30～8:00	观察猪群
8:00～8:30	喂饲
8:30～9:30	治疗
9:30～11:30	清理卫生、其他工作
14:00～15:30	冲洗猪栏、清理卫生
15:30～17:00	治疗、其他工作
17:00～17:30	喂饲

（3）操作程序

①引种管理。

a.进猪前空栏冲洗消毒,空栏、消毒的时间至少要达到 7 d,消毒液选用烧碱、过氧乙酸、消毒威等。尽量做到整栋猪舍全进全出,空栏消毒时注意空气消毒。

b.进猪时要在出猪台对猪车进行全面严格消毒,并对猪群进行带猪消毒。

c.进猪后不能马上冲水,第一顿不喂料,保证充足饮水,水中加入抗应激药物;第二顿喂正常料量的 1/3 料,第三顿喂正常料量的 2/3 料,第四顿可自由采食。

d.冬季对刚引入猪进行特殊护理,做好防寒保温工作,进猪头 3 d 不允许冲栏与猪身。冬季日常冲栏程序:将猪转移到其他栏再冲洗,然后用干拖把将地面拖干再进猪。

e.刚引进的后备猪要在饲料中添加一些抗应激药物,如维生素 C、多维、开食补盐等,同时根据引入猪的健康状况,进行保健,以提高后备猪的抗病力。

f.视引入猪的生长情况有针对性地进行营养调节,生长缓慢、皮毛粗乱的可在料中加入一些营养性添加剂,如鱼肝油、复合维生素 B、鱼粉等。

g.后备猪转入生产线前防止血痢,使用痢菌净粉 300 mg/kg

或二甲硝 800 mg/kg。

②后备公猪的饲养管理。

a. 后备公猪的选择要求。

根据系谱考察其父母代和祖代的性状。

后备公猪应提前选留,地方品种宜在 5 月龄前选留;国外引入品种宜在 7 月龄前选留。

后备公猪应符合本品种标准,等级应达到三级以上。

b. 后备公猪的饲养管理。

后备公猪应根据不同体况、体重调整喂料量,后备公猪每日的营养量应在后备母猪的基础上增加 10%～20%,饲养标准应参照 NY/T 65;饲料应用配合饲料并适当添加鱼粉等动物性饲料,补充青饲料和矿物质等。

后备公猪单栏饲养,圈舍不够时可 2～3 头一栏,配种前 1 个月单栏饲养。

圈舍应保持冬暖夏凉,做好卫生消毒工作。

应按有关规定做好定期驱虫和预防接种。

初配年龄应由品种、年龄和体重等条件综合确定;地方品种在 5～7 月龄开始初配;国外引入品种在 7～9 月龄开始初配,体重达到 130 kg 以上。

③后备母猪的饲养管理。

a. 后备母猪的选择要求。

后备母猪必须来自产仔数、哺育率、断奶窝重较高的经产母猪,以选留第二至第五胎的母猪后代为宜。

后备母猪要符合本品种的外形标准,生长发育好,皮毛光亮,背部宽长、后躯大,体型丰满,四肢结实有力,并具备端正的肢蹄,腿不宜过直。

后备母猪有效乳头应在 7 对以上且排列整齐,间距适中,分布均匀,无遗传缺陷,无瞎乳头和副乳头,阴户发育较大且下垂、形状正常。

后备母猪出生重在 1.5 kg 以上,28 日龄断奶重达 8 kg,70 日龄体重达 30 kg,体重达 100 kg 不超过 150 日龄,背膘厚在 2 cm 以下。

依据自身、同胞和祖先的综合信息选择生长速度快、饲料利用率高、同胞胴体性状好的母猪,同窝猪中不能有疝气、隐睾、脱肛等遗传缺陷。

初配前最后一次挑选,将性器官发育不理想、发情周期不规律、发情现象不明显的个体予以淘汰。

b.后备母猪的饲养管理。

按进猪日龄,分批次做好免疫、驱虫、限饲优饲计划。后备母猪配种前体内外驱虫一次,进行乙型脑炎、细小病毒、猪瘟、口蹄疫等疫苗的注射。

日喂料两次。母猪 6 月龄以前自由采食,7 月龄适当限制,配种前 1 个月或半个月优饲。限饲时喂料量控制在 2 kg 以下,优饲时 2.5 kg 以上或自由采食。

做好发情记录,并及时移交配种舍人员。母猪发情记录从 6 月龄开始。仔细观察初次发情期,以便在第 2～3 次发情时及时配种,并做好记录。

后备母猪小群饲养,5～8 头一栏。

引入后备母猪第 1 周,饲料中适当添加一些抗应激药物,如维力康、维生素 C、多维、矿物质添加剂等。同时饲料中适当添加一些抗生素药物如呼诺玢、呼肠舒、泰灭净、强力霉素、利高霉素、土霉素等。

后备猪每天每头喂 2.0～2.5 kg,根据不同体况、配种计划增减喂料量。后备母猪在第一个发情期开始,要安排喂催情料,比规定料量多 1/3,配种后料量减到 1.8～2.2 kg。

进入配种区的后备母猪每天赶到运动场运动 1～2 h,并用公猪试情检查。

通过限饲与优饲、调圈、适当的运动、应用激素等措施刺激母猪发情,凡进入配种区超过 60 d 不发情的小母猪应淘汰。

对患有气喘病、胃肠炎、肢蹄病等疾病的后备母猪,应单独隔离饲养,隔离栏位于猪舍最后;观察治疗两个疗程仍未见有好转的,应及时淘汰。

后备母猪初配月龄须到 7.5 月龄,体重达到 110 kg 以上,在第 2 或第 3 次发情时及时配种。

④做好资料记录(表 3-17)。

表 3-17　后备舍周报表

星期	来源或去向	变动情况										存栏情况							饲料消耗(kg)			备注
		后备猪				淘汰种猪				淘汰肉猪		后备猪		淘汰种猪		淘汰肉猪			后备猪	淘汰种猪	淘汰肉猪	
		转入		转出		转入		转出		转入	转出	♂	♀	♂	♀	20kg以下	20~50kg	50kg以上				
		♂	♀	♂	♀	♂	♀	♂	♀													
一																						
二																						
⋮																						
日																						
合计																						

(七)育肥猪的饲养管理

育肥猪是指从保育仔猪群中挑选出的专作育肥用的幼龄猪,一般饲养至 5～6 月龄,体重达 90～100 kg 时屠宰出售。饲养育肥猪的要求是使其快速生长发育,尽早出栏,屠宰后的胴体瘦肉率高,肉质良好。

育肥猪是养猪生产的最后一个环节,直接关系到养猪生产的经济效益。主要目的是以尽可能少的饲料和劳动投入,获得成本低、数量多、质量优的猪肉。育肥猪的饲料成本占总成本的 $70\% \sim 80\%$ 以上,在整个生长发育过程中,幼龄阶段单位增重耗料量低,随日龄和体重增长逐步增加。在正常情况下,断奶至 25 kg 每千克增重耗料为 2 kg 左右,体重 $25 \sim 60$ kg 每千克增重耗料 $2.5 \sim 3.0$ kg,体重 $60 \sim 100$ kg 每千克增重耗料 $3.0 \sim 3.5$ kg。

育肥猪饲养应充分利用其生长发育规律,前期给予高营养水平日粮,特别是蛋白质和必需氨基酸的供给,促进骨骼和肌肉的快速生长;后期适当限饲,减少脂肪沉积,既可提高胴体瘦肉率,又节省饲料,降低生产成本。

83.育肥猪具有哪些生长发育规律?

(1)体重的变化

育肥猪在 $70 \sim 180$ 日龄生长速度最快,是肉猪体重增长的关键时期,平均日增重需保持 $700 \sim 750$ g,肉猪体重的 75% 要在这 110 d 内完成。即从育成到最佳出栏屠宰的体重,该阶段占养猪饲料总消耗的 $60\% \sim 75\%$,也是养猪经营者获得最终经济效益高低的重要时期。为此,养猪者必须掌握和利用肉猪增重规律,采用现代的饲养管理技术,提高日增重,饲料利用率,降低生产成本,提高经济效益,满足市场需要。

(2)机体体组织的变化

猪的骨骼、皮、肌肉、脂肪的生长有一定规律。活重达到 50 kg 以后,脂肪急剧上升。骨骼从生后 $2 \sim 3$ 月龄开始到活重 $30 \sim 40$ kg 是强烈生长时期,肌纤维也同时开始增长。当活重达到 $50 \sim 100$ kg 以后脂肪开始大量沉积。肉猪生产可利用这一规律,生长肉猪前期给予高营养水平,注意日粮中氨基酸的含量及其生物学价值,促进骨骼和肌肉的快速发育,后期适当限饲减少脂肪的沉积,防止饲料的浪费,又可提高胴体品质和肉质。

（3）机体化学成分的变化

随着猪身体各组织及体重的变化,猪体内的化学成分也呈一定规律性的变化,即随着年龄和体重的增长,机体的水分、蛋白质和灰分相对含量下降,而脂肪相对含量则迅速增长。通过生长发育阶段的饲养管理,要求育肥猪快速生长,肌肉发达,瘦肉率高,体重达 90～110 kg 时屠宰上市。掌握肉猪的生长发育规律,就可以在其生长不同阶段,控制营养水平,加速或抑制某些部位和组织的生长发育,以改变猪的体型结构、生产性能和胴体结构及品质。

84.影响育肥猪生长的因素有哪些?

影响育肥猪生长的因素主要包括以下 4 个方面。

（1）品种和类型

猪的品种和类型不同,生长效果也不一样。大量研究表明,瘦肉型品种猪特别是杂种猪增重快、饲料利用率高、饲养期短、胴体瘦肉率高、经济效益好。一般来讲,三元杂交猪优于二元杂交猪。在市场经济的推动下,我国许多地方推广"杜×(长×大)"(简称"洋三元")或"杜×(长×本)"、"杜×(大×本)"等三元杂交生产模式,商品猪的生长速度、胴体瘦肉率均有较大的提高。

（2）饲料和营养

肉猪对营养物质的需要包括维持需要和增重需要。

①饲料类型。不同的饲料类型,育肥效果不同。由于各种饲料所含的营养物质不同,应选用质量好的饲料并采取多种饲料搭配,以满足育肥猪的营养需要,单一饲料很难养好猪。

饲料对育肥猪胴体的肉脂品质影响极大,如多喂大麦、脱脂乳、薯类等淀粉类饲料,因其含有大量的饱和脂肪酸,形成的体脂洁白、硬实,易保存;多给米糠、玉米、豆饼、鱼粉、蚕蛹等原料,因其本身脂肪含量高,且多为不饱和脂肪酸,形成的体脂较软,易发生脂肪氧化,有苦味和酸败味,烹调时有异味。因此,育肥猪宰前

2个月应减少不饱和脂肪酸含量高和有异味的饲料,以提高肉质。育肥猪不同饲料类型的育肥效果和对胴体脂肪品质的影响如表3-18、表3-19所示。

表3-18　育肥猪不同饲料类型的育肥效果

饲料组成	试验头数/头	每头猪日采食量/kg	平均日增重/g	饲料/增重
小麦组	16	1.09	232	4.70
大麦组	16	1.32	263	5.01
燕麦组	16	1.23	327	3.76
全价混合料组	16	2.09	691	3.03

表3-19　饲料类型对胴体脂肪品质的影响

脂肪品质	饲料类型
沉积白色、硬脂肪饲料	淀粉、麦类、薯类、脱脂乳、棉籽饼等
沉积黄色、软脂肪饲料	玉米、鱼粉、菜籽饼、花生饼、亚麻饼、蚕蛹等

②营养水平。营养水平对猪的平均日增重、饲料利用率和胴体品质有明显的影响。高营养水平饲养的育肥猪,饲养期短,每千克增重耗料少;低营养水平饲养的育肥猪,饲养期长,每千克增重耗料多。

a.能量水平。在饲料蛋白质、必需氨基酸水平相同的情况下,育肥猪摄入能量越多,猪的平均日增重越高,饲料利用率越高,胴体也越肥。

b.蛋白质水平。蛋白质不仅决定瘦肉的生长,而且对增重也有一定的影响。日粮中蛋白质含量为9%～22%,猪的增重速度随蛋白质水平的增加而加快,饲料利用率也随之提高。粗蛋白质水平超过18%时,一般认为对增重没有效果。育肥猪体重60 kg以前,日粮中蛋白质含量为16.4%～19.0%,体重60 kg以后以14.5%为宜。日粮粗蛋白质水平对猪育肥性能的影响如表3-20所示。

表 3-20　日粮粗蛋白质水平对育肥猪育肥性能的影响

	粗蛋白质/%					
	15.5	17.7	20.2	22.3	25.3	27.3
平均日增重/g	651	721	732	739	699	689
胴体瘦肉率/%	44.7	46.9	46.8	47.4	49.0	50.0

c.氨基酸。猪日粮中除满足蛋白质供给外,还必须注意日粮中必需氨基酸的组成及其比例。猪需要 10 种必需氨基酸(赖氨酸、色氨酸、蛋氨酸、组氨酸、亮氨酸、异亮氨酸、苯丙氨酸、苏氨酸、缬氨酸和精氨酸),赖氨酸是第一限制性氨基酸,对育肥猪的日增重及蛋白质的利用有较大的影响。育肥猪日粮中赖氨酸的比例为0.8%～1.0%时,生物学效价最高。

d.粗纤维。猪对粗纤维的消化能力较低,日粮中粗纤维含量会直接影响猪的日增重、饲料利用率和胴体瘦肉率。猪对粗纤维的消化能力随日龄的增长而提高,幼龄猪日粮中粗纤维水平应低于 4%,育肥猪不能超过 8%。

③仔猪体重。正常情况下,仔猪初生重大,则生活力强,生长迅速,断奶重大,育肥期增重快。因此,要获得良好的育肥效果,必须重视种猪怀孕期和仔猪哺乳期的饲养管理,特别要加强仔猪的培育,设法提高仔猪的初生重和断奶重,为提高育肥效果打下良好的基础。

④环境条件。

a.温度。育肥猪在适宜的环境中,才能加快增重并降低饲料消耗。育肥猪生长最适宜的温度:前期以 18～20℃为宜,后期以16～18℃为宜。

b.湿度。湿度对猪生长的影响一直未引起人们的重视。随着现代养猪业的发展,猪舍的密闭程度越来越高,舍内湿度过大,已对猪的健康、生长产生明显的不良影响。湿度产生的影响与环境温度有关,低温高湿会使育肥猪增重下降,饲料消耗增高,高温、高湿影响更大。育肥猪育肥期的相对湿度以 70%～75% 为宜。

c.有害气体。现代养猪因饲养密度加大,舍内空气由于猪的呼吸、排泄和粪尿腐败,使氨气、硫化氢和二氧化碳等有害气体的含量增加,这种情况已在育肥猪生产中形成明显的影响,如果育肥猪长期处在这种环境下,会使平均日增重下降、饲料消耗增加。因此,猪舍必须保证适量的通风换气,为猪创造空气新鲜、温、湿度适宜和清洁卫生的生活环境,以获得较高的日增重和饲料报酬。

d.饲养密度。猪的饲养密度过大,往往会导致猪的咬斗、追逐等现象的发生,进而干扰猪的正常生长,使日增重下降,耗料量增加。育肥猪的饲养密度:体重 60 kg 以前每头猪以 0.5～0.6 m^2 为宜,体重 60 kg 以后每头猪以 0.8～1.2 m^2 为宜。

85.育肥前的准备工作有哪些?

育肥前的准备工作主要包括以下几个方面。

(1)圈舍及周围环境的清洁与消毒

为避免育肥猪受到传染病和寄生虫病的侵袭,在进猪之前,应对猪舍及环境进行彻底的清扫消毒。具体方法是用 3% 的热火碱水喷洒消毒,也可用火焰喷射消毒,密闭式猪舍可采用福尔马林熏蒸消毒,围墙内外最好用 20% 的石灰乳粉刷,既可起到消毒作用,又美化了环境。

(2)选择好仔猪

仔猪的质量与育肥期增重速度、饲料利用率和发病率高低关系密切。因此,要选择杂交组合优良、体重较大、活泼健壮的仔猪育肥。一般可选用瘦肉型品种猪为父本的三元杂交仔猪育肥。

(3)去势

由于我国猪种性成熟早,在长期的养猪生产实践中,多采用去势后育肥。去势猪性情安定,食欲增强,增重速度加快,脂肪沉积增强,肉品质好。公猪去势一般在 1～2 周龄进行。国外瘦肉型猪品种,由于性成熟比较晚,小母猪可不去势育肥,小公猪因分泌雄性激素,有异味,影响肉品质,故小公猪应去势后育肥。

(4)驱虫

猪体内外寄生虫,不但摄取猪体内的营养,而且还会传播疾病。育肥猪感染的体内寄生虫主要有蛔虫、姜片吸虫等,体外寄生虫主要有疥螨和虱子。育肥猪通常进行两次驱虫,第一次在 90 日龄,第二次在 135 日龄。驱除蛔虫常用驱虫净,每千克体重为8 mg;丙硫苯咪唑,每千克体重为 10~20 mg,拌入饲料中一次喂服。疥螨和虱子常用伊维菌素或阿维菌素处理。

(5)搞好免疫

为避免传染病的发生,保障育肥猪安全生产,必须按要求、按程序免疫接种。各地可根据当地疫病流行情况和本场实际,制定科学的免疫程序,特别是从集市购入的仔猪,进场时必须全部一次预防接种,并隔离观察 30 d 以上方可混群,以防传染病的传播,力争做到头头注射、个个免疫。

(6)合理分群

育肥猪一般都采取群饲。由于群体位次明显,常出现咬斗、抢食现象,影响增重。为了提高生产效率,一般按品种、体重大小、吃食快慢、体质强弱等情况分群。分群时,采取"留弱不留强,拆多不拆少,夜并昼不并"的办法进行,并注意喷洒消毒药水等干扰猪的嗅觉,防止打架。并圈合群后,加强护理,尽量保持猪群相对稳定。

86. 肉猪育肥方式有哪些?

肉猪育肥方式主要有以下 3 种。

(1)"直线"育肥方式

按照猪的生长发育规律,让猪全期自由采食,给予丰富的营养,实行快速出栏的一种育肥方式。建议日粮营养水平:60 kg 以前每千克日粮含粗蛋白质 16.4%~19.0%,消化能 13.39~13.60 MJ;

60 kg 以后每千克日粮含粗蛋白质 14.5％,消化能 13.39 MJ。此方法猪长得快,育肥期短,省饲料,效益高。这是育肥猪在保证胴体品质符合要求的基础上,为尽可能缩短饲养时段而采用的方式。

(2)"前高后低"育肥方式

育肥猪 60 kg 以前骨骼和肌肉的生长速度快,60 kg 以后生长速度减缓,而脂肪的生长正好相反,特别是 60 kg 以后迅速上升。根据这一规律,肉猪生产中,若既想追求高的生长速度,又要获得较高的胴体瘦肉率时,可采取前高后低的育肥方式。具体做法是60 kg 以前采用高能量、高蛋白日粮,自由采食或分餐不限量饲喂,60 kg 以后适当采取限饲,这样既不会严重影响肉猪的增重速度,又可减少脂肪的沉积。这是育肥猪在饲养时段符合要求的基础上,为尽可能提高胴体瘦肉率而采用的方式。

(3)"吊架子"育肥方式

"吊架子"育肥法又叫分期育肥或阶段育肥法,即把猪分为幼猪、架子猪和催肥三个阶段,采用二头精中间粗的吊架子的饲喂方法。小猪阶段(断奶至 25 kg),喂给较多的精料,搭配一些泔水和少量的青粗饲料。中猪阶段(26～50 kg),以青粗饲料、泔水为主,搭配少量的精料。大猪阶段(51 kg 到出栏),通常在宰前 2 个月左右,加喂大量的富含淀粉的精料,同时减少青粗饲料的给量。三阶段增重速度为 200～250 g、150～200 g 和 500 g 以上。饲养期长达 240～300 d,生长速度缓慢,全期日增重 200～300 g/d,增重耗料多达(4～5):1,瘦肉率低。此法多用于边远山区农户养猪,其优点是能够节省精饲料,充分利用青、粗饲料。缺点是猪增重慢,饲料消耗多,屠宰后胴体品质差,经济效益低。

87.怎样改进肉猪饲喂方法?

通过以下几种方法来改进肉猪饲喂效果。

(1)提倡生喂

生喂可减少营养损失,提高劳动生产效率,降低养猪生产成本。采用生料喂猪时,应注意供给充足的饮水;在补喂青饲料时,猪易感染寄生虫病,必须定期驱虫。

(2)限量饲喂与不限量饲喂

育肥猪不限量饲喂采食多,增重快,但会降低胴体瘦肉率;限量饲喂采食少,增重慢,出栏时间延长,但胴体瘦肉率较高。为兼顾日增重、出栏时间和瘦肉率,可采取 60 kg 以前不限量饲喂,60 kg 以后限量饲喂的方法,进行育肥猪生产。

(3)日喂次数

育肥猪日喂次数要根据年龄和饲料类型来确定。小猪阶段胃肠容积小,消化能力弱,每天宜喂 3～4 次,随着日龄的增加,胃肠容积增大,消化能力增强,可适当减少日喂次数。精料型日粮,每天喂 2～3 次;若饲料中配合有较多的青粗饲料或糟渣类饲料,则每天喂 3～4 次,可增加采食总量,有利于增重。现代养猪为了缩短育肥猪的饲养时段,部分猪场从保育期开始到出栏,实行全天自由采食。

(4)供给充足饮水

最好用自动饮水器,使猪获得充足而新鲜的饮水。

88.怎样确定肉猪的适时屠宰期?

育肥猪上市屠宰时间,既要考虑育肥性能和市场对猪肉产品的要求,又要考虑生产者的经济效益。适宜的屠宰时期通常用体重来表示。

(1)根据育肥性能和市场要求确定屠宰体重

根据猪的生长发育规律,在一定条件下,育肥猪达到一定体重,出现增重高峰,在增重高峰过后屠宰,可以提高肉猪的经济效益。另一方面,屠宰体重过大,胴体脂肪含量增加,瘦肉率下降。因此,育肥猪并不是越大出栏越好,应该选择一个饲料报酬高、瘦肉率高、肉脂品质令人满意的屠宰体重。

（2）以生产者的经济效益确定屠宰体重

肉猪日龄和体重不同,日增重、饲料报酬、屠宰率与胴体瘦肉率也不同。一般情况下,肉猪体重在70～80 kg之前,日增重随体重的增加而提高,在70～80 kg之后到出栏体重90～110 kg,日增重维持在一定水平,以后日增重逐渐下降。如果体重过大屠宰,随体重增加,屠宰率提高,但由于维持需要增多,饲料报酬下降,瘦肉率下降,不符合市场需要,同时经济效益也下降;如果体重过小屠宰,猪的增重潜力没有得到充分发挥,经济上不合算。

我国猪种类型和杂交组合繁多,饲养条件差别很大。因此,增重高峰期出现的迟早也不一样,很难确定一个合适的屠宰体重。在实际生产中,生产者应综合诸多因素,根据市场需要和经济效益合理确定适宜的屠宰体重。根据各地研究和推广总结,我国小型地方猪种适宜屠宰体重为70～80 kg;我国培育猪种适宜屠宰体重为80～90 kg;我国地方猪种、培育猪种与国外瘦肉型猪种为父本的二元、三元杂交猪,适宜屠宰体重为90～100 kg;国外三元杂交猪适宜屠宰体重为100～114 kg。目前,国外许多国家由于猪的成熟期推迟,育肥猪的屠宰适期已由原来的90 kg推迟到110～120 kg。

89. 如何制定生长育肥舍饲养管理技术操作规程?

制定生长育肥舍饲养管理技术操作规程应包括以下几个方面。

（1）工作目标

①育肥阶段成活率98%以上。

②饲料利用率(20～90 kg):≤3.0∶1。

③平均日增重(20～90 kg):≥650 g。

④生长育肥期饲养日龄(11～25周龄)≤105 d,(全期饲养日龄≤170 d)。

（2）工作日程

7:00～8:00　　喂料、观察猪群

8:00～9:00　　治疗、清理卫生

9:00～10:00　　转群等其他工作

10:00～11:00　　喂料、清理卫生

14:30～15:30　　观察猪群、清理卫生

15:30～16:30　　消毒等其他工作

16:30～17:30　　喂料、治疗

17:30～18:00　　填写报表

（3）操作程序

①进猪前准备。

a.猪转入之前，空栏不少于3 d，在此期间，栏舍必须彻底清洗消毒。先用清水冲洗，待干燥后用2％～3％烧碱溶液消毒，干燥后再用清水冲洗干净，第二次用温和型消毒液（如强力消毒灵）消毒，每次消毒时必须以喷湿地面和栏舍为准。

b.检查猪栏设备及饮水器是否正常，不能正常运作的设备及时通知维修人员进行维护。

c.提前半天准备好饲料、药物等物资。

②分批次转进猪群。不同批次的猪群应相对隔离。猪群转入后进行调整，按照大小和强弱分栏，每栏饲养10～12头。

③饲养管理。

a.饲喂方式：自由采食，少喂勤添，每日投料1～2次，并保证充足的清洁饮水。不同生长阶段的育肥猪饲喂标准见表3-21。

表 3-21　喂料量参考标准　　　　　　　　　kg

阶段	饲喂量
15～30	1.0～1.5
30～60	1.8～2.2
60～90	2.3～2.8

b.温度控制：生长舍最适宜温度为18～22℃。

c.处理好通风与保温的关系，减少空气中有害气体的浓度。

d.适宜饲养密度（表3-22）。

表 3-22 生长育肥猪饲养密度参考标准

阶段/kg	饲养密度/(m²/头)
15～30	0.8～1.0
30～60	1.0～1.5
60～90	1.5～2.0

e. 调教猪只养成三点(吃喝、睡觉、排泄)定位的习惯。

f. 饲料转换要逐渐过渡,过渡期以 5 d 为宜,新料比例每天按 1/5 递增。

g. 猪苗转入第 1 周,在饲料中添加土霉素钙预混剂、呼诺玢、泰乐菌素等抗生素,预防及控制呼吸道疾病。

h. 猪苗 49～77 日龄喂小猪料,78～119 日龄喂中猪料,120～168 日龄喂大猪料。

i. 采用直线育肥方式的猪群自由采食,前高后低育肥方式的猪群,前期自由采食,后期限制饲养。喂料量参考饲养标准,以每餐不剩料或少剩料为原则。

j. 分群合群时,为了减少相互咬架而产生应激,应遵守"留弱不留强","拆多不拆少","夜并昼不并"的原则,可对并圈的猪喷洒药液,清除气味差异,饲养人员应多加观察。

k. 每天清粪两次,保持干净,每 3 d 更换一次门口消毒池中的消毒液,每周带猪体喷雾消毒 1～2 次,夏天每天冲栏一次,冬天每周冲一次栏。

l. 注意观察猪群的健康状况:排便情况、吃料情况、呼吸情况,发现病猪,及时隔离护理与治疗,严重或原因不明时上报。死亡的猪只及时填写。

m. 严格按照免疫程序接种好各种疫苗。

n. 育肥猪出栏经鉴定合格方可出场,残次猪应特殊处理。

④做好资料记录(表 3-23 至表 3-25)。

表 3-23 生长育肥舍周报表

___周 ___年___月___日___月___日 头、kg

项目\星期	猪群变动情况						饲料消耗情况			备注
	期初肉猪	转入肉猪	上市肉猪	淘汰肉猪	死亡肉猪	期末肉猪	育肥前期	育肥中期	育肥后期	
一										
⋮										
日										
合计										

填报人：　　　　　　　　　　　　　　___年___月___日

表 3-24 育肥猪上市情况报表

上市日期	单元	上市规格	上市头数	出栏体重	去向

表 3-25 育肥猪死亡淘汰情况报表

死淘日期	单元	猪只类别	死亡头数	死亡原因	淘汰原因	去向

90.肉猪快速育肥技术生产实例

　　肉猪快速育肥又称直线育肥，一条龙育肥。就是从仔猪去势、断奶后开始育肥直到出栏。在整个育肥期间饲喂高能量、高蛋白全价饲料，加喂适量饲料添加剂，充分满足育肥猪的各种营养需要,并进行科学管理,达到快速育肥提早出栏,提高养猪经济效益的科学育肥方法。

(1)育肥前的准备

①圈舍消毒。进猪之前要彻底清扫圈舍,然后用 2%～3%火碱溶液进行消毒。

②去势。供育肥的仔猪在生后 30 日龄左右进行去势。

③预防接种。自产仔猪在 30 日龄前后接种猪瘟、猪丹毒疫苗。

④驱虫。育肥前要驱除猪体内外寄生虫,以提高增重效果。第一天用阿福西(虫克星)驱除体内线虫及螨、蜱、虱等体外寄生虫。剂量为每千克体重用阿福西粉剂 0.14 g,拌入饲料中饲喂,即 15 kg 以上用 15 g,拌饲料中饲喂即可。

⑤洗胃与健胃。洗胃在第 3 天进行。15 kg 以下小猪用小苏打 10 g,15 kg 以上用 15 g,拌饲料中饲喂即可。健胃在第 5 天进行。每 5 千克体重用大黄苏打片 0.5 g,研成细面拌饲料中喂饲。

⑥合理组群。根据育肥猪的体重、来源、品种、体质强弱不同进行组群,每群以 10～20 头为宜,圈养密度每头占 0.8～1 m²。

(2)品种选择

要选购生长发育正常,健康无病的仔猪进行育肥。一般应选购国外引进的瘦肉型长白、约克夏、杜洛克、汉普夏等优良品种公猪与本地品种母猪杂交生产的二元或三元杂交猪进行育肥。这种杂交猪生长发育快,日增重比本地猪提高 30%左右。饲料消耗降低 10%左右,出栏期可提前 1～2 个月,售价也高,每头猪可增加收入 40～50 元。

(3)科学饲养

①日粮配合。农户养猪直线育肥,在整个育肥期内实行丰富饲养,喂料不限量,促进生长发育,早出栏。如育肥瘦肉型猪,可采取前高后低的育肥方式。即体重在 60 kg 以前,采用高能量高蛋白质饲料,粗蛋白质在 16%～17%;体重在 60 kg 以后,日粮中粗

蛋白质在 13%～14%。育肥期分三个阶段,各阶段日粮配方可利用当地饲料资源,并参考瘦肉型猪饲养标准进行配制。现提供 3 阶段育肥猪快速育肥法日粮配方供参考(表 2-26)。

表 3-26　生长育肥猪日粮参考配方

体重/kg	日粮组成/%		营养水平	
15～35	玉米	59.4	消化能	3.1 MJ/kg
	豆饼	17	粗蛋白质	16%
	鱼粉	4		
	稻糠	10		
	麸皮	8		
	石粉	0.8		
	骨粉	0.5		
	食盐	0.3		
35～60	玉米	59	消化能	3.1 MJ/kg
	豆饼	15	粗蛋白质	14%
	稻糠	14.5		
	麸皮	10		
	石粉	0.8		
	骨粉	0.4		
	食盐	0.3		
60～110	玉米	58.5	消化能	3.1 MJ/kg
	豆饼	12	粗蛋白质	13%
	稻糠	18.2		
	麸皮	10		
	石粉	0.7		
	骨粉	0.3		
	食盐	0.3		

多种维生素和微量元素等添加剂,按产品说明添加。每头每日参考喂料量:10～35 kg,日喂 1.5～2 kg;35～60 kg,日喂 2.5～3 kg;60～110 kg,日喂 3～4 kg。

②饲喂方法。体重在 60 kg 以前,不限制喂量,让猪自由采食,每次饲喂量稍有剩余,以促进肌肉快速生长。每日饲喂 4 次。体重在 60 kg 以后,限制采食量,每日饲喂量为自由采食的 80% 左右,以防止积累过多的脂肪。每日饲喂 3 次。在集约化养猪场,可将生干粉料撒在水泥地面上干喂,自由饮水。在规模较小的养猪场和农户养猪,可采取饲料湿喂,按料、水 1∶(0.5~1)的比例拌匀后饲喂。在圈内设水槽或自动饮水器,供给清洁饮水。保持饲料清洁、新鲜。更换饲料要逐渐进行。

(4)精心管理

①保温防暑。猪育肥的最佳温度为 15~23℃。冬春季节要在塑料暖棚或封闭式猪舍内育肥。冬季防寒保暖要厚铺垫草,卧满圈、挤着睡。夏季天气炎热,可向猪舍地面喷洒凉水、喷雾或淋浴降温。外搭凉棚,封闭猪舍要打开门窗通风,供给充足清凉饮水。

②防潮透风。在猪舍顶部要设置可开闭的排气口,养 10 头猪可设置 25 cm×25 cm 的排气口 1~2 个。通风换气要在每天中午进行,每次换气时间不宜超过 30 min。

③卫生防疫。每天上、下午各清除粪便一次。平时要搞好猪舍的环境卫生,并注意观察猪群采食、粪便和精神状态,发现疫病及时隔离治病。

④耐心调教。猪进圈后及时调教,使猪尽量减少外来刺激,防止惊恐。

⑤棚舍管理。扣棚和揭棚时间应根据各地的气候条件而定,一般以 10 月份扣棚,次年 3 月份揭棚为宜。扣单层塑料棚的猪舍夜间要在塑料棚上覆盖草帘保温,白天卷起固定在棚顶。要及时擦掉塑料上的灰尘、水滴。雪后要及时清除棚上积雪,以免压塌猪舍。春季天暖要逐渐增加揭棚面积,不要将塑料布一次性全部揭掉,以免猪患感冒。

（5）适时出栏

出栏体重过小，屠宰率低，肉质欠佳。出栏体重过大，饲料消耗多，饲养成本高，经济效益低。一般小型早熟品种出栏体重在75 kg左右；晚熟或大型瘦肉型杂种猪体重在90～110 kg出栏为宜。

四、疾病防治

(一)猪的消毒

卫生消毒是贯彻"预防为主"方针的一项重要措施。其目的在于消灭传染源散布在外界环境中的病原体,切断传染病的传播途径,防止传染病的发生和流行,是综合性防疫措施中最常采用的重要措施之一。

91. 猪场消毒种类有哪些?

猪场消毒种类主要包括以下 3 种。

(1)预防性消毒

指未发生传染病的安全猪场,为防止传染病的传入,结合平时的清洁卫生工作和门卫制度所进行的消毒。诸如猪圈消毒,猪场进出口的人员和车辆的消毒,饮水消毒等。

(2)随时消毒

指猪场内存在传染源的情况下展开的消毒工作,其目的是随时、迅速杀灭刚排出体外的病原体。对于被污染的场所和物体也应立即消毒,包括猪舍、地面、用具等,其特点是需要多次反复进行。由于病原体排出的方式及各种传染病的传播途径不同,不是所有传染病都能实施随时消毒,如呼气道传染病较难随时消毒。

(3)终末消毒

指被某些烈性传染病感染的猪群已经死亡、淘汰或痊愈,传染源已不存在,这时对猪场内外环境和用具需要进行一次全面、彻底的大消毒。

92.猪场常用消毒方法有哪些？

猪场常用消毒方法有如下几种。

(1)物理消毒

①清扫冲洗。猪圈、环境中存在的粪便、污染物等，用清洁工具进行清除并用高压水枪冲洗，不仅能除掉大量肉眼可见的污物，而且能清除许多肉眼看不到的微生物，同时也为提高化学消毒效果创造条件。

②通风干燥。通风虽然不能杀灭病原体，但可以在短期内使舍内空气交换，减少病原体的数量。特别在寒冷的冬春季节，为了保温常紧闭猪舍门窗，在猪群密集的情况下，易造成舍内空气污浊、氨气积聚。进行通风换气对防病有重要的作用。同时通风能加快水分蒸发，使物体干燥，缺乏水分，致使许多微生物不能生存。

③太阳暴晒。病原微生物对日光尤为敏感，利用阳光消毒是一种经济、实用的办法。但猪舍内阳光照不进去，只适用于清洁工具、饲槽、车辆的消毒。

④紫外线照射。即用紫外线灯进行照射消毒。紫外线的穿透力很弱，只能对表面光滑的物体才有较好的消毒效果，而且距离只能在 1 m 以内，照射的时间不少于 30 min。此外，紫外线对人的眼睛和皮肤有一定的损害，不适宜放置在猪场进出口处对人员的消毒。

⑤火焰喷射。用专用的火焰喷射消毒器，喷出的火焰具有很高的温度，这是一种彻底简便的消毒方法，可用于金属栏架、水泥地面的消毒。专用火焰喷射器需用煤油或柴油作为燃料。不能消毒木质、塑料等易燃物体。消毒时应注意安全，并按顺序进行，以免遗漏。

(2)化学消毒

①喷雾法。即将消毒药配制成一定浓度的溶液，用喷雾器对需要消毒的地方进行喷雾消毒。此法方便易行，大部分化学消毒药都可以用喷洒消毒方法。消毒药的浓度，按各药物的说明书配

制。喷雾器的种类很多,一般农用喷雾器都适用。消毒药液的用量,按消毒对象的性质不同而有差别。

②擦拭法。用布块浸沾消毒药液,擦拭被消毒的物体,如猪舍内的栏杆、笼架以及哺乳母猪的乳房。

③浸泡法。将被消毒的物品浸泡于消毒药液内,如食槽、饮水器及各种用具。

④熏蒸法。常用福尔马林配合高锰酸钾等进行熏蒸消毒,此法的优点是熏蒸药物能分布到各个角落,消毒较全面,省工省力,但要求猪舍密闭。消毒后有较浓的刺激气味,猪舍不能立即应用。

(3)生物学消毒

生物学消毒法用于猪场污染粪便的无害处理。采取堆沤发酵等方法,可使其温度达到 70℃ 以上。经过一段时间,可杀死芽孢以外的病原体。

93. 猪场常用化学消毒剂有哪些?

猪场消毒时常用消毒剂类型有如下几类。

(1)碘制剂

威力碘、百菌消-30、速效碘等,如 I 型速效碘,若用于猪舍消毒可配制 300～400 倍稀释液,若用于饲槽消毒可配成 350～500 倍稀释液,杀灭口蹄疫病毒可配制 100～150 倍稀释液。

(2)强碱类

火碱(含量不低于 98%)溶液主要用于空舍、场区、外环境的消毒。石灰粉或石灰乳也可用于消毒,石灰粉既消毒又防潮,适用于产房、仔猪培育舍,也可撒在场区周围形成一条隔离带。

(3)季铵盐类

如 1210、安力 2000、百毒杀,使用浓度为 1:(1 000～2 000),此类消毒药主要适用于新建猪场,因病原微生物的种类、数量较少。

(4)醛类

甲醛又称福尔马林,根据浓度不同可用于手术消毒、环境消毒,也可作防腐剂。作为气体消毒用于猪舍、料库消毒,每立方米容积用 20 mL 福尔马林,加等量水加热使其挥发成气体消毒;作为熏蒸消毒每立方米容积用 14 mL 福尔马林加 7 g 高锰酸钾,熏蒸消毒 8～10 h 或 24 h。

（5）过氧化物类

如过氧乙酸分为 A、B 二瓶装,使用时将 A 液、B 液混合 24～48 h 后使用,有效浓度为 18% 左右,喷雾消毒的浓度为 0.2%～0.5%,现用现配。

（6）氯制剂

如漂白粉、消毒威、99 消毒王等,消毒威使用的浓度为 400～500 倍溶液喷雾消毒。

（7）酚类

如菌毒灭,使用浓度为 1:（100～300）。

（8）弱酸类

如灭毒净,使用浓度为 1:（500～800）。

猪场常用化学消毒药及其使用方法见表 4-1。

表 4-1 常用化学消毒药及其使用方法

药名	浓度	用途及用法	注意事项
氢氧化钠	0.5%～1%溶液	猪体洗涤或喷雾消毒	热溶液消毒、具有腐蚀性、消毒后用清水冲洗
	2%～4%溶液	猪舍、场地、车辆、用具喷洒消毒	
	10%～30%溶液	适合芽孢及芽孢菌污染物的喷洒、浸泡消毒	
生石灰	10%～20%溶液	用于猪痘、疥癣、霉形体及细菌污染的环境物品消毒	置于干燥处
草木灰	30%热溶液、现用现配	用于场地、猪舍、车辆用具、排泄物喷洒消毒	对芽孢体无效
来苏儿	1%～2%溶液	消毒手部及刷洗器械	
	3%～5%溶液	非芽孢菌污染的场地、猪舍、物品喷洒消毒	

续表 4-1

药名	浓度	用途及用法	注意事项
新洁尔灭	0.1%溶液	皮肤、手臂、外科器械浸泡消毒	忌与碘制剂、高锰酸钾等使用
漂白粉	5%～20%溶液	用于猪舍、车辆、物品土壤、粪便的喷洒消毒及污水处理	忌用于金属和有色纺织品消毒
复合酚	1/100～1/400 溶液	用于细菌污染的猪舍、场地、排泄物消毒	密闭保存
过氧乙酸	0.1%～0.5%溶液	用于猪舍、屠宰场、地面、食槽、用品的喷雾消毒	性质不稳定,对皮肤和金属有腐蚀性
	3%～5%溶液	用于猪舍、仓库、加工车间、无菌室熏蒸消毒,每立方米 25～50 mL	
高锰酸钾	0.05%～0.1%溶液	用于饮水,蔬菜消毒	遇甲醛或甘油可剧烈燃烧
	0.1%～0.2%溶液	用于冲洗创伤	
	结晶粉	与甲醛混合作猪舍、仓库空间熏蒸消毒	
甲醛溶液	1%溶液	猪体表消毒	气体消毒注意防火,熏蒸时门窗密闭 10 h
	2%～4%溶液	猪舍、食槽消毒	
	18%溶液	按每立方米 25 mL 加热蒸发作猪舍、仓库熏蒸消毒	
	36%溶液	每立方米用高锰酸钾 12.5 g 与甲醛溶液 25 mL 直接混合熏蒸消毒	
百毒杀	50%溶液 5 000	饮水消毒,杀灭各种微生物	
	10%溶液 1 000 倍稀释	猪舍、饲具消毒和带猪消毒、紧急消毒	
食醋	3～5 mL/m³	加热熏蒸消毒圈舍,对呼吸道病原菌有效	
乙醇	70%～75%溶液	手臂、术后、注射部位、皮肤、器械涂拭或浸泡消毒	密封,避火保存
碘酊	5%	注射部位、手术部位、器械、手指涂拭消毒	禁与红汞、甲紫同用

94. 如何正确选择消毒药品?

猪场消毒选择消毒药品时需满足以下 2 个方面的要求。

①选择的消毒剂具有效力强、效果广泛、生效快且持久、稳定性好、渗透性强、毒性好、刺激性和腐蚀性小、价格适中的特点。

②充分考虑本场的疫病种类、流行情况和消毒对象、消毒设备、猪场的条件,选择对不同疫病消毒效果有效的几种不同性质的消毒剂。

95. 消毒时有哪些注意事项?

为了提高猪场消毒效果,消毒时应注意如下事项。

①消毒液作用时间尽可能长,保持消毒液与病原微生物充分接触,一般 0.5 h 以上。

②消毒前先清扫卫生,彻底消除影响消毒效果的不利因素(粪、尿、污水、剩料、垫草)。

③现用现配,混合均匀,避免边加水边消毒。

④不同性质的消毒液不能混合使用。

⑤定期轮换使用消毒剂。

⑥消毒剂要严格按说明使用,消毒要彻底不留死角。

⑦消毒适宜温度为 10~30℃,温度越高消毒效果越好。

⑧预防消毒一般采用中等浓度即可,患病期消毒应按说明书中的最高浓度配制。

96. 怎样制定猪场消毒制度?

制定猪场消毒制度应包括以下几个方面。

(1)卫生区域划分

①猪场分生产区和非生产区,生产区包括生产线、更衣室、饲料、药物物资仓库、出猪台、实验室、解剖室、污水处理区等。非生产区包括办公室、食堂、宿舍等。

②加强猪场与外界的隔离(用铁丝网、围墙等),加强交界道路的消毒。

③非生产区工作人员及车辆严禁进入生产区,非生产区工作人员确有需要进入者,必须经场长或专职技术人员批准并经冲凉、更衣、换鞋、严格消毒后,在场内人员陪同下方可进入,只可在指定范围内活动。

(2)车辆卫生消毒

①原则上外来车辆不得进入猪场区内。如果要进入,需严格冲洗、全面消毒后方可入内;车内人员需下车在门口消毒方允许入内。潲水、残次猪车严禁进入猪场区内,外来车辆严禁进入生产区。

②运输饲料的车辆要在门口彻底消毒、过消毒池后才能靠近饲料仓库。

③场内运猪、猪粪车辆出入生产区、隔离舍、出猪台要彻底消毒。

④上述车辆司机不许离开驾驶室与场内人员接触,随车装卸工要同生产区人员一样更衣换鞋消毒,生产线工作人员严禁进入驾驶室。

(3)生活区消毒

①生活区大门口消毒门岗:设外来三轮以上车辆消毒设施、摩托车消毒带、人员消毒带,洗手、踏脚消毒设施及冲凉设施。消毒池每周更换 2 次消毒液,摩托车、人员消毒带、洗手、踏脚设施每天更换一次消毒液。全场员工及外来人员入场时,必须在大门口脚踏消毒池、手浸消毒盆,在指定的地点由专人监督其冲凉更衣。外来人员只允许在指定的区域内活动。

②更衣室、工作服:更衣室每周末消毒一次,工作服清洗时消毒。

③生活区办公室、食堂、宿舍、公共娱乐场及其周围环境每月大消毒一次,同时做好灭鼠、灭蝇工作。

④任何人不得从场外购买猪、牛、羊肉及其加工制品入场,场内职工及其家属不得在场内饲养禽畜(如猫、犬、鸡等)或其他宠物。

⑤饲养员要在场内宿舍居住,不得随便外出;猪场人员不得去屠宰场或屠宰户、生猪交易市场、其他猪场、养猪户(家)逗留,尽量减少与猪业相关人员(畜牧局、兽医站、检疫站)接触。

⑥员工休假回场或新招员工要在生活区隔离 2 d 后方可进入生产区工作。

⑦厨房人员外出购物归来需在大门口更衣、换鞋、洗后消毒后方可入内。除厨房人员外,猪场人员不得进入厨房。

⑧猪场应严把胎衣与泔水输出环节,相关外来人员不得进入大门内。泔水桶应多备几个,轮换消毒备用。

(4)生产线消毒

猪场饲养管理人员应该强化消毒液配制量化观念及具体操作过程,严禁随意配制。场长制订消毒药轮换使用计划。

①生产区环境:生产区道路两侧 5 m 内范围、猪舍间空地每月至少消毒 2 次。

②员工必须经更衣室更衣、换鞋,脚踏消毒池、冲凉更衣、手浸消毒盆后方可进入生产线。更衣室紫外线灯保持全天候开着状态,至少每周用消毒水拖地、喷雾消毒一次,冬春季节除了定期喷洒、拖地外,提倡全天候酸性熏蒸。

③生产线每栋猪舍门口设消毒池、盆,进入猪舍前需脚踏消毒池、洗手消毒。每周更换两次消毒液,保持有效浓度。

④员工不得由隔离舍、售猪室、解剖台、出猪台直接返回生产线,如有需要,必须回到更衣室冲凉、更衣、换鞋、消毒。

⑤猪场非管理人员严禁解剖猪只,解剖只能在解剖台进行,严禁在生产线内解剖猪只。

⑥做好猪舍、猪体的常规消毒。加强空栏消毒,确保空栏时间 5~7 d,先清洁干净,待干燥后实施两次消毒,一次熏蒸消毒。

⑦猪舍、猪群带猪消毒:配种妊娠舍每周至少消毒 1 次;分娩舍、保育舍每周至少消毒 2 次,冬季消毒要控制好温度与湿度,提倡细化喷雾消毒与熏蒸消毒。

⑧一个季度至少进行一次药物灭鼠。定期灭蝇灭蚊。

(5)购销猪卫生消毒

①出猪台场内、场外车辆行走路线不得交叉。出猪台需设一低平处用于外来车辆的消毒,地面铺水泥;设计好冲洗消毒水的流向,勿污染猪场生产区与生活区。外来车辆先在此低处全面冲洗消毒后才能靠近出猪台。

②外来种猪时,其车辆需在指定地点先全面消毒方可靠近隔离舍。隔离舍出猪卸猪时,在走道适当路段设铁栏障碍,保证每头猪暂停全身细雾消毒后才放行进入隔离舍。隔离舍在外进种猪调入后的头 3 d 加强消毒。

③从外地购入种猪,必须经过检疫,并在猪场隔离舍饲养观察 45 d,确认为无传染病的健康猪,经过清洗并彻底消毒后方可进入生产线。

④出售猪只时,须经猪场有关负责人员临床检查,无病方可出场。出售猪只能单向流动,猪只进入售猪区后,严禁再返回生产线。

⑤禁止养猪户进入出猪台内与未售猪直接接触,可在展厅或监控视频室供其挑猪。

(6)做好消毒记录(表 4-2)

表 4-2　猪场消毒记录表

消毒日期	消毒药名称	配制浓度	消毒地点	实施人

97. 如何制定猪场消毒程序?

制定猪场消毒程序应包括以下几个方面。

(1)非生产区消毒

①人员。

体表消毒。人员走专用消毒通道,汽化喷雾消毒装置在人员进入通道时汽化喷雾消毒,人员全身黏附一层薄薄的消毒剂气溶胶,能有效杀灭外来人员携带的各种病原微生物。可用碘酸1:500、全安1:1 500,2个月轮换一次。

鞋底消毒。人员通道地面应做成浅池型,池中垫入有弹性的塑料地毯,并加入消毒威1:500稀释或菌毒灭1:300稀释,每天适量添加,每周更换一次。两种消毒剂1~2个月互换一次。

手部消毒。用碘酸混合溶液1:200稀释、菌敌1:300稀释、聚维酮碘1:300稀释或全欣洁1:400稀释后,涂擦手部3 min后,再用水冲洗。

②大门消毒池。池长为车轮2个周长以上,上方可建顶棚,防止雨水冲稀消毒液,并设喷雾消毒装置。消毒威1:1 200稀释、菌毒灭1:300稀释或消杀威1:300稀释每天添加,7 d更换一次。两种消毒剂1~2个月互换一次。

③车辆。所有进入猪场非生产区或生产区的车辆须严格消毒,车辆的挡泥板和底盘等须喷透,驾驶室等必须严格消毒。消毒威1:800稀释、消杀威1:250或全安1:1 500稀释稀释。

④办公及生活区环境。猪场办公室、宿舍、厨房、冰箱等每周消毒一次,卫生间、食堂餐厅等必须每周消毒2次。疫情暴发期间每天2次。消毒威1:1 000稀释或绿养宁1:1 200稀释,两种消毒剂2个月互换一次。

(2)生产区消毒

①更衣室。消毒威1:1 800稀释或绿养宁1:2 000稀释,每天适量添加,每周更换一次。两种消毒剂2个月互换一次。

②脚踏消毒池。人员应穿上生产区的胶鞋或其他专用鞋,通过脚踏消毒池(桶)进入生产区。消毒威1∶800稀释或菌毒灭1∶300稀释,每天适量添加,每周更换一次。两种消毒剂2个月互换一次。

③生产区入口消毒池。消毒威1∶800稀释或菌毒灭1∶300稀释,每天添加,每周更换一次。两种消毒剂2个月互换一次。

④场内道路、空地、运动场。应做好场区环境卫生工作,经常使用高压水枪清洗,每周用消毒威1∶1 200对场区环境进行1～2次消毒。

⑤排污沟。定期将排污沟中污物、杂物等清除通顺干净,并用高压水枪冲洗,每周至少用消杀威1∶300消毒1次,对蚊蝇繁殖有抑制作用。

⑥赶猪通道、装猪台。每次使用前后都必须消毒,以防止交叉感染。消毒威1∶800稀释或绿养宁1∶1 000稀释,消毒剂每月互换一次。

⑦产房。母猪产前处理:全安1∶1 500、碘酸混合溶液1∶500、卫安1∶200、聚维酮碘1∶300、绿养宁1∶1 500稀释作为洗涤消毒剂,全身擦洗后擦干。母猪产后必须清洁消毒,特别是人工助产,必须严格进行保护性处理,以保证母猪生殖系统健康。

⑧仔猪断脐及保温处理。先保温、再消毒。仔猪出生断脐后,可将仔猪脐带在碘酸(1∶150稀释)中浸泡消毒。断尾、剪牙、去势等手术创口用碘酸1∶150反复涂抹。

⑨产房环境。碘酸1∶500或全安1∶1 500、卫安1∶200或1∶400全欣洁用专用喷雾机充分喷洒在产房地面、产床上,尤其保温箱内,可起到杀菌消毒、驱赶蚊蝇等作用。

⑩仔猪出生后消毒。每天在保温箱内换干燥消毒的麻袋。仔猪出生10 d后,向上喷雾消毒,雾要细,慢慢下降,使仔猪无冷刺激。用碘酸1∶500或全安1∶1 500或卫安1∶200稀释,1次/d,用量30～50 mL/m²。

⑪保育舍消毒。保育舍进猪前 1 d,对高床、地面,保温垫板充分喷洒,可杀菌消毒、驱赶蚊蝇、防止擦伤等,同时让仔猪保育室跟产房的气味一致,降低断奶仔猪对变更环境的应激。干燥后再进猪。碘酸 1:500 或全安 1:1 500 或消毒威 1:1 000 或卫安 1:200 稀释,用量 100 mL/m²。仔猪转入保育舍后,2 d 1 次喷雾消毒,夏天可直接对仔猪喷雾消毒,冬天气温较低时,向上喷雾,水雾要细,可用消毒威 1:1 000 稀释。

⑫后备舍、怀孕母猪舍及公猪舍的消毒。后备猪、怀孕母猪以及公猪的生活环境必须保持卫生、干燥,并严格消毒,减少感染导致不孕、流产、死胎、少精、死精等疾病的发生。将定位栏等打扫干净,喷雾消毒,消毒威 1:1 000 稀释,3 d 1 次。暴发疾病时,消毒威 1:800 消毒 1 次/d。

⑬生长育肥猪舍消毒。用专用汽化喷雾消毒机喷雾消毒,使消毒剂水滴慢慢下降时与空气粉尘充分接触,杀灭粉尘中的病原微生物。消毒威 1:1 200 或绿养宁 1:1 500 稀释,1 周 2 次。暴发疾病时,消毒威 1:800 每天消毒 1 次,以杀灭病原微生物。

⑭病猪隔离区消毒。每个生产区应有单独的病猪隔离室,发现猪只异常,应隔离观察治疗,以免传染给其他健康猪只。每天用消毒威 1:600 或碘酸 1:300 稀释喷雾 2 次。如发生呼吸道疾病用碘酸 1:300 或绿养宁 1:600 汽化喷雾消毒后,10 min 后再开窗通风。如发生肠道疾病,如细菌性或病毒性腹泻,在饮水中按吨水 0.8 kg 添加碘酸。

⑮饮水消毒。猪饮水应清洁无毒,无病原菌,符合《畜禽饮用水标准》,生产中要使用干净的自来水或深井水。饮水与冲洗用水要分开,饮用水须消毒,冲洗水一般无须消毒。可用消毒威每吨水中加 2~15 g 或绿养宁每吨水中加 4~15 g 消毒。

⑯饲喂、运载及其他器具的消毒。做好定期消毒,各种工具用水枪冲洗干净。用 1:800 消毒威、1:500 菌敌或 1:300 菌毒消洗刷浸泡消毒,直接接触猪只的器具每次使用后必须刷洗消毒。

⑰药物、饲料等物料外表面的消毒。对于不能喷雾消毒的药物饲料等物料的表面采用密闭熏蒸消毒,物料使用前除去外包装,以防带入病原微生物。

⑱皮炎湿疹消毒。猪只无论大小,体表出现细菌、霉菌性的皮炎、湿疹等,可用全安 1∶500、碘酸 1∶300 或消杀威 1∶100 稀释每天喷猪体表 2 次,连续 3 d 以上;或直接用棉签蘸原液涂抹患处,直至治愈。

⑲手术伤口消毒。在进行手术前,手术创面可用碘酸 1∶200 直接涂抹 2 次以上灭菌;兽医工作人员用碘酸 1∶200 倍的稀释液反复搓抹 1 min 以上,进行灭菌;伤口或溃疡可先用碘酸 1∶200 的稀释液冲洗干净,再直接涂抹即可。

⑳医疗器械消毒。术后使用过的各种医疗器械,用全安 1∶500 的稀释液浸泡刷洗后,再放入碘酸 1∶300 溶液浸泡半天以上,取出用洁净水冲洗晾干备用。同一器械要连续用于不同猪只时,先用洁净水冲洗一下,再浸泡在碘酸 1∶300 稀释液 10 min,即可使用。

㉑病死猪、活疫苗空瓶消毒。病死猪在专用焚化炉中焚烧处理,也可深埋,用生石灰和烧碱拌撒深埋。用后的活疫苗空瓶应集中放入有盖塑料桶中灭菌处理,防止病毒扩散,可用消毒威、菌毒灭、绿养宁 1∶100 稀释溶液浸泡。

㉒猪场空栏消毒。

第一步:清扫　清空所有猪只,拆移围栏、料槽、垫板等设备,移走猪舍内所有物品,清除排泄物、垫料和剩余饲料,确保清扫干净。

第二步:清洗　低压喷雾器对高床、垫板、网架、栏杆、地面墙壁和其他设备充分喷雾湿润。30～60 min 后用高压水枪冲净粪便,有效除去黏附在栏杆垫板地面上病原体。消毒威或绿养宁 1∶500 自上而下喷洒至湿润,保证墙壁、地面及设备均充分消毒,每平方米表面约用 300 mL。清洗浸泡 1～2 h 后,用高压喷枪冲净。

第三步:栏舍干燥　干燥保证消毒效果,各种设备消毒干燥后放回原处安装。

第四步:栏舍、空气消毒　栏舍用 1∶1 200 消毒威、1∶400 全欣洁、1∶300 菌毒消、1∶1 200 绿养宁喷雾消毒。空气用汽化喷雾消毒机高压喷雾消毒,可触及屋檐、通风口和不易触及的角落、缝隙等处,每立方米用 1∶200 消毒威或菌毒灭或绿养宁 50 mL。

第五步:饮水系统清洁、消毒　将供水系统中剩余水排空。清除水箱、水管内的污物及藻类。用消毒威 1∶800 进行浸泡清洗消毒,浸泡 1～3 h 以上,排空冲洗即可。再用绿养宁 1∶300 进行浸泡灭藻消毒,浸泡 1～3 h 以上,排空冲洗,重新补充新水。

第六步:清除寄生虫、蚊虫　严格清除杀灭栏舍内的寄生虫(卵)、蚊虫等。重点清理拐角处的昆虫、螨虫、甲虫、球虫及球虫卵、其他寄生虫。选用一种具有杀虫功能的消毒剂或多种联用,采用高浓度 1∶200 绿养宁对墙面和地面彻底喷洒。

(二)猪的驱虫

猪的寄生虫分为体内寄生虫(如蛔虫、结节虫、鞭虫等)和体外寄生虫(如疥螨、血虱等),猪群感染寄生虫后不仅体重下降、饲料转化率降低,严重时可导致猪只死亡,引起较大的经济损失。因此,猪场必须按时做好驱虫工作。

98.猪场主要面临哪些寄生虫的威胁?

猪场存在的寄生虫主要有以下 5 类。

①线虫:猪蛔虫、猪胃虫、猪肾虫、猪肺虫、猪旋毛虫等。

②绦虫:猪囊尾蚴、细颈尾蚴、棘球蚴、猪绦虫等。

③原虫:弓形虫、猪肉孢子虫、猪小袋纤毛虫等。

④吸虫:猪姜片吸虫、血吸虫等。

⑤体表寄生虫:猪疥螨、猪蠕形螨、猪虱等。

99.猪寄生虫病的危害表现在哪些?

猪体感染寄生虫病后,对其危害主要表现在以下几个方面。

(1)吸取营养

许多肠道寄生虫可直接吸取猪体营养,导致贫血,发育受阻,分泌消化酶于组织中,使组织变性溶解,间接与机体争夺营养,降低饲料转化率。

(2)分泌毒素

寄生虫在猪体内生长发育的过程中,不断排出代谢产物及毒素,对机体产生损害,其中在组织和血液内的寄生虫造成的损害更为严重。

(3)机械损伤

蛔虫或绦虫寄生猪体引起肠道阻塞,严重的会导致肠破裂。肠内寄生虫用吸盘附着于肠壁可引起黏膜损伤。虫体移行也可造成猪体器官机械损伤,引起组织器官发炎或损坏,干扰生命活动,甚至死亡。

(4)传播疾病

寄生虫可造成猪皮肤或黏膜损伤,为其他病原侵入猪体打开门户,引起并发症。部分寄生虫本身就是某些传染病的传播媒介,引起猪体感染传染性疾病,对猪群健康造成巨大威胁。

(5)寄生虫存在使细菌病易感

肠道蛔虫感染会使细菌性肠炎发病率增加;蛔虫移行至肺脏或后圆线虫感染,会加重气喘病、断奶仔猪后多系统衰竭综合征(PMWS)、呼吸道疾病综合征(PRDC)的症状;蛔虫移行至肝脏或肝片吸虫感染,会降低肝解毒能力,甚至会出现黄疸性疾病;疥螨病的存在,会使葡萄球菌、坏死杆菌等易感。

(6)增加临床诊断难度

蛔虫、肾虫移行至肺脏会引起咳嗽、气喘等呼吸道症状,易与病原微生物引起的呼吸道疾病混淆。蛔虫寄生于肠道引起的腹泻和球虫造成的腹泻易与病毒性、细菌性腹泻混淆。肾虫病导致后躯不能负重、跪地行走,易与营养缺乏症、风湿症等混淆。疥螨病易与缺锌症、葡萄球菌感染相混淆。

（7）加大临床用药困难

受习惯思维影响,临床出现腹泻症状立即选用抗菌止痢药物;出现呼吸道症状认为是细菌、病毒感染,往往造成治疗不及时、误诊。

（8）猪副产品品质下降

大量蛔虫、囊虫感染猪内脏,导致不能食用废弃,造成屠宰损失。另外,寄生虫还使猪皮质量下降。

100. 猪场常用驱虫药物类型有哪些？

猪场常用驱虫药物主要有如下 4 类。

（1）咪唑骈噻唑类

以左旋咪唑的应用最广,有片剂、针剂和透皮剂等多种剂型。驱蛔虫效果极佳,对食道口线虫效果良好,对毛首线虫效果不稳定,对猪疥螨和原虫类寄生虫完全无效。可引起肝功能变化,肝病患猪禁用,本品中毒症状似胆碱酯酶抑制剂。

（2）大环内酯类

目前应用最广泛的是伊维菌素,是一种高效、广谱的驱肠道线虫药,对体外寄生虫有杀灭作用,但没有驱除吸虫和绦虫的作用。使用时按每千克体重 0.3 mg 用量皮下注射或按每千克饲料添加 20 mg 内服,对猪蛔虫、食道口线虫、疥螨等有极佳的驱除效果,对毛首线虫有部分驱虫效果,但对猪球虫等原虫类寄生虫无效。皮下注射时有局部刺激作用,皮下注射休药期不少于 28 d,混饲给药休药期不少于 5 d。

（3）有机磷酸酯类驱虫药

以敌百虫应用最广。按每千克体重 80～100 mg 口服用药,对猪蛔虫、毛首线虫和食道口线虫均有较好驱除作用;敌百虫按

1%浓度对猪体表喷洒用药，对猪疥螨有一定杀灭作用；敌百虫对猪球虫等原虫类寄生虫无效。因其毒性大，不要随意加大剂量，现配现用，禁止与碱性药物或碱性水质配合使用，用药前后，禁用胆碱酯酶抑制药、有机磷杀虫剂及肌肉松弛药，否则会大大增强毒性。怀孕母猪及胃肠炎患猪禁用，休药期不得少于 7 d。

（4）苯骈咪唑类

以阿苯达唑临床使用最广，为广谱、高效、低毒的驱虫药。内服对常见的线虫、吸虫和绦虫均有驱除效果。猪内服按每千克体重 5～10 mg 使用，对猪蛔虫、食道口线虫、毛首线虫等有良好的驱虫效力，对猪疥螨和原虫类无效。有致畸作用，切忌大剂量连续使用，休药期不少于 14 d。

猪常用驱虫药及使用方法见表 4-3。

表 4-3　猪常用驱虫药及使用方法

药物名称	作用与用途	使用方法	休药期
左旋咪唑	高效、低毒，对肺内线虫、蛔虫、丝虫及猪肾虫有疗效	内服：每千克体重 5～10 mg	28 d
苯硫咪唑	广谱，对线虫（成虫和幼虫）、绦虫、吸虫有驱除作用	内服：每千克体重 5 mg	
噻咪唑	广谱，对胃肠道、肺内线虫均有很好疗效	内服：每千克体重 15～20 mg；肌肉注射：每千克体重 10 mg	
丙硫苯咪唑	对所有线虫、吸虫、旋毛虫、绦虫及蚴、卵都有很好的驱除作用	内服：每千克体重 10～20 mg	14 d
血虫净	对猪附红体、锥虫、焦虫有良好的驱除效果	肌肉注射：每千克体重 5～7 mg	
吡喹酮	抗绦虫、治疗猪囊尾蚴，对成虫、未成熟虫体均有效	内服：每千克体重 200 mg；肌肉注射：每千克体重 50 mg	
越霉素	广谱抗生素，用于猪蛔虫、猪鞭虫的驱虫	内服：每吨饲料 5～10 mg	15 d
伊维菌素	抗生素类，对线虫、昆虫、螨均有驱除作用	皮下注射：每千克体重 0.3 mg	28 d

101. 如何科学选用驱虫药?

选用驱虫药时应了解寄生虫生活规律,选好驱虫药、驱虫方法,最好选用功能全面的复方药。猪场应选用新型、广谱、高效、安全,且可以同时驱除猪体内外寄生虫的驱虫药物。在猪场使用效果较好的驱虫药主要有多拉菌素、伊维菌素、芬苯达唑、阿苯达唑及新型的伊维菌素和芬苯达唑复方驱虫药等。由于单纯的伊维菌素、阿维菌素对驱除疥螨等寄生虫效果较好,而对在猪体内移行期的蛔虫等幼虫、毛首线虫等则效果较差,而芬苯达唑、阿苯达唑则对线虫、吸虫、球虫及其移行期的幼虫、绦虫都有较强的驱杀作用,对虫卵的孵化有极强的抑制作用。所以,应选用复方驱虫药进行驱虫。猪场内、外寄生虫首选和次选驱虫药物见表 4-4 及驱虫记录见表 4-5。

表 4-4 猪场常用驱虫药物选择顺序表

类型	首选药物	次选药物		
内寄生虫	芬苯达唑	伊维菌素	阿维菌素	左旋咪唑
外寄生虫	螨净、倍特	敌百虫	除虫菊酯类	

表 4-5 猪场驱虫记录表

驱虫时间	加药料品种	加药料包数	驱虫药名称	驱虫药浓度/(mg/kg)

102. 常用的驱虫方法有哪些?

猪场常用驱虫方法有以下 4 种。

(1)不定期驱虫

生产中以发现猪群体表粗糙、粪便中有虫卵、猪体消瘦等症状时确定为驱虫时间,根据寄生虫的种类选择驱虫药物,这种做法比较直观、针对性强,缺点是驱虫不彻底,通过表象特征作为驱虫时间的依据往往滞后,猪感染寄生虫非常严重时才开始投药,忽略了感染寄生虫初期和中期阶段给猪只带来的危害。

(2)一年驱虫两次

每年春季(3~4 月份)和秋季(9~10 月份)各驱虫一次,一年两次,对全场存栏猪全部投药驱虫,这种方法操作简便、实用性强。如果驱虫药不具有长效性,或没有切断寄生虫的生物链,两次驱虫间隔时间太长,足够蛔虫完成两个世代的繁殖,其他寄生虫的感染也有可能发生,造成猪场寄生虫感染严重。

(3)阶段性驱虫

规定在几个时期进行驱虫,种猪进入产房前 10 d 左右彻底驱虫一次,避免将寄生虫带入产房,保育阶段和育肥前期各驱虫一次,后备种猪转入种猪舍前驱虫一次,种公猪一年驱虫 2~3 次,此方法驱虫效果明显,适用于管理比较规范的猪场。

(4)"四加一"驱虫

是指猪场中的种猪一年 4 次驱虫(包括空怀母猪、怀孕母猪、种公猪),其他猪在保育舍或生长舍驱虫 1 次,新引进种猪入场观察后并群前驱虫 1 次。这是一种比较理想的猪场驱虫模式,驱虫比较彻底,并能防止外部寄生虫的侵入和场内残留寄生虫的繁殖。

103. 制定驱虫方案应遵循哪些基本原则?

制定完善的驱虫方案应侧重考虑以下几个方面。

(1)合理选药,注意搭配

根据猪的年龄、感染寄生虫的种属、寄生的部位等选择驱虫范围广、疗效高、毒性低的广谱驱虫药,同时考虑经济价值。

(2)掌握剂量,间隔用药

各种驱虫药对猪都有一定的毒副作用,驱虫时剂量要准确,严防过量用药而引起中毒。为确保驱虫效果,防止寄生虫产生抗药性,可在首次用药后间隔一段时间再进行第2次用药。

(3)方法正确,保证效果

在进行大批驱虫治疗,或使用多种药物驱除混合感染或选用新驱虫药时,应先对少数猪做预试,观察药物反应和驱虫效果,确保安全有效后再进行全面推广。不同的药物或不同的驱虫目的,其用药途径不尽相同。一般体外寄生虫适宜喷洒或药浴;血液寄生虫采用静脉注射效果好;呼吸道、泌尿道寄生虫适合口服和肌肉注射;消化道寄生虫在清晨饲喂前空腹投药效果好。

(4)防止残留,注意中毒

用药前,充分了解驱虫药物在猪体内的代谢过程和残留时间,防止药物残留影响产品品质。使用驱虫药物后注意观察,对出现中毒症状的猪,采取必要的解救措施。使用驱虫药后1周的粪便,必须及时将其集中起来,进行消毒、发酵等无害化处理。注意搞好饲料、饮水卫生,避免虫卵二次污染。猪群驱虫后第2天,认真对圈舍、运动场进行清扫和消毒。

104.怎样制定猪场驱虫程序?

猪场科学完善的驱虫程序应包括以下几个方面。

①后备猪 外引猪进场后第2周体内外驱虫一次;配种前体内外驱虫一次。

②成年公猪 每半年体内外驱虫一次。

③成年母猪 临产前2周体内外驱虫一次。

④新购仔猪 进场后第2周体内外驱虫一次。

⑤生长育成猪 9周龄和6月龄体内外各驱虫一次。

⑥引进种猪 使用前体内外驱虫一次。

⑦猪舍与猪群驱虫消毒:

⑧每月对种公、母猪及后备猪喷雾驱体外寄生虫一次。

⑨产房进猪前空舍空栏驱虫一次,临产母猪上产床前驱体外

寄生虫一次。

⑩驱虫药物视猪群情况、药物性能、用药对象等灵活掌握。

⑪同时驱体内外寄生虫时一般采用帝诺玢、伊维菌素、阿维菌素等混饲连喂1周的方法;只驱体外寄生虫时一般采用杀螨灵、虱螨净、敌白虫等体外喷雾的方法。

⑫如果采用一餐式混饲驱体内外寄生虫的方法,要隔7 d再用一次。

⑬商品猪驱虫前最好健胃。

105. 常见寄生虫病的防治措施有哪些?

防治寄生虫病必须坚持预防为主,防治结合的方针,消除各种致病因素。通常采取以下措施。

(1)科学饲养管理

加强饲养管理,保持饮水清洁,保证饲料品质,搞好圈舍及周围环境卫生,防止感染。

(2)及时诊断和驱虫

有计划、有目的、有组织地进行驱虫,定期化验,定期检查,逐个治疗。

(3)合理选择驱虫药

要以高效、广谱、低毒、绿色、无残留、无副作用,使用方便为原则。

(4)消灭中间宿主和传播媒介

根据当地情况,选择化学试剂、生物制剂,结合农田水利建设,施发农药等方法消灭中间宿主。

(5)搞好环境卫生

定期消毒圈舍,粪便、垫料等堆积发酵或无害化处理。

(6)提高兽医人员专业素质

增强驱虫保健意识,确保寄生虫病防治工作顺利开展。

106.驱虫时有哪些注意事项?

为了提高猪群驱虫效果,驱虫时应注意如下事项:

①选好驱虫药后,其剂量按兽药标签及说明书规定使用,用药剂量要准确,过量易造成中毒,不足则达不到驱虫效果,禁止使用违禁兽药,并严格执行休药期。

②驱除肠道寄生虫时,宜空腹用药,能充分发挥药物效力,且服药 2 h 后再内服盐类泻药,以促进虫体和虫卵尽快排出。

③体表喷雾驱虫前应冲洗干净猪只,待猪体表干燥后进行。喷雾时要均匀、全面,力求使猪体全身各个部位,特别是下腹等较隐蔽的部位均能接触到药液。

④许多驱虫药都具有毒性,使用或保存不当都会危害到人畜安全。对怀孕母猪、仔猪在使用驱虫药时要选择安全性较高的药物,尽量避免使用敌百虫、左旋咪唑等产品,以防止中毒。屠宰前 3 周不得使用药物驱虫。

⑤为保证驱虫的效果,应将驱虫后的粪便清扫干净,堆积起来进行发酵,利用产生的生物热杀死虫卵和幼虫。

(三)猪的免疫

免疫是现代规模化养猪场预防猪群感染疫病和维持机体健康的有效手段。各地应根据本地区疫病流行情况,制订切实可行的免疫接种计划,同时,还要考虑防疫效果和当地疫病流行情况的变化,定期修订。在此基础上,根据各种疫(菌)苗的免疫特性和被接种猪只的特点,合理确定预防接种的免疫程序。免疫注射时,严格按要求操作,不打飞针,认真做好免疫计划和免疫记录。

107.疫苗接种方法有哪些?

猪群免疫接种时通常采用如下方法。

（1）肌肉注射法

这是目前比较常用的方法，肌肉注射是将疫苗注射于富含血管的肌肉中，又因感觉神经较少，故疼痛较轻，注射部位耳根后4指处（成年猪）颈部内侧或外侧或臀部。

（2）皮下注射法

皮下注射是将疫苗注入皮下结缔组织后，经毛细血管吸收进入血液，通过血液循环到达淋巴组织，从而产生免疫反应。注射部位多在耳根后皮下，其特点是吸收比较缓慢而均匀，但油类疫苗不可皮下注射。

（3）滴鼻接种法

滴鼻接种属于黏膜免疫的一种，该方法既可刺激产生局部免疫，又可建立针对相应抗原的共同黏膜免疫系统。目前使用比较广泛的是猪伪狂犬病基因缺失疫苗。

此外，还有口服免疫法、后海穴位注射法、气管内注射和肺内注射等。

108. 疫苗的类型有哪些？

猪常见疫苗类型主要有如下几种。

（1）传统疫苗

传统疫苗是指以传统的常规方法，用细菌或病毒培养液或含毒组织制成的疫苗。传统疫苗在防制猪传染病时起到重要作用。目前使用的疫苗，主要是传统疫苗。传统疫苗，包括如下主要类型。

①灭活疫苗。又称死疫苗，以含有细菌或病毒的材料利用物理或化学的方法处理，使其丧失感染性或毒性而保持良好的免疫原性，接种猪体后能产生主动免疫或被动免疫。灭活苗又分为组织灭活苗（如猪瘟结晶紫疫苗）、培养物灭活苗（猪丹毒氢氧化铝疫苗、猪细小病毒疫苗）。此种疫苗无毒、安全、疫苗性能稳定，易于保存和运输。

②弱毒疫苗。又称活疫苗,是微生物的自然强毒通过物理、化学方法处理和生物的连续继代,使其对原宿主动物丧失致病力或只引起轻微的亚临床反应,但仍保存良好的免疫原性的毒株,如猪丹毒弱毒疫苗、猪瘟兔化弱毒疫苗等。此外,从自然界筛选的自然弱毒株,同样可以制备弱毒疫苗。

③单价疫苗。利用同一种微生物菌(毒)株或一种微生物中的单一血清型菌(毒)株的增殖培养物所制备的疫苗称为单价疫苗。单价苗对其单一血清型微生物所致的疾病有良好的免疫保护效能,如猪肺疫氢氧化铝菌苗,系由 6:B 血清型猪源多杀性巴氏杆菌强毒株制造,对由 A 型多杀性巴氏杆菌引起的猪肺疫无免疫保护作用。

④多价疫苗。指同一种微生物中若干血清型菌(毒)株的增殖培养物制备的疫苗。多价疫苗能使免疫猪群获得完全的保护,如猪多价副伤寒死菌苗。

⑤混合疫苗。即多联苗,指利用不同微生物增殖培养物,根据病性特点,按免疫学原理和方法,组配而成。接种猪体后,能产生对相应疾病的免疫保护,可以达到一针防多病的目的,如猪瘟、猪丹毒、猪肺疫三联苗。

⑥同源疫苗。指利用同种、同型或同源微生物制备的而又应用于同种类动物免疫预防的疫苗,如猪瘟兔化弱毒苗、猪流行性腹泻疫苗,用于预防各种品种猪的猪瘟和猪流行性腹泻症。

⑦异源疫苗。指利用不同种微生物菌(毒)株制备的疫苗,接种后能使其获得对疫苗中不含有的病原体产生抵抗力,如兔纤维瘤病毒疫苗能使其抵抗兔黏液瘤病;或用同一种中一种型微生物种毒制备的疫苗,接种动物后能使其获得对异型病原体的抵抗力,如牛、羊接种猪型布氏杆菌弱毒菌苗后,能使牛和羊获得牛型和羊型布氏杆菌病的免疫力。

(2)基因工程苗

利用基因工程技术制取的疫苗,包括亚单位疫苗,活载体疫苗,基因缺失苗及核酸疫苗。

①亚单位疫苗。微生物经物理、化学方法处理,去除其无效物质,提取其有效抗原部分,如细菌荚膜、鞭毛、病毒衣壳蛋白等制备的疫苗,如猪大肠杆菌菌毛疫苗。

②活载体疫苗。应用动物病毒弱毒或无毒株,如痘苗病毒、疱疹病毒、腺病毒等作为载体,插入外源抗原基因构建重组活病毒载体,转染病毒细胞而制备的疫苗,如狂犬病活载体疫苗。

③基因缺失苗。应用基因操作,将病原细胞或病毒中与致病性有关物质的基因序列除去或失活,使之成为无毒株或弱毒株,但仍保持免疫原性,如猪伪狂犬病基因缺失苗。

④核酸疫苗。应用一种病原微生物的抗原遗传物质,经质粒载体 DNA 接种给动物,能在动物细胞中经转录转译合成抗原物质,刺激动物产生保护性免疫应答。

（3）抗独特型疫苗

根据免疫系统内部调节的网络学说原理,利用第 1 抗体分子中的独特型抗原决定位（簇）制备的疫苗,免疫后可引起液体和细胞性免疫应答,能抗拒病原的感染。

109. 如何正确选购和检查疫苗?

为了提高疫苗的免疫效果,应按照如下要求来选购和检查疫苗:

①猪场疫苗种类应根据近年来本地疫情流行特点、自己猪场的实际情况、猪群健康状态,各种病原抗体水平的高低来选择,而不是胡乱照搬他场,盲目防疫。

②疫苗一定要从知名度高的大型专业公司引进,要求来源可靠、质量有保证,售后服务完善。国内的公司有中牧实业、中农威特、金宇集团、哈药集团、乾元浩、武汉科前、广东永顺、齐鲁动保、洛阳普莱柯等,国外及合资的公司有美国辉瑞、先灵葆雅、德国拜耳、勃林格、法国梅里亚、西班牙海博莱等。

③免疫接种前应仔细检查疫苗的名称、生产厂家、是否有GMP证书、产品批文、生产批号、有效期等相关信息。产品的物理性状、贮存条件是否与说明书相符。如发现有过期、无批号、无详细说明书、瓶塞松动、瓶体有破裂、油乳苗严重分层、冻干活苗失真空、颜色明显异常等情况,均应禁止使用。

110. 如何正确使用疫苗?

使用疫苗时应严格按照以下要求进行:

①运输疫苗要用专用疫苗箱。疫苗必须按厂家规定要求保存,冻干疫苗需冰冻保存,液体油苗需 4～8℃保存。

②严格执行免疫程序,免疫日龄相差±2 d,做好免疫计划,计算好疫苗用量。病猪不能注射疫苗,但需留档备案,病愈后补注。

③疫苗使用前要检查疫苗的颜色、包装、生产日期及批号。稀释疫苗必须使用规定的稀释液,疫苗稀释后必须在规定时间内用完。

④冻干疫苗稀释前要检查是否真空,油苗不能冻结。

⑤注射疫苗时,小猪一针筒换一个针头,种猪每猪换针头。注射部位准确,垂直于体表皮肤进针,严禁使用粗短针头和打飞针。

⑥两种疫苗不能混合使用,同时注射两种疫苗时,应分开在颈部两侧注射。

⑦注射疫苗出现过敏反应使用地塞米松、肾上腺素等抗过敏药物抢救。

⑧注射活菌苗前后 1 周禁止使用各种抗生素,注射病毒活苗后 1 周禁止使用中药保健。

⑨用过的疫苗瓶及未用完的疫苗应作无害化处理。

⑩由专人负责疫苗注射,严禁漏免,免疫后做好记录,记录需保存一年以上。

111. 制定免疫方案应遵循哪些基本原则?

猪场制定免疫方案时应严格遵循以下基本原则:

①免疫方案的制定应根据本地、本场疫病流行的实际情况确定免疫病种。首先是国家要求的须强制免疫的一类传染病应列入防疫计划;再者是对种猪繁殖性能及仔猪生长发育有严重影响的疫病应列入防疫计划;处在一些地方性流行病流行的猪群,此类也应列入防疫计划。

②根据母猪的免疫状况及疫病感染情况确定病种免疫日龄及免疫剂量。免疫方案应该充分考虑到母源抗体对疫苗接种免疫应答的干扰,如母猪猪瘟带毒所产仔猪先天感染猪瘟,这些仔猪可乳前免疫猪瘟苗;如母猪猪瘟母源抗体高,所产仔猪在 40～50 日龄首免;如防止毒力较强的猪瘟野毒对仔猪威胁,采取 20～25 日龄首免,为降低母源抗体的干扰应适当增加免疫剂量。妊娠母猪尽可能不要接种弱毒活疫苗,特别是病毒性活疫苗,避免经胎盘传播,造成仔猪带毒。

③高度重视种猪的免疫种。公猪及繁殖母猪饲养周期长,若感染某种疫病则可能长期带毒而成为传染源。繁殖母猪做好繁殖障碍类疫病的免疫,不仅能提高其配种率、产仔率,也能使初生仔猪在哺乳期获得一定的被动保护。仔猪黄(白)痢、副猪嗜血杆菌等细菌性疾病,在分娩前强化免疫母猪,初生仔猪吮吸初乳获得母源抗体,从而得到被动保护。

④重视细菌性疾病的免疫。当前养猪生产中,一些传统细菌性疾病的流行在抬头,如猪肺疫、败血型链球菌病、猪传染性胸膜肺炎、副猪嗜血杆菌病等发病率较高。制定免疫方案应首先将病毒性疫病列入计划,但不能忽略细菌性疫病的预防接种。

⑤免疫程序不能通用。地区不同、流性病情况不同、猪场防疫环境不同、猪群健康状况不同等,免疫程序也应不同。

⑥免疫程序一旦确定,必须严格执行,1～2 年内不可随意更改。

⑦大型猪场不提倡季节性免疫,应按生产流程分猪群分阶段分批次规律性免疫。

112.如何制定猪场免疫程序？

制定猪场科学完整的免疫程序应包括以下方面：

(1)仔猪免疫程序

①1 日龄：猪瘟常发猪场，猪瘟弱毒苗超前免疫，即仔猪生后在未吃初乳前，先肌肉注射一头份猪瘟弱毒苗，隔 1～2 h 后再让仔猪吃初乳。

②3 日龄：鼻内接种伪狂犬病弱毒疫苗。

③7～15 日龄：肌肉注射气喘病灭活菌苗、蓝耳病弱毒苗。

④20 日龄：肌肉注射猪瘟、猪丹毒二联苗(或加猪肺疫三联苗)。

⑤25～30 日龄：肌肉注射伪狂犬病弱毒疫苗。

⑥30 日龄：肌肉或皮下注射传染性萎缩性鼻炎疫苗。

⑦30 日龄：肌肉注射仔猪水肿病菌苗。

⑧35～40 日龄：口服或肌注仔猪副伤寒菌苗。

⑨60 日龄：二倍量肌注猪瘟、猪肺疫、猪丹毒三联苗。

⑩生长育肥期肌注两次口蹄疫疫苗。

(2)后备公、母猪免疫程序

①配种前 1 个月肌肉注射细小病毒、乙型脑炎疫苗。

②配种前 20～30 d 肌肉注射猪瘟、猪丹毒二联苗(或加猪肺疫的三联苗)。

③配种前 1 个月肌肉注射猪伪狂犬病弱毒、口蹄疫、蓝耳病疫苗。

(3)经产母猪免疫程序

①空怀期：肌肉注射猪瘟、猪丹毒二联苗(或加猪肺疫的三联苗)。

②初产母猪肌注一次细小病毒灭活苗，以后可不注。

③母猪产仔头三年，每年 3～4 月份肌注一次乙型脑炎疫苗，三年后可不注。

④每年肌肉注射 3～4 次猪伪狂犬病弱毒疫苗。

⑤产前 45 d、15 d，分别注射 K_{88}、K_{99}、987P 大肠杆菌腹泻菌苗。

⑥产前 45 d,肌注传染性胃肠炎、流行性腹泻、轮状病毒三联疫苗。

⑦产前 35 d,皮下注射传染性萎缩性鼻炎灭活苗。

⑧产前 30 d,肌注仔猪红痢疫苗。

⑨产前 25 d,肌注传染性胃肠炎、流行性腹泻、轮状病毒三联疫苗。

⑩产前 16 d,肌注仔猪红痢疫苗。

(4)配种公猪免疫程序

①每年春、秋各注射一次猪瘟、猪丹毒二联苗(或加猪肺疫的三联苗)。

②每年 3~4 月份肌肉注射 1 次乙型脑炎疫苗。

③每年肌肉注射 2 次气喘病灭活菌苗。

④每年肌肉注射 3~4 次猪伪狂犬病弱毒疫苗。

(5)常见猪病的免疫程序(表 4-6)

表 4-6　常见猪病的参考免疫程序

猪别	日龄	免疫内容
仔猪	吃初乳前 1~2 h	超前免疫猪瘟弱毒疫苗
	初生仔猪	猪伪狂犬病弱毒疫苗
	7~15 日龄	猪气喘病灭活菌苗、传染性萎缩性鼻炎灭活菌苗
	25~30 日龄	猪繁殖与呼吸综合征(PRRS)弱毒疫苗、仔猪副伤寒弱毒菌苗、伪狂犬病弱毒疫苗、猪瘟弱毒疫苗(超前免疫猪不免)、猪链球菌苗、猪流感灭活疫苗
	30~35 日龄	猪传染性萎缩性鼻炎、猪气喘病灭活菌苗
	60~65 日龄	猪瘟、猪丹毒、猪肺疫弱毒菌苗、伪狂犬病弱毒疫苗
初产母猪	配种前 10 周、8 周	猪繁殖与呼吸综合征(PRRS)弱毒疫苗
	配种前 1 个月	猪细小病毒弱毒疫苗、猪伪狂犬病弱毒疫苗
	配种前 3 周	猪瘟弱毒疫苗
	产前 5 周、2 周	仔猪黄白痢菌苗
	产前 4 周	猪流行性腹泻+传染性胃肠炎+轮状病毒三联疫苗

续表4-6

猪别	日龄	免疫内容
经产母猪	配种前2周	猪细小病毒病弱毒疫苗(初产前未经免疫的)
	怀孕60日龄	猪气喘病灭活菌苗
	产前6周	猪流行性腹泻+传染性胃肠炎+轮状病毒三联疫苗
	产前4周	猪传染性萎缩性鼻炎灭活菌苗
	产前5周、2周	仔猪黄白痢菌苗
	每年3～4次	猪伪狂犬病弱毒疫苗
	产前10日龄	猪流行性腹泻+传染性胃肠炎+轮状病毒三联疫苗
	断奶前7日龄	猪瘟弱毒疫苗、猪丹毒弱毒菌苗、猪肺疫弱毒菌苗
青年公猪	配种前10、8周	猪繁殖与呼吸综合征(PRRS)弱毒疫苗
	配种1个月	猪细小病毒病弱毒疫苗、猪丹毒弱毒菌苗、猪肺疫弱毒菌苗、猪瘟弱毒疫苗
	配种前2周	猪伪狂犬病弱毒疫苗
成年公猪	每半年1次	猪细小病毒、猪瘟弱毒疫苗、传染性萎缩性鼻炎、猪丹毒弱毒菌苗、猪肺疫弱毒菌苗、猪气喘病灭活菌苗
各类猪群	3～4月份	乙型脑炎弱毒疫苗
	每半年1次	猪瘟弱毒疫苗、猪丹毒弱毒菌苗、猪肺疫弱毒菌苗、猪口蹄疫灭活疫苗、猪气喘病灭活菌苗

备注:①猪瘟弱毒疫苗常规免疫剂量,初生乳猪1头份/头,其他大小猪4～6头份/头。未作乳前免疫的,仔猪在21～25日龄首免,40日龄、60日龄各免疫1次,4头份/头。②猪传染性胸膜肺炎、副猪嗜血杆菌病发病率较高的地区应列入常规免疫程序。③病毒苗与弱毒菌苗混合使用,若病毒苗中加有抗生素则可杀死弱毒菌苗,导致弱毒菌苗免疫失败。④使用活菌制剂(包括猪丹毒、猪肺疫、仔猪副伤寒弱毒苗)免疫接种前10 d和后10 d,避免在饲料、饮水中添加抗菌药,或肌肉注射抗菌药。

(6)其他疾病的防疫

①口蹄疫。常发区使用常规灭活苗,首免35日龄,二免90日龄,以后每3个月免疫一次;高效灭活苗,首免35日龄,二免180日龄,以后每6个月免疫一次。非常发区使用常规灭活苗,每年1月份、9月份和12月份各免疫一次;高效灭活苗,每年1月份和

9 月份各免疫一次。

各地可根据实际情况,每个季度内对空怀或长期未配的母猪集中注射一次口蹄疫苗和猪瘟、猪丹毒、猪肺疫疫苗。

②猪传染性胸膜肺炎。仔猪 6~8 周龄一次,2 周后再加免一次。

③猪链球菌病。成年母猪每年春季、秋季各免疫一次;仔猪首免 10 日龄,二免 60 日龄,或首免出生后 24 h,二免断奶后 2 周。

④蓝耳病。成年公猪每半年免疫一次灭活苗;成年母猪每胎妊娠期 60 d 免疫一次灭活苗;仔猪 14~21 日龄免疫一次弱毒苗;后备猪配种前免疫一次灭活苗。

113. 猪场免疫程序生产实例

各场应根据自身实际情况、疾病发生史,以及猪群当前的抗体水平等,制定切实可行的免疫程序。防疫重点应是多发性疾病和危害严重的疾病,未发生或危害较轻的疾病可酌情免疫。猪免疫程序因地区、流性病情况、防疫环境、健康状态等不同而异。免疫程序一经确定,应保持相对稳定,并严格执行。现提供我国南方某猪场和北方某猪场的免疫程序(表 4-7、表 4-8),以供参考。

表 4-7 南方某猪场参考免疫程序

群别	日龄	免疫品种	剂量	使用方法
后备母猪、公猪	100	口蹄疫	3 mL	耳后根肌肉注射
	150	乙型脑炎	2 mL	配专用稀释液耳后根肌肉注射
	160	口蹄疫	2 mL	耳后根肌肉注射
	170	伪狂犬	2 头份	耳后根肌肉注射
		猪瘟	4 头份	配专用稀释液耳后根肌肉注射
	180	乙型脑炎	2 mL	配专用稀释液耳后根肌肉注射
		细小病毒	2 mL	耳后根肌肉注射

续表 4-7

群别	日龄	免疫品种	剂量	使用方法
经产母猪	妊娠 85 d	大肠杆菌	1 头份	配生理盐水稀释液,耳后根肌肉注射
		伪狂犬	2 头份	耳后根肌肉注射
	妊娠 93 d	口蹄疫	3 mL	耳后根肌肉注射
	妊娠 100 d	腹泻二联苗	3 mL	耳后根肌肉注射
	产后 23 d	猪瘟	4 头份	配生理盐水稀释液,耳后根肌肉注射
		链球菌	4 头份	配生理盐水稀释液,耳后根肌肉注射
仔猪	23 日龄	猪瘟	2 头份	配生理盐水稀释液,耳后根肌肉注射
		链球菌	2 头份	配生理盐水稀释液,耳后根肌肉注射
	40 日龄	口蹄疫	1 mL	耳后根肌肉注射
	60 日龄	口蹄疫	2 mL	耳后根肌肉注射
	70 日龄	猪瘟	3 头份	配生理盐水稀释液,耳后根肌肉注射
		猪肺疫	3 头份	配铝胶水水稀释液,耳后根肌肉注射
种公猪	每年 3、9 月份			猪瘟(4 头份)、猪肺疫(4 头份)
	每半年			伪狂犬(2 头份)
	每年 2、7、11 月份			口蹄疫(3 mL)
	每年 3、9 月份			乙型脑炎(2 mL)
种母猪	每年 3、9 月份			猪肺疫(4 头份)

注:各场应在每个季度对超期未配的母猪集中接种一次口蹄疫疫苗(3 mL)和猪瘟疫苗(4 头份)。

表 4-8　北方某猪场参考免疫程序

群别	日龄	免疫品种	剂量	使用方法
后备种母猪、种公猪	100	口蹄疫	3 mL	耳后根肌肉注射
	160	口蹄疫	2 mL	耳后根肌肉注射
		伪狂犬	2 头份	耳后根肌肉注射
	170	猪瘟猪丹毒猪肺疫	4 头份	配专用稀释液耳后根肌肉注射
		乙型脑炎	2 mL	配专用稀释液耳后根肌肉注射
	180	细小病毒	2 mL	耳后根肌肉注射

续表 4-8

群别	日龄	免疫品种	剂量	使用方法
经产母猪	妊娠 85 d	大肠杆菌	1 头份	配生理盐水稀释液,耳后根肌肉注射
		伪狂犬	2 头份	耳后根肌肉注射
	妊娠 93 d	口蹄疫	3 mL	耳后根肌肉注射
	妊娠 100 d	腹泻二联	3 mL	耳后根肌肉注射
	产后 23 d	猪瘟猪丹毒猪肺疫	4 头份	配生理盐水稀释液,耳后根肌肉注射
仔猪	23 日龄	猪瘟猪丹毒猪肺疫	2 头份	配生理盐水稀释液,耳后根肌肉注射
	40 日龄	口蹄疫	1 mL	耳后根肌肉注射
		副伤寒	1 头份	耳后根肌肉注射
	60 日龄	口蹄疫	2 mL	耳后根肌肉注射
	70 日龄	猪瘟猪丹毒猪肺疫	3 头份	配生理盐水稀释液,耳后根肌肉注射
种公猪	每年 3、9 月份	猪瘟(4 头份)、猪丹毒(4 头份)、猪肺疫(4 头份)		
	每半年	伪狂犬(2 头份)		
	每年 2、7、11 月份	口蹄疫(3 mL)		
	每年 3～4 月份	乙型脑炎(2 mL)		

注:各场应在每一季度对超期未配的母猪集中接种一次口蹄疫疫苗(3 mL)和猪瘟猪丹毒猪肺疫疫苗(4 头份)。

114. 免疫失败的原因有哪些?

免疫失败的原因主要有以下方面:

(1)疫苗因素

疫苗质量不可靠、运输保存不当、疫苗使用方法不正确、疫苗血清型不符等,均会导致免疫后猪体无法产生坚强的抗体。

(2)母源抗体干扰

由于各种疫苗在种猪中的广泛使用,使种猪的母源抗体水平较高。若接种过早,当疫苗病毒注入幼猪体内时,会被母源抗体中和,从而影响疫苗免疫力的产生。

（3）营养水平

猪体蛋白质、维生素、氨基酸及某些微量元素缺乏或营养物质间搭配不平衡会使机体免疫应答能力降低。

（4）饲料霉菌

饲料发霉产生的一系列的霉菌毒素,能使胸腺淋巴萎缩,毒害巨噬细胞,使其不能吞噬病原微生物,从而产生免疫抑制。

（5）猪只健康状况

猪群接种疫苗时,可能已经处于疾病的潜伏期,或存在严重的寄生虫感染,接种疫苗后能导致猪群发病。

（6）应激因素

饲养密度大、捕捉、转群、争斗、去势、换料、打耳号、断尾、严寒酷暑、噪声等因素都使猪处于应激状态,猪群处于应激反应敏感期时接种疫苗,就会降低猪的免疫能力,使猪的免疫应答能力减弱,从而降低猪的抗体水平,导致免疫失败。

（7）免疫程序不合理

猪场没有根据当地猪病流行规律及本场实际情况,制定出合理的免疫程序。免疫程序不合理、免疫的时机不当,对免疫的效果影响较大。如过早免疫接种,受母源抗体干扰,导致免疫失败;过迟接种,会出现免疫空白期,易造成猪群发病。同时进行多种疫苗免疫,有时会出现疫苗间相互抑制的现象,从而形成疫苗的免疫失败。

（8）免疫抑制

免疫抑制性疾病:如猪瘟、伪狂犬病、蓝耳病、圆环病毒感染及某些寄生虫感染;免疫抑制性药物:氟苯尼考、卡那霉素、四环素、激素、抗病毒药物等。

115. 提高免疫效果的措施有哪些?

提高猪场各类猪群免疫效果可采取如下措施:

①严格遵守和执行兽医法规、加大疫苗使用方法的普及宣传，关注和重视防疫工作中的每一个细节。

②切实提高猪群的抗病能力。

③严格控制疫苗的质量、正确使用疫苗。

④采用合理的免疫程序。

⑤规范使用药物，控制免疫抑制性疾病。

⑥淘汰亚临床感染猪。

⑦注射疫苗时配合使用免疫增强剂。

(四)猪的药物保健

随着我国规模化养猪的迅速发展，猪保健预防用药越来越受到大型猪场的重视。保健预防用药是控制细菌病的有效途径，不仅能减少猪病的继发症或并发症，还具有促生长作用。在养猪生产实践中，提倡通过策略性用药、重点阶段性给药的方法，净化猪群体内的有害菌，保持体内有效的抗菌浓度，从而降低猪群发病率，减少猪只死亡，提高养猪经济效益。

116.常用预防保健药物有哪些?

猪场常用预防保健药物有以下5种。

(1)呼吸道保健药物

有支原净、氟本尼考、泰乐菌素、替米考星、强力霉素、磺胺类、氧氟沙星、环丙沙星、多西环素、阿奇霉素等。

(2)消化道保健药物

有痢菌净、安普霉素、头孢噻呋钠、磺胺类、丁胺卡那、阿莫西林、硫酸新霉素、诺氟沙星、甲砜霉素等。

(3)抗病毒药物

有黄芪多糖、金丝桃素、绿原酸、干扰素、转移因子、利巴韦林、盐酸金刚乙胺及中药板蓝根、金银花、连翘、鱼腥草、黄连、黄芩、银耳多糖、灵芝多糖等。

（4）抗应激药物

有多维、电解质、维生素 C、免疫增效剂等。

（5）驱虫药物

有伊维菌素、阿维菌素、芬苯达唑、左旋咪唑等。

117.保健药物预防应遵循哪些原则？

猪场保健药物预防时应遵循如下基本原则：

①严格掌握适应症，正确选药，必要时联合用药。

②用药时要有足够的剂量和疗程，不要盲目增加剂量。

③抓住最佳用药时机。

④用药时充分考虑药物的特性。

⑤选择合适的用药途径。

⑥注意药物有效浓度持续时间。

⑦注意药物配伍禁忌。

⑧安全用药，防止毒害。

⑨防止兽药残留。

⑩轮换用药，防止产生耐药性。

⑪避免用药与疫苗的相互影响。

⑫认真鉴别真假兽药。

118.如何制定猪群药物保健方案？

制定猪场药物保健方案应包括如下内容。

（1）仔猪的药物保健

①哺乳仔猪的药物保健。目的是增强免疫力，提高成活率，预防出生仔猪腹泻，预防病毒性、细菌性疾病的发生。哺乳仔猪的药物保健可参考以下方案（表 4-9）。

表 4-9 哺乳仔猪的药物保健方案 1

保健时间	药物	剂量	用法
出生后,吃奶前	复方大黄酊	1 mL	灌服,连用 3 d
出生第 2 天	百球清	4 mL	灌服 1 次
出生第 3 天	20%长效土霉素	0.3 mL	肌肉注射
	右旋糖酐铁	1 mL	
出生第 7 天	20%长效土霉素	0.5 mL	肌肉注射
出生第 15 天	右旋糖酐铁	2 mL	肌肉注射
出生第 21 天	20%长效土霉素	1 mL	肌肉注射
断奶前 5～7 d	免疫干扰素	0.5 mL(100 万单位)	肌肉注射

方案 2:出生 1～3 d 肌肉注射右旋糖酐铁 1 mL,4～5 d 用优质饲料开始诱食;出生第 3 天、7 天、21 天分别肌肉注射 30%氟甲砜霉素 0.5 mL、0.5 mL、1 mL,有效防治小猪副嗜血杆菌病、链球菌病、黄白痢、胸膜性肺炎。

方案 3:出生第 1 天肌肉注射高免球蛋白 0.2 mL;第 2 天肌肉注射右旋糖酐铁 1 mL、亚硒酸钠-维生素 E 1 mL;第 3 天肌肉注射长效土霉素 0.5 mL;第 4 天肌肉注射免疫球蛋白 0.3 mL;第 10 天补铁和补硒,剂量与第 2 天相同;第 7 天、第 21 天分别肌肉注射长效土霉素 0.5 mL、1 mL,有效防止缺铁性贫血、腹泻,增强免疫力,提高抗病力。

方案 4:出生后灌服硫酸庆大霉素 2 mL,预防仔猪黄白痢;3 日龄内肌注铁硒合剂 100～200 mg,用于预防缺铁或缺硒性疾病;为了控制链球菌、副猪嗜血性杆菌、胸膜性肺炎、沙门氏杆菌引起的疾病,应采用三针保健,如头孢噻吩钠,三针剂量分别为 15 mg、15 mg、30 mg;存在球虫病时可以在仔猪出生后 5～7 日龄,灌服百球清 1 mL/头。

②保育仔猪的药物保健。目的是减少断奶应激,增强体质,提高成活率,预防呼吸系统疾病。仔猪断奶后仍在产床停留 5～7 d,

然后转入保育舍,在转舍前 7 d 进行保健。保育仔猪的药物保健可参考以下方案:

方案 1:转入保育舍前 5～7 d 在每吨饮水中加入电解多维 500 g,每吨饲料中加清开灵 1 000 g、黄芪多糖 400 g、葡萄糖 300 g、强力霉素 600 g,连用 5～7 d,进入保育舍后每吨饲料加板蓝根粉 2 000 g、氟苯尼考 500 g、强力霉素 500 g,连用 7 d。

方案 2:断奶和转舍前后 3 d 在每吨饮水中加入电解多维 500 g,以减少应激,在每吨饲料中加入泰妙菌素 500 g、复方磺胺间甲氧嘧啶粉(磺胺间甲氧嘧啶、甲氧苄啶)5 000 g、强力霉素 600 g,连用 5～7 d。

方案 3:转舍前 7 d 每吨饮水中加入电解多维 500 g,饲料中加板蓝根粉 1 000 g、黄芪多糖 1 000 g、葡萄糖 1 000 g,连用 7 d;转入保育舍后,每吨饲料加阿莫西林 200 g、强力霉素 500 g、溶菌酶 200 g,连用 7 d。

(2)育肥猪的药物保健

目的是预防疾病的发生,提高饲料转化率,增强体质,提高免疫力,缩短出栏时间。育肥猪的药物保健可参考以下方案:

方案 1:根据不同的季节进行保健。①春季:易发生猪瘟、口蹄疫、圆环病毒病、链球菌病、猪肺疫、喘气病、猪传染性胸膜肺炎等,每吨饲料加入土霉素 800 g、板蓝根 1 000 g、黄芪多糖 2 000 g,连用 7 d,每月一次。②夏季:易发生猪瘟、圆环病毒、附红细胞体病、流行性乙型脑炎、猪丹毒、钩端螺旋体病等,每吨饲料加入氟苯尼考 1 000 g、强力霉素 400 g、大青叶 400 g、金银花 200 g,每月一次,连用 7 d。③秋季:易发生猪瘟、圆环病毒、口蹄疫、流行性感冒、猪肺疫、猪丹毒、猪传染性萎缩性鼻炎、附红细胞体病等,每吨饲料加入延胡索酸泰妙菌素 100 g、金霉素 400 g、板蓝根 1 000 g,连用 7 d,每月一次。④冬季:易发生猪瘟、圆环病毒、口蹄疫、传染性胃肠炎、流行性腹泻、喘气病等,每吨饲料加入阿莫西林 300 g、利高霉素 800 g、黄芪多糖 1 000 g,连用 7 d,每月一次。

实施季节性保健时,在育肥中期用伊维菌素预混剂驱虫,每吨饲料加入 2 g,连用 7 d,出栏前 1 个月停止药物保健。

方案 2:育肥前期每吨饲料加入穿心莲 2 000 g、泰乐菌素 400 g、强力霉素 400 g,连用 7 d;育肥中期每吨饲料加入延胡索酸泰妙菌素 100 g、强力霉素 400 g、黄芪多糖 1 000 g、板蓝根 1 000 g,连用 7 d,在每吨饮水中加入伊维菌素预混剂 2 g,连用 7 d,出栏前 1 个月停止药物保健。

方案 3:育肥前期每吨饲料加入利高霉素 600 g、黄芪多糖 800 g、溶菌酶 100 g、阿莫西林 200 g;育肥中期每吨饮水中加入 2 g 伊维菌素预混剂,连用 7 d,每吨饲料加入黄芪多糖 1 000 g、土霉素 600 g、板蓝根 1 500 g、抗菌肽 300 g,连用 7 d,出栏前 1 个月停止药物保健。

（3）后备母猪的药物保健

目的是预防疾病的发生,特别是呼吸系统疾病,净化猪场常见病原,增强体质,提高免疫力,促进生殖系统的生长。后备母猪的药物保健可参考以下方案:

①引种的后备母猪保健方案。

方案 1:隔离第 1 周在每吨饮水中加入电解多维 500 g,连用 7 d,第 2 周在每吨饲料中加入阿莫西林 400 g、延胡索酸泰妙菌素 100 g、银翘散 600 g,连用 7 d,解除隔离后可按自繁自养的后备母猪保健方案进行保健。

方案 2:隔离第 1 周在每吨饲料中加入电解多维 500 g、黄芪多糖 400 g、强力霉素 200 g,连用 7 d,隔离解除前用伊维菌素预混剂驱虫一次,每吨饲料加入 2 g,连用 7 d,解除隔离后可按自繁自养的后备母猪保健方案进行保健。

②自繁自养的后备母猪保健方案。

方案 1:每吨饲料加入强力霉素 200 g、延胡索酸泰妙菌素 100 g、阿莫西林 300 g、土霉素 400 g,连用 7 d,每月保健 1 次。

方案 2：每吨饲料加入阿莫西林 300 g、黄芪多糖 1 000 g、板蓝根 1 000 g、延胡索酸泰妙菌素 100 g，连用 7 d，每月保健 1 次。

方案 3：每吨饲料加入氟苯尼考 600 g、强力霉素 600 g、抗菌肽 300 g、清开灵 1 000 g，连用 7 d，每月保健 1 次。

方案 4：每吨饲料加入氟苯尼考 600 g、溶菌酶 400 g、黄芪多糖 1 000 g、板蓝根 1 000 g，连用 7 d，每月保健 1 次。

以上方案在配种前 30 d 均用伊维菌素预混剂驱虫一次，每吨饲料加入 2 g，连用 7 d；发情配种前 25 d，每吨饲料加入黄芪多糖 800 g、板蓝根 800 g、氟苯尼考 600 g，连用 7 d，有利于妊娠期母猪的健康和胎儿的正常生长发育，净化体内的病原。

（4）经产母猪的药物保健

目的是减少无乳或少乳现象，增强体质，促进生殖系统恢复，减少乳房炎和产道炎症，预防产前、产后无名高热及产后仔猪腹泻。经产母猪的药物保健可参考以下方案：

方案 1：a. 配种前 7 d 用伊维菌素预混剂驱虫一次，每吨饲料加入 2 g，连用 7 d。b. 配种后注射 20%长效土霉素，提高分娩率和产活仔数。c. 产前 30 d 肌肉注射"注射用三氮脒"，剂量按说明使用，预防附红细胞体病、弓形体病。d. 产前 15 d 每吨饲料加入阿莫西林 300 g、延胡索酸泰妙菌素 500 g，连用 7 d，提高抵抗力，净化呼吸道疾病。e. 产前产后 7 d 投服七补散和万乳康，预防产前便秘和产后不食、无乳的发生，促进恶露的排出，杜绝子宫内膜炎的发生，使母猪产后迅速恢复体质。f. 产前 7 d 上产床，对产床进行消毒；产前 5 d 开始减食，产仔当天停喂。g. 产仔前对母猪的阴户和乳房用 0.1%高锰酸钾消毒。h. 母猪胎衣排除后肌肉注射维生素 C 4 mL。i. 母猪产后肌肉注射柴胡安乃近注射液 0.1 mL/kg，连用 3 d，预防产后感染和产后无乳综合征。j. 诱导经产母猪发情，断奶后 7 d 内，肌注氯前列烯醇（PG）0.2 mL，再肌注孕马血清促性腺激素（PMSG）1 000 单位。

方案 2：母猪在妊娠后 1 个月内慎用疫苗和抗生素，否则会影响受精卵着床和胎儿的早期发育,因而在妊娠中期与产仔前后 7 d 进行保健,有利于母猪与胎儿的健康发育,减少疾病的发生。妊娠中期在每吨饲料加入清开灵粉 1 000 g、排疫肽 400 g、抗菌肽 200 g、溶酶菌 100 g,每月一次,连用 12 d;产仔前后 7 d 每吨饲料加入强力霉素 500 g、阿莫西林 300 g、延胡索酸泰妙菌素 100 g、黄芪多糖 500 g、板蓝根 500 g,连用 14 d;产前 7~14 d 每吨饲料加入伊维菌素预混剂 2 g,驱虫一次,净化母猪体内的病原,预防产前产后疾病。

(5)种公猪的药物保健

目的是增强体质,提高免疫力,减少疾病的发生,提高精液品质,清除体内毒素。种公猪的药物保健可参考以下方案:

方案 1:用伊维菌素预混剂驱虫,每吨饲料加入 2 g,每年 2 次。

方案 2:复合维生素粉按说明使用,每季一次,连用 7 d。

方案 3:每吨饲料加入延胡索酸泰妙菌素 100 g、复方磺胺间甲氧嘧啶粉(磺胺间甲氧嘧啶、甲氧苄啶)500 g、土霉素 400 g,有肠道疾病发生时可在每吨饲料加入利高霉素 1 000 g、阿莫西林 300 g,连用 7 d。

方案 4:对于性欲不强、精液品质差的公猪,可用人绒毛膜促性腺激素(HCG)5 000 单位,肌肉注射。

119. 猪群药物保健有哪些注意事项?

为了提高猪群健康水平,使用药物保健时应注意如下事项:

(1)合理选择保健药物

根据当地与本场猪病发生流行的规律、特点及季节性,有针对性地选择高效、安全性好,能提高免疫力、抗病毒与抗菌谱广的药物用于药物保健。定期更换用药,不要长期使用一个方案,以免细菌对药物产生耐药性,影响药物保健效果。

（2）正确使用保健药物

按药物规定的有效剂量添加药物，严禁盲目随意加大用药剂量。用药剂量过大，造成药物浪费，增加成本支出，而且会引起毒副作用，引发猪只意外死亡；用药剂量不够，会诱发细菌对药物产生耐药性，降低药物保健作用。

（3）科学联合用药，注意药物配伍

药物配伍既有药物之间的协同作用，又有拮抗作用。用药之前，要根据药品的理化性质及配伍禁忌，科学合理搭配，不仅能增强药物的预防效果，扩大抗菌谱，又可减少药物的毒副作用。如青霉素类药物不要与磺胺类和四环素类药物合用，酸性药物不要与碱性药物合用。

（4）认真鉴别真假兽药

购买兽用药品时一定要认真查看批准文号、产品质量标准、生产许可证、生产日期、保存期及其药品包装物和说明书。严禁购买无批准文号、无生产许可证、无产品质量标准的"三无"产品，以免贻误药物对疫病的预防。

（5）按国家规定的兽用药品休药期停止用药

目前国家对兽用药品都规定了休药期，如用于猪的青霉素休药期为 6~15 d；氨基糖苷类抗生素为 7~40 d；四环素类为 28 d；大环丙酯类为 7~14 d；林可胺类为 7 d；多肽类为 7 d；喹诺酮类为 14~28 d；抗寄生虫药物为 14~28 d。猪场可在猪只出栏上市前 1 个月停止药物保健，以免影响食品公共卫生安全。

（6）实施药物保健时要避开猪体弱毒活疫苗的免疫接种

二者间隔 4~5 d，否则影响弱毒活疫苗的免疫效果。

120. 猪场药物保健生产实例

现提供某规模化猪场药物预防保健操作程序（表 4-10、表 4-11），以供参考。

表 4-10　某规模化猪场饲料中添加的药物性保健剂表　　　g

饲料类别	推荐添加药物	每吨饲料建议添加量	使用期限或阶段
乳猪料	普乐宝	1 000	哺乳全期
	猪健素	2 000	
保育猪料	保育康	2 000	断奶前 1～2 周
	或猪喘康	1 000	
	或支原清	1 000	
生长猪料	猪健素	2 000	转入生长舍后用 1 周
	或支原清	1 000	
	信得虫清	1 000	
育肥猪料	美肥	1 000	转入育肥舍后用 1 周
	或猪健素	2 000	
妊娠母猪料	信得虫清	1 000	产前第 2 周(转入产房前)
	霉毒清	250	妊娠全期
哺乳母猪料	猪痢停	500	产前产后各 1 周(转入产房后 2 周)
	或猪健素	2 000	
	小苏打	3 000	
空怀母猪料	支原清	1 000	空怀猪全期
	或猪喘康	1 000	
后备猪料	猪喘康	1 000	配种前 1 周(180～210 日龄)
	或支原清	1 000	
公猪料	毒疫康或支原清	1 000	每 1～2 个月一次,每次 1 周
	信得虫清	1 000	每季度一次,每次 1 周

　　备注:①同一猪群使用预防性药物抗生素时,注意更换药品,以防产生耐药性。②抗生素没有指定,由技术人员根据具体情况选择确定。③普乐宝是一种微生态制剂,复合菌总数≥150 亿/g;猪健素主要成分为金霉素和普乐菌素;猪痢停主要成分为硫酸黏杆菌素和诺氟沙星;保育康主要成分为低聚壳聚糖、硒多糖、硫酸锌、有益菌和沸石粉;猪喘康主要成分为甲砜霉素、多四环素和泰乐菌素;支原清主要成分为延胡索酸泰妙菌素;信得虫清主要成分为芬苯达唑;美肥主要成分为大豆磷脂、植酸酶、活性多肽、抗氧化剂和葡萄糖;霉毒清主要成分为甘露寡糖、维生素、活化酵素、硅酸盐、生物聚合物和植物提取物;毒疫康主要成分为盐酸多西环素、布洛芬、聚肌苷酸、黄芪多糖、蜂胶内酯、灵芝多糖和活肽因子。

表 4-11　某规模化猪场各类猪群药物预防保健表

猪别	日龄(时间)	用药目的	使用药物	剂量	用法
公猪	每月或每季度1次	预防呼吸道疾病	呼诺玢预混剂2%	1 kg/t	连续7 d混饲给药
			土霉素钙盐预混剂	1 kg/t	连续7 d混饲给药
		驱虫	帝诺玢	1 kg/t	连续7 d混饲给药
后备母猪	进场第1周	预防呼吸道疾病	呼诺玢预混剂2%	1 kg/t	连续7 d混饲给药
			泰乐菌素	200 mg/kg	连续7 d混饲给药
	配种前1周	抗菌	德利先	5 mL	肌肉注射1次
种母猪	产前7～14 d	驱虫	帝诺玢	2 kg/t	连续7 d混饲给药
	产前7 d至产后7 d	预防产后仔猪呼吸道及消化道疾病、母猪产后感染	呼肠舒	1 kg/t	连续7～14 d混饲给药
			慢呼清	1 kg/t	连续7～14 d混饲给药
	断奶后	预防母猪炎症	德利先	5 mL	肌肉注射1次
商品猪	吃初乳前	预防仔猪黄痢	德力先、兽友一针或庆大霉素	1～2 mL	口服
	3日龄内	预防缺铁性贫血	血康	2 mL/头	肌肉注射
		补硒	亚硒酸钠＋维生素E	0.5 mL/头	肌肉注射
	补料第1周	预防仔猪黄痢	呼肠舒	1 kg/t	连续7 d混饲给药
			阿莫西林	150 mg/kg	连续7 d混饲给药
	断奶前后1周	预防呼吸道及消化道疾病、促生长、抗应激	呼诺玢预混剂2%＋维多利或维力康	2 kg/t	连续7 d混饲给药
			呼肠舒＋维多利或维力康	1 kg/t	连续7 d混饲给药
			支原净粉阿莫西林粉＋维多利或维力康	125 mg/kg 150 mg/kg 适量	饮水或混饲给药7 d
		驱虫、促生长	帝诺玢	1 kg/t	连续7 d混饲给药
	转入生长育肥期第1周	驱虫、促生长	帝诺玢	1 kg/t	连续7 d混饲给药
		抗菌、促生长	呼诺玢预混剂2%	2 kg/t	连续7 d混饲给药
			土霉素钙盐预混剂	1 kg/t	连续7 d混饲给药

　　备注:呼诺玢主要成分为氟苯尼考;帝诺玢主要成分为阿苯达唑和伊维菌素;德利先主要成分为长效土霉素;呼肠舒主要成分为林可霉素和壮观霉素;慢呼清主要成分为新霉素和强力霉素;兽友一针主要成分为诺氟沙星;维多利或维力康主要成分为各种维生素、氨基酸、活性酶、抗应激因子、促生长因子和诱食因子。

(五)猪的检疫诊断

现代规模化养猪场猪群饲养密度大,防疫重点是确保整个猪群免受疫病危害。因此,除做好平常的保健管理外,还要搞好疫病的检疫诊断,以便及时发现和治疗疾病。

121.怎样进行疫病检疫?

根据《家畜家禽防疫条例》规定和产地疫情,及时做好口蹄疫、猪瘟、猪传染性水疱病、猪伪狂犬病、猪气喘病、猪钩端螺旋体病、猪萎缩性鼻炎、猪布氏杆菌病等疫病的检疫,定期检查粪便的虫卵。引入种猪应在隔离舍观察30 d,隔离观察期间,停止喂服药物性添加剂,以利于检疫观察,确认健康后,方可进入生产区。

122.流行病学调查包括哪些内容?

流行病学调查主要包括:猪场周围地区猪群的动态和不安全因素;种猪来源、猪群规模及繁殖情况;猪群的既往病史、发病死亡情况、检疫内容及结果等;防疫驱虫、预防接种的执行情况;猪场的地貌、交通、水源及猪舍的环境、设施、卫生等情况;猪场的饲养条件和饲喂制度等;猪群的生产周转及生产性能。

123.临床检查包括哪些方面?

临床检查一般从运动、休息、采食、生理指标等方面进行检查。

(1)运动

检查猪群时在通道一侧观察。健康猪精神活泼,行走平稳,步态端正有力,两眼直视,摇头摆尾,随大群猪并行前进;病猪则精神沉郁,低头垂尾,弓腰曲背,腹部蜷缩,行动迟缓,步态跟跄,不时发出咳嗽、呻吟等异常声音,眼、鼻分泌物增多,尾部粘污粪便。

（2）休息

检查猪群时在猪栏外边观察。健康猪站立平稳或来回走动，不断发出"吭吭"声，外人接近凝神而视，表现出警惕姿态，休息时多侧卧，四肢舒展伸直，呼吸深长且平稳，被毛富有光泽；病猪则站立一隅，全身不时颤抖或鼻端触地，有时将两前肢伸地伏卧或呈犬坐状态，呼吸急促或喘息，被毛粗乱无光泽。

（3）采食

健康猪采食时，表现争先恐后、急奔饲槽，大口吞食；病猪则不愿走进饲槽或不吃，有时只吃 1～2 口即自行后退。

（4）体温

用酒精棉球擦拭消毒体温计，将体温计水银柱甩到 35℃ 以下，涂少量凡士林后，缓缓插入保定猪直肠内，用铁夹固定在尾根毛上，停留 3～5 min 取出，再用酒精棉球擦干净，读出体温计水银柱读数并记录，将体温计水银柱甩到 35℃ 以下备用。与猪正常体温（38.7～39.1℃）作对照。

124. 病料检疫包括哪些项目？

猪群中有群发性疾病或流行性疫病时，应对典型病例及病死猪及时进行病理学解剖和组织学检查，根据特征性病理变化及组织学变化情况，作出病理及组织学诊断。

根据猪病流行特点、临床症状和剖检病理变化，对被检猪可能患有何种疫病作出初步诊断，然后有针对性地采集含菌（病毒）最多的病料，并使其免受污染。若暂时缺乏临诊资料，难以判断属哪类病时，应全面取材，或根据症状和病理变化，有侧重地采集病料。采集好的病料认真做好记录，严格按要求及时送检。

（1）病料的采集与保存

①制作病料涂片。将病灶组织、脓汁、血液、粪尿等制成涂片，自然干燥或烘干后，贴上标签送检。

②细菌学检查病料。

a.采集组织脏器:切取 5 cm³ 左右的肝、脾、肾、心肌、淋巴结或脑组织,装入灭菌容器中,加盖密封。

b.采集液体病料:用无菌注射器吸取(或用无菌棉花球蘸取)病猪的痰、黏液、脓汁、腹水、胆汁、脑脊液或乳汁等,放入无菌试管中,加塞密封。

③病毒学检查病料。采集的病料应尽可能含病毒量多、纯净和不被灭活,最好在发病初期、急性期或发热期采集。

a.采集血液:用灭菌注射器先吸取 0.1% 肝素 1 mL,再从猪耳静脉吸取血液 10 mL 混合,注入灭菌试管,加胶塞密封.

b.采集组织脏器和液体病料:其方法与细菌病料的采集相同。

采集好的病料放入灭菌容器密封,迅速以冻结状态送检,不能及时送检的病料,用 pH 7.4 左右的 50% 磷酸缓冲甘油液,冷藏保存或置于冰箱内冻结保存,保存时间不宜太长。病猪出现水疱或脓疱时,可在其未破溃前,用无菌毛细吸管穿透疱皮吸取疱液、脓汁或分泌物,然后迅速火焰封口;也可用无菌注射器吸取疱液、脓汁或分泌物,立即混合等量的无菌缓冲液(如 10% 灭活兔血清、10% 生理盐水卵黄液、2% 生理盐水灭活马血清或灭菌脱脂乳等)保存或送检。

④血清学检查病料。血清学检查包括鉴定抗原或抗体。在采集生前病料的同时,应采集血清,并尽可能采集双份。作为抗原的样品,所采血液要准确纯净,必须保证抗原性不受破坏;作为抗体的样品,无菌条件下采集静脉血 10 mL,待其自然凝固后,析出血清或离心分离血清,将血清吸入灭菌瓶中,密封冷藏送检。为防污染,可在血清中滴加抗生素(青霉素和链霉素)。

(2)病料的包装与送检

①将盛病料的容器洗净消毒,玻璃容器可高压蒸汽灭菌,塑料容器可用 0.2% 新洁尔灭溶液浸泡后,用灭菌水冲洗。装入病料,瓶或试管须加盖,再以熔化的石蜡密封,塑料袋要扎紧袋口,确保不漏,然后贴上标签。

②将装好病料的容器放入木箱中或金属容器内,或置于内有

冰块的广口保温瓶。

③指派专人将病料送到检验机关,送检人员应了解病料的来源及疫病流行等情况,同时携带一份填好的病料送检单。

(3)注意事项

①当多数猪发病时,应选其中症状和病变典型并未经治疗的病猪采集病料,仔猪可选取有代表性的病例,如整个活体或尸体送检。

②采集的病料如血液、脓汁、分泌物、粪尿等,应及时送检。病猪死后立即剖检取材,尽快送检,不能延误太久,以防组织腐败或变性,不利于病原体的分离。

③若因故不能及时送检的病料,须冷冻保存;但不宜久置,以免延误检验时机。

④为减少污染机会,病料采集过程必须无菌操作,将常用的器械、容器等事先消毒、灭菌。

⑤供微生物检查的病料,应每一材料装一灭菌容器,切忌混装。盛放每一病料的容器,均应贴上标签,注明病料来源、种类、保存方法和采集日期。

⑥采集病料过程中,特别是人、猪共患传染病的尸体剖检时,要做好自我防护工作和环境消毒工作,防止自身感染和散播病原。

⑦剖检前,要先了解疫情,炭疽等病例严禁解剖。

(六)猪常见传染病的诊治

125.如何防治猪瘟?

猪瘟俗名烂肠瘟,美国称为猪霍乱,英国称为猪热病,是由猪瘟病毒引起的一种急性、热性、高度传染性和致死性传染病。

(1)症状

潜伏期平均 5～7 d,按病程分最急性、急性、慢性和温和型等类型。

①最急性型。多发生在流行之初或新流行地区,突然发病,体温 41～42℃,皮肤和黏膜发绀和出血,全身肌肉痉挛,四肢抽搐,倒地死亡,病程一般不超过 3 d,死亡率达 100%。有的病猪无明显症状,突然死亡。

②急性型。最常见,体温稽留在 40.5～42.0℃,病猪表现困倦、行动缓慢、头尾下垂、弓背、寒战、伏卧一隅或钻入垫草内嗜睡。病猪早期眼结膜发炎,眼角有脓性分泌物,严重时将上、下眼睑粘连。在耳、嘴唇、腹部、四肢内侧及外阴等处,皮肤出现紫红色斑点,指压不褪色。病初便秘,粪便带有黏液和血丝,短期后呈腹泻,排出灰黄色稀粪,恶臭。公猪阴囊积尿,用手挤压,流出浑浊恶臭尿液。后期有的病猪出现神经症状,表现痉挛,运动失调,反应迟钝或亢奋,倒地四肢乱动,最后因衰竭而死,病程一般 15 d 左右。

③慢性型。多由急性转来,症状不规则,体温时高时低,食欲时好时坏,便秘与腹泻交替发生,但以腹泻为主。病猪消瘦,精神委顿,后肢无力,行走不稳,被毛粗乱,皮肤发疹、结痂,耳、尾、肢端等发生坏死。病程可拖 1 个月以上,最长可达 3 个月左右。耐过此病的猪多发育受阻,成为僵猪。妊娠母猪可造成流产、死胎或产弱仔。

④温和型。由毒力较弱的毒株引起,病程发展缓慢,体温40℃左右,呈稽留热。症状、病变不典型,有时见到腹下皮肤有出血点。粪便时干时稀,食量减小,逐渐消瘦。发病率和死亡率低,大猪多能耐过,但生长发育差,仔猪可致死。

(2)病理变化

全身皮肤、浆膜、黏膜等处有出血斑或出血点,淋巴结肿大呈暗红色,切面呈弥漫性出血或周边出血,红白相间呈大理石状,多见于腹股沟淋巴结和颌下淋巴结,肾色淡,表面有出血点,脾脏边缘常可见紫黑色突起,即出血性梗死,这是猪瘟的特征性病变,回肠末端和盲肠黏膜形成纽扣状溃疡。

（3）诊断

根据流行病学、症状和病理变化可作出初步诊断。确诊需将病死猪的脾和淋巴结采集、包装后送实验室检验。常用确诊试验有荧光抗体试验、免疫酶联吸附试验、间接血凝试验，兔体交互免疫试验等。

（4）预防

控制和消灭猪瘟要坚持"预防为主"的原则，采取综合性防疫措施。

①猪瘟不安全地区或种猪场，仔猪在 20～25 日龄按常规接种猪瘟兔化弱毒苗一次，3 d 后即可获得可靠的免疫力，60 日龄左右第二次免疫。正常地区仔猪断乳 15 d，用猪瘟、猪丹毒二联疫苗或猪瘟、猪丹毒、猪肺疫三联疫苗免疫注射，免疫期可达 8 个月。对种公、母猪春秋两季各注射"二联苗"或"三联苗"一次。

②坚持自繁自养，加强管理，保持环境卫生。引进猪须隔离观察 3 周以上，确定无病后才可混入猪群。

③若已发生猪瘟，按照扑灭传染病规范，立即做好紧急防疫以及隔离、封锁、扑杀和消毒等工作。

（5）治疗

目前尚无有效药物，对有利用价值的病猪，早期用抗猪瘟高免血清治疗有一定疗效，用量为每千克体重 1 mL，肌注。

126. 如何防治仔猪大肠杆菌病？

本病是由不同血清型的致病性大肠杆菌引起，常见有仔猪白痢、黄痢和猪水肿病。仔猪表现肠炎、败血症或组织器官炎症，生长发育受阻或死亡，对猪生产造成经济损失。

（1）症状

①仔猪黄痢。潜伏期短的 12 h 内即可发病，病猪排出黄色或灰黄色黏液样腥臭的稀粪，严重的病猪肛门松弛呈红色，粪便失禁，严重脱水，很快消瘦，最后衰竭而死。病程 1～3 d，治疗不及

时,死亡率可达 100%。

②仔猪白痢。以下痢为主,排出灰白色糊状稀粪,有特异腥臭味,黏附于肛门及后肢,体温一般正常,因脱水逐渐消瘦,弓背、被毛粗乱无光泽,身体发抖,饮水次数增多,吃乳减少。应及时治疗,否则死亡率增高。

(2)病理变化

①仔猪黄痢。严重脱水,最显著病变是胃肠急性卡他性炎症,以十二指肠最严重,空肠、回肠次之。肠腔扩张,内容物黄色、有气味,肠系膜淋巴结充血、水肿,肝、肾常有小的坏死灶。

②仔猪白痢。剖检无特殊变化,肠内有少量糊状内容物,味酸臭,肠管空虚,充满气体,肠黏膜充血,肠壁变薄,肠系膜淋巴结水肿。

(3)诊断

本病症状明显,根据流行特点、症状和病理变化不难诊断。确诊须采取肠道内容物进行细菌分离鉴定,但注意与以下疾病相区别。

①仔猪红痢。病原是 C 型产气荚膜梭菌。主要发生于 1 周龄内的仔猪,开始排灰黄色或灰绿色稀粪,后变为红色糊状,粪便中含有坏死组织碎片。主要病变在空肠,黏膜层和黏膜下层弥漫性出血,呈暗红色,内容物是深红色含血液体,肠系膜淋巴结鲜红色。病程长的病例,以坏死性肠炎为主,心肌苍白,心外膜和肾皮质部有出血点。

②猪痢疾。病原为密螺旋体,各种年龄的猪均易感,以 7～12 周龄多发,多为黏液性出血性下痢,粪便中常含有组织碎片,恶臭。主要病变是盲肠、结肠和直肠充血、出血、水肿,黏膜纤维性坏死,形成伪膜,外观呈麸皮或豆腐渣状。

③猪传染性胃肠炎。病原为病毒,大小猪均可感染,2 周以内的仔猪发病率和死亡率最高。临床特征为呕吐、水泻。耐过本病的母猪,所产仔猪可获得坚强免疫力,初产母猪所产仔猪,被感染

的常在 2～3 d 内全部死亡。病变主要是胃肠发炎。

(4)预防

①保持猪舍清洁干燥、防寒保暖,勤换垫草,饲养用具定期洗刷、消毒。母猪孕期饲料调配要合理,为防止营养不足,要及时给仔猪补料,保持母猪乳房清洁卫生。哺食初乳前,用 0.1%高锰酸钾溶液洗净乳头,挤掉几滴初乳后,再让仔猪吃到足够初乳。

②断奶后最好喂配合饲料,添加青绿饲料,注意补硒和维生素 E。

③产前 15～25 d 母猪耳根皮下注射猪大肠杆菌基因工程苗,哺乳仔猪可获得母源抗体,对预防仔猪黄痢、白痢有一定的积极作用。

(5)治疗

仔猪黄痢、白痢的治疗方法相似。恩诺沙星每千克体重 2～5 mg,内服,每日 2 次,连用 3～5 d;调痢生每千克体重 100 mg,内服,每日一次,连用 2～3 d;庆大霉素每千克体重 1～1.5 mg,肌注。另外,仔猪黄痢可用磺胺嘧啶片每千克体重 100 mg,内服,每日 2 次;仔猪白痢可用白痢膏每千克体重 50～100 mg,内服,均有一定疗效。由于大肠杆菌易产生抗药性,故应交替使用药物。

127. 如何防治猪口蹄疫?

本病是由口蹄疫病毒引起的偶蹄动物的一种急性、热性和高度接触性传染病。该病的特征为口腔黏膜、蹄部和乳房皮肤发生水疱和溃烂。

(1)症状

潜伏期 1～2 d,病初体温升高至 40～42℃,精神不振,食欲减少或废绝。病猪蹄冠、蹄叉、蹄踵出现局部发炎、微热、敏感等症状,不久形成水疱,并逐渐融合呈白色环带状,水疱破裂形成出血性烂斑,如无细菌继发感染,1 周左右结痂愈合,如有继发感染,则局部化脓,坏死,蹄壳脱落,不能着地,病猪常跛行、卧地不起。部分个体鼻镜、舌、唇、齿龈和哺乳母猪的乳房,也有水疱或烂斑。吃奶仔猪患病时,很少见到水疱和烂斑,通常呈急性胃肠炎和心肌炎而突然死亡,死亡率可达 60% 以上。

(2)病理变化

除在口腔、蹄部见到水疱和烂斑外,在咽喉、气管、支气管和胃黏膜,有时也出现烂斑和溃疡。心包膜有弥散性出血点,心肌切面有灰白色、淡黄色斑点或条纹,似老虎身上的斑纹,即所谓"虎斑心",这对猪口蹄疫的诊断有重要意义。

(3)诊断

根据本病流行特点和典型症状及病变可作出初步诊断。确诊则需要采集水疱皮和水疱液进行实验室检验。由于猪水疱病的症状与本病极为相似,故应与猪水疱病加以区别,猪水疱病只感染猪,不感染牛和羊。另外,口蹄疫病毒对小白鼠的致病力比猪水疱病病毒强,因此可用小白鼠接种试验进行鉴别,方法是将病料用青、链霉素处理后,接种 2 日龄和 7~9 日龄乳鼠,观察 7 d,如 2 日龄和 7~9 日龄乳鼠都发病死亡,可诊断为口蹄疫,如 2 日龄乳鼠死亡,7~9 日龄乳鼠存活,可诊断为猪水疱病。

(4)预防

一旦发生疫情,应立即向上级有关部门报告,按"早、快、严、小"原则,采取封锁隔离、检疫、消毒等综合措施,组织人力进行扑灭,严格处理尸体和畜产品,建立防疫带,防止疫情扩大。当最后一头病猪痊愈或处理后 14 d 再无新病例发生,经全面终末消毒,方可解除封锁。同时注意做好个人防护。

发病时,对健康猪立即用口蹄疫灭活疫苗进行紧急预防接种,每头 5 mL,颈部皮下注射,14 d 后可产生免疫力,免疫期 2 个月。紧急情况下可用康复动物血清进行免疫,每千克体重 1 mL,皮下注射,免疫期为 2 周。

(5)治疗

对病猪精心护理,配合药物治疗,促进早日康复。蹄部病变用

3%来苏儿溶液洗净,涂上龙胆紫溶液、碘甘油或青霉素软膏,然后用绷带包扎。对口腔溃疡,用食醋或 0.1%高锰酸钾溶液清洗,涂以碘甘油等。对恶性口蹄疫,除局部治疗外,还要辅以全身治疗,可用强心剂或滋补剂如安钠咖、葡萄糖盐水等。

128.如何防治猪丹毒?

猪丹毒是猪的一种急性、热性传染病。特征为高热和皮肤上形成大小不等、形状不一的紫红色疹块,俗称"打火印"。慢性病例主要表现为心内膜炎及关节炎。

(1)症状

潜伏期一般 3～5 d,最短的 1 d,长的可达 7 d,临床上分为3 种类型。

①急性型(败血型)。多见于流行初期,是常见的一种类型。突然发病,体温升高到 42℃以上,呈稽留热。病猪精神沉郁、怕冷、不食、呕吐、粪便干硬而附有黏液,卧地,不愿走动,眼结膜充血,呼吸加快,黏膜发绀,耳、颈、腹、股内侧等处皮肤,出现大小不一的红色疹块,指压暂时褪色。病程 3～4 d,死亡率可达 80%,死亡快的可能见不到皮肤变化,不死者转为亚急性型或慢性型。仔猪发病时,往往有神经症状,表现为抽搐,角弓反张。

②亚急性型(疹块型)。经过比较缓慢,病猪食欲减退,精神不振,体温略有升高,特征是在颈、背、胸、腹、股外侧皮肤上出现方形、菱形或不规则紫红色疹块,指压褪色。一般疹块出现后,体温开始下降,病情减轻,经数日疹块逐渐消退而形成干痂后自愈。少数病猪可转为败血型或慢性型。黑猪不易观察,但手能摸到疹块,宰杀刮毛后才能发现。

③慢性型。一般由急性型和亚急性型转变而来。常见腕关节和跗关节肿胀、疼痛,跛行、喜卧或不能行走,食欲时好时坏,体温正常或稍高,生长发育缓慢,体质虚弱,消瘦。发生心内膜炎时,呼吸困难,可视黏膜发绀,心跳加快,身体部分皮肤坏死发黑,变成干硬

厚痂,难以脱落。病程可拖延数周,最后因衰弱或后肢麻痹而死。

(2)病理变化

①急性型。胃底部黏膜弥漫性出血,十二指肠和回肠有不同程度充血、出血。全身淋巴结肿胀,显著充血和出血,切面多汁。脾肿大,呈樱桃红色,肾肿大呈暗红色,肺充血或水肿,肝充血呈红棕色,心脏内外膜有出血点,心包积液。

②亚急性型。主要病变为皮肤有坏死性疹块,疹块皮下血管扩张充血,内脏病变不明显。

③慢性型。四肢一个或多个关节肿胀,为增生性、非化脓性关节炎,关节囊增厚,内含黏液性和纤维性渗出物。心脏左房室瓣有溃疡性心内膜炎,形成疣状团块,似花椰菜状。病变有时也能蔓延到右房室瓣。

(3)诊断

根据流行特点、临床症状和病理变化可作出初步诊断。确诊则需采取心脏、脾、肝、肾、淋巴结、关节液等病料,送实验室做细菌学检查和动物接种试验。

(4)预防

坚持预防注射,每年春、秋两季用猪丹毒氢氧化铝甲醛疫苗、冻干猪丹毒弱毒菌苗或猪瘟、猪丹毒、猪肺疫三联苗各注射一次。

(5)治疗

①青霉素是治疗本病的首选药物,发病早期应用疗效更好。每千克体重1万～2万IU,静脉注射,同时肌肉注射常规剂量,每天两次,病猪体温、食欲恢复正常后,再注射2 d。某些病猪可能对青霉素有抗药性,可改用四环素每千克体重7～15 mg,肌注,每天一次。此外土霉素、洁霉素、诺氟沙星(氟哌酸)、磺胺类药物,对本病也有较好疗效。

②采取综合性防疫措施,同时加强检疫,及早检出病猪或带菌猪,迅速隔离治疗,消灭传染源。由于猪丹毒杆菌对外界的抵抗力较强,对被其污染的场地要全面消毒,死猪尸体要妥善处理。

129.如何防治猪肺疫？

猪肺疫是多杀性巴氏杆菌引起的一种急性、热性、败血性传染病,故又叫猪巴氏杆菌病或猪出血性败血症。俗名"锁喉疯"。

(1)症状

潜伏期 1～3 d,有时 5～12 d 不等,临床上可分三种类型。

①最急性型。呈败血病经过,常突然发病死亡。病情发展稍慢的病猪,体温升高到 41～42℃,食欲废绝,呼吸困难,心跳加快,黏膜发绀,耳根、颈部及腹部等处皮肤有出血性红斑。最为特征的是咽喉肿胀、坚硬而热,严重的可蔓延至耳根和颈,病猪呼吸高度困难,呈犬坐姿势,张口呼吸,口鼻流出白沫,常因窒息而死,病程 1～3 d。

②急性型。表现为胸膜肺炎症状,体温升高至 41℃左右,发出短、干的痉挛性咳嗽,呼吸困难、流鼻涕、气喘,有黏液性或脓性结膜炎,皮肤有出血性紫斑,初便秘,后下痢,胸部触诊有痛感。病程 4～6 d,不死者转为慢性。

③慢性型。病猪表现为持续咳嗽和呼吸困难,持续或间歇性腹泻,皮肤出现痂状湿疹,逐渐消瘦,被毛粗乱,行动无力,有时关节发生肿胀,最后衰竭而死。病程可达 2 周以上,不死者多成为"僵猪"。

(2)病理变化

①最急性型。表现为败血症变化,皮肤、皮下组织、浆膜、心内膜有大量出血点,在咽喉部水肿,周围组织发生出血性浆液浸润,下颌、咽及颈部淋巴结肿胀、出血,肺瘀血、出血、水肿。

②急性型。表现为纤维性胸膜肺炎变化。肺气肿、水肿、出血和有红色肝变区,病程长的肝变区内有坏死灶,切面成大理石纹状,胸膜有纤维性渗出物,严重者胸膜与肺粘连;支气管淋巴结肿大、出血,胃肠道有卡他性炎性或出血性炎性变化。

③慢性型。肺有多处坏死灶,内含干酪样物质。胸膜及心包

有纤维素样絮状物附着,胸膜增厚、粗糙或与病肺粘连。支气管淋巴结和肠系膜淋巴结干酪样变化。

（3）诊断

根据流行特点、临床症状、病理变化不难诊断。确诊时可采取心、肝、肺、脾及体腔病变部位渗出液等病料,送实验室进行细菌学检查。临床上最急性型和急性型猪肺疫,要与猪瘟、猪丹毒、猪气喘病相区别。

①与猪瘟区别。单纯猪瘟死亡的猪,胃有出血点,脾不肿大,呈出血性梗死,淋巴结周边也出血,大肠有纽扣状出血。但猪肺疫往往与猪瘟并发或继发,必要时作猪瘟诊断。

②与猪丹毒区别。猪丹毒无咽喉肿胀,皮肤出现红色疹块,指压褪色。脾肿大,心内膜有时有菜花样赘生物。

③与猪气喘病区别。猪气喘病体温不升高,无败血性变化,咽喉部位不见炎性水肿。

（4）预防

①改善饲养管理条件,消除降低猪抵抗力的一切因素,对猪场周围及设施定期消毒。

②定期用猪肺疫氢氧化铝甲醛疫苗皮下注射 5 mL,14 d 后产生免疫力;猪肺疫弱毒苗口服,7 d 后产生免疫力;仔猪断乳后15 d 注射猪瘟、猪肺疫、猪丹毒三联苗。免疫期均为 6 个月。

（5）治疗

早期用青霉素、链霉素联合治疗。青霉素每千克体重 1 万IU、链霉素每千克体重 20 mg,肌注,待体温下降后再用 2 d,若配用复方氨基比林效果更好。10%磺胺嘧啶钠溶液,小猪 20 mL、大猪 40 mL,肌注,直至体温下降,食欲恢复。或复方磺胺-5-甲氧嘧啶溶液,每千克体重 0.1～0.2 mL,肌注,每天 2 次,连用 3 d（对慢性型效果稍差）。必要时,可用新砷凡纳明（914）每千克体重 15 mg,溶于蒸馏水后,静脉注射,一般一次即见效。另外,甲磺酸培氟沙星饮水,对本病也有一定疗效。

130.如何防治猪沙门氏杆菌病？

猪沙门氏杆菌病又叫仔猪副伤寒，是仔猪常见的一种消化道传染病。主要特征是肠道发生坏死性肠炎，呈现严重下痢。

(1)症状

潜伏期 3～30 d，临床可分为急性型和慢性型。

①急性型。来势迅猛，体温升高至 41～42℃，精神不振，食欲减少或废绝，先便秘后下痢，粪便呈淡黄色、恶臭、有时带血，有腹痛症状。病猪后期结膜发炎，耳、颈、胸、腹及四肢等处皮肤呈紫红色，后变为青紫色，体温下降，呼吸困难，偶有咳嗽，肛门、尾及后肢有黏稠粪便附着。病程 4～10 d，终因心力衰竭而死亡，不死者转为慢性。

②慢性型。呈周期性腹泻。粪便淡黄色或淡绿色，有恶臭，混有血液或黏液，病猪精神不振，食欲减退，体温略升高或正常，皮肤出现痂状湿疹，尤其耳尖、四肢、胸腹部皮肤变成暗红色；部分猪出现慢性肺炎，持续咳嗽。病程可延续数周，最后衰竭而死或成僵猪。

(2)病理变化

①急性型。呈败血症变化。脾显著肿大，呈蓝紫色，淋巴结肿大、充血、出血，肾脏、肝脏有出血点或散在坏死灶。胃黏膜瘀血、出血，呈暗红色，胃内有大量稀薄的内容物。全身浆膜和黏膜充血、出血。肠管充盈，肠壁变薄，弹性降低，盲肠、结肠严重出血。

②慢性型。盲肠、结肠和回肠黏膜出现坏死性肠炎变化。肠壁增厚，表面附一层柔软糠麸样伪膜，除去伪膜，可见到大面积弥漫性溃疡，肠系膜淋巴结肿胀呈灰白色，切面有坏死灶，肝脏变性、肿大，常见有灰黄色结节性病变，胆囊黏膜坏死。肺下缘多见紫红色融合性肺炎。

(3)诊断

根据本病流行特点、症状和典型病变可作出初步诊断。但要注意与猪瘟、猪丹毒、猪肺疫、猪传染性胃肠炎相区别。确诊时,可采取病猪粪便、血液或死猪实质性器官、病变肠管等病料送检,做细菌分离培养鉴定。

(4)预防

加强仔猪饲养管理,搞好卫生与消毒。发病后隔离治疗,严格处理死尸。

(5)治疗

①在本病常发地区,用仔猪副伤寒冻干菌苗预防注射,1 个月以上的健康仔猪耳根部肌注 1 mL,免疫期 9 个月,注射 1～2 d内,有些猪可能有不良反应,但无不良后果,随后恢复正常。

②药物治疗。病猪土霉素按每千克体重 10～30 mg,肌注,每天 1～2 次,连用 3～5 d 后,剂量减半,继续用药 4～7 d;复方磺胺甲基异恶唑或复方磺胺-5-甲氧嘧啶 5～10 mL 肌注,每天 2 次,连用 2 d;或用 5～25 g 大蒜泥内服,每天 3 次,连服 3～5 d。

131. 如何防治猪气喘病?

猪气喘病又称猪霉形体肺炎,是猪的一种慢性接触性传染病。主要特征是咳嗽和气喘,病理变化为融合性支气管肺炎。本病广泛分布于世界各地,对养猪业发展危害严重。

(1)症状

潜伏期最短的 3～5 d,一般为 11～16 d,甚至更长。主要表现咳嗽、气喘,体温一般不升高。临床上分为三种类型。

①急性型。常见于新疫区流行初期,突然发病。病猪精神沉郁,呼吸加快,每分钟可达 60～100 次,呈腹式呼吸。严重者张口喘气,呈犬坐式,发出似拉风箱的喘鸣声,口鼻流出泡沫,咳嗽次数少而低沉。体温基本正常,食欲减退,逐渐消瘦,常因窒息而死亡。病程 1～2 周。

②慢性型。多见于老疫区猪群或由急性转来。病初长期咳嗽、气喘,初期咳嗽次数少而轻,随病情发展,次数逐渐增加,严重

时出现痉挛性咳嗽,甚至引起呕吐,进食或运动后更明显。气喘时重时轻,与气候变化,饲养管理不当有关。病猪常流黏性或脓性鼻汁,食欲、体温正常,但逐渐消瘦,生长发育受阻。病程可达 2～3 个月,甚至半年以上,若出现继发感染,则死亡率升高。

③隐性型。症状不明显,偶见咳嗽和气喘,X 光检查可见肺部有肺炎病灶。若饲养管理条件良好,仍能正常生长发育。

(2)病理变化

急性病例,肺高度气肿,病程长的呈融合性支气管肺炎,其中以心叶最为显著,尖叶、间叶和膈叶的前下部次之,病变常呈两侧对称。病变部位与正常组织,界限明显,呈灰红色,似鲜嫩的肌肉,外观似胰脏,故称"肉变"或"胰变"。病变组织切面多汁,可从小支气管内挤出灰白色、黏稠液体。肺门淋巴结肿大,切面隆起,呈黄白色,淋巴组织增生。

(3)诊断

根据流行特点、临床症状及病变可作出初步诊断,但要与猪流行性感冒、猪肺疫加以区别。

①与猪流行性感冒区别。猪流感突然发病,传播迅速,2～3 d 可使全群发病,体温升高,病程短,经 1 周左右恢复,死亡率低。

②与猪肺疫区别。猪肺疫体温升高,剖检时可见败血症和纤维素性胸膜肺炎变化,在肝变区可见到大小不一的化脓灶或坏死灶。

(4)预防

加强饲养管理,坚持"自繁自养",严格检疫。向外购猪时,应隔离观察,确认无病后方可并群。

(5)治疗

①目前已研制出猪气喘病弱毒苗,在一定范围内试用,但还未推广应用。其用法是:用生理盐水将疫苗作 1∶10 倍稀释,每头猪右侧胸腔内注射 5 mL,免疫期 8 个月以上。

②药物治疗。土霉素碱油剂(土霉素 20 mg 加入 100 mL 花生油或豆油混合均匀)每次小猪 1～2 mL,中猪 3～5 mL,大猪

5～8 mL,进行深部肌肉分点注射,3 d 一次,连用 5～6 次,一般效果良好;硫酸卡那霉素注射液每千克体重 3 万～4 万 IU,肌注,每天一次,5 d 为一个疗程;泰乐菌素每千克体重 5～13 mg,肌注,每天两次,连用 7 d;特效米先注射液每 10 kg 体重 2 mL,肌注,一次即可,严重者,3～5 d 后再注射一次;洁霉素每千克体重 50 mg,肌注,每天 2 次,5 d 为一个疗程。

132. 如何防治猪传染性胃肠炎?

猪传染性胃肠炎是由病毒引起的一种急性、高度接触性的肠道传染病。主要特征是腹泻、呕吐和新生仔猪死亡率高。

(1)症状

潜伏期很短,一般为 12～48 h。仔猪突然发病,首先出现呕吐,随后剧烈腹泻,粪便灰白色或黄绿色,常含有未消化的乳凝块或混有血液。病猪迅速脱水,极度口渴,体重减轻,一般 2～7 d 内死亡,日龄越小,病程越短,死亡率越高。1 周龄以内的仔猪死亡率可达 100%,随日龄增大,死亡率降低。耐过本病的仔猪大多生长发育不良,常成为僵猪。架子猪、肥猪和母猪的症状较轻,表现食欲减退,腹泻、体重减轻,有的呕吐,泌乳停止等,极少死亡,一般经 1 周左右康复。

(2)病理变化

主要病变在胃肠。胃内充满乳凝块,胃底黏膜充血,局部溃疡;小肠充血,肠壁松弛、变薄,绒毛缩短,肠管扩张,肠内充满黄绿色或灰白色液体,含有泡沫和未消化的乳凝块;肠系膜淋巴结充血肿胀;肾充血呈黑红色,皮质和髓质界限不清;有的病例除尸体脱水,肠内充满液体外,看不到其他病变。

(3)诊断

本病主要发生于寒冷季节,传播快,潜伏期短,各年龄猪都可发病。病猪呕吐和水样腹泻,仔猪死亡率高,成年猪呈良性经过及胃肠病变,据此可作初步诊断。由于与猪流行性腹泻无法区别,可考虑是两者之一,但应与猪大肠杆菌病,仔猪红痢和猪痢疾进行鉴别,要点参考猪大肠杆菌病部分。确诊要进行病毒分离、接种试验和血清学试验。

(4)预防

不从有病地区引进猪只,以免传入本病。一旦发生本病,立即隔离病猪,用 3％烧碱溶液或 20％石灰水消毒。未发病的猪,应隔离至安全地区饲养,限制人员和动物出入。

(5)治疗

①由于耐过本病的猪可产生坚强的免疫力,新生仔猪口服康复猪的抗凝血或高免血清,每天 10 mL,连用 3 d,有一定防治效果。

②本病目前尚无有效治疗药物,使用四环素类、磺胺类和呋喃类药物,可防止继发感染,缩短病程,促进痊愈。失水过多的猪,供给清洁饮水,必要时,静脉注射葡萄糖生理盐水及 5％碳酸氢钠溶液补液。

③迄今尚无一种较理想的疫苗。目前,已有的猪传染性胃肠炎弱毒苗,可免疫怀孕母猪,新生仔猪通过母乳获得免疫,也可试用免疫其他日龄猪。

133.如何防治猪流行性腹泻?

猪流行性腹泻是由病毒引起的一种急性、高度接触性肠道传染病。主要特征是腹泻、呕吐和新生仔猪死亡率高。

(1)症状

与猪传染性胃肠炎很相似,潜伏期短。病猪表现呕吐,迅速出现水泻,新生仔猪受害最严重,常因严重失水而死亡,病猪死亡率可达 50％。断奶猪和育肥猪表现厌食及水泻,体重减轻。经过 4～6 d 后,大多数病猪可康复,但生长发育受影响。母猪表现精神不振,厌食和持续下痢。

（2）病理变化

小肠充血，肠壁变薄发亮，充满黄色液体。肠系膜充血且淋巴结肿大，显微镜检查可见小肠绒毛缩短。

（3）诊断

临床诊断往往不能与猪传染性胃肠炎相区别。相对而言，本病的死亡率较低，2周龄时感染的仔猪很少死亡，病毒在猪群中传播相对较慢。确诊方法参考猪传染性胃肠炎。

（4）预防和治疗

参考猪传染性胃肠炎的防制方法。

134.如何防治猪细小病毒病？

猪细小病毒病可引起猪的繁殖障碍。主要特征是受感染的母猪，特别是初产母猪产生死胎、畸形胎、木乃伊胎及病弱仔猪，母猪本身无明显症状。

（1）症状

猪感染细小病毒后，仅妊娠母猪出现症状，成年猪不出现明显的临床症状，但体内许多组织器官（尤其是淋巴组织）中均有病毒存在。母猪感染时，主要表现为繁殖障碍，如多次发情而不受孕，或产出死胎、木乃伊胎，或只产出少数仔猪等。在怀孕早期感染时，胎儿死亡而被吸收，使母猪不孕或无规则地反复发情。妊娠中期感染时，胎儿死亡后，逐渐木乃伊化，产出木乃伊化程度不同的胎儿和虚弱的活胎儿。妊娠后期感染时，大多数胎儿能存活下来，并且外观正常，但可长期带毒排毒。若将这些猪作为种猪，则可使本病在猪群中长期扎根，难以清除。多数初产母猪感染后可获得很强的免疫力，甚至可持续终生。细小病毒感染对公猪的性欲和受精率无明显影响。

（2）病理变化

怀孕母猪感染后未见有明显的病变。受感染的胎儿表现不同程度的发育障碍和生长不良，可见到胎儿有充血、水肿、出血、体腔积液、脱水(木乃伊化)等病变。

(3)诊断

猪场中多数母猪发生流产、死胎、胎儿发育异常,而母猪却无异常变化,尤其母猪产出数个木乃伊胎,应考虑本病存在的可能性。若要进一步确诊,应进行实验室诊断。

(4)预防和治疗

目前对本病尚无有效治疗措施,只能采取预防措施。为控制本病传入,尽量不要从外地引进猪种。若引进种猪时,最好进行猪细小病毒血凝抑制试验,阴性猪方可引进。

本病污染的猪场可采用两种免疫方法:一种是在配种前通过自然感染的方法使母猪获得免疫。即在一群阴性的初产母猪中放进一些血清学阳性的老母猪,通过老母猪排毒,使初产母猪群受到感染,这种方法只适用于本病流行地区,因为将细小病毒引进一个清净的猪群,将会后患无穷。因此,非疫区禁用此法。另一种是采用人工自动免疫使猪获得免疫力。目前我国应用的疫苗有灭活疫苗和弱毒病苗,初产母猪在配种前 2~4 周之间接种,肌肉注射 4 mL;种公猪在 8 月龄时(性成熟)接种,剂量同母猪,免疫期达 5 个月以上,每年注射两次,可预防本病。

135.如何防治猪伪狂犬病?

伪狂犬病是由伪狂犬病毒引起的一种急性传染病。主要特征是发热、奇痒和脊髓炎症状,死亡率较高。

(1)症状

潜伏期一般为 3~6 d,个别达 10 d,年龄不同,症状有很大差异。成年猪多为隐性感染,多不出现临床症状,个别猪出现症状,只是轻微发热、腹泻等,且很快恢复,妊娠母猪一旦感染本病,可发生流产、死胎或产出木乃伊胎。新生仔猪和 4 周龄以内仔猪常突然发病,体温升高 41℃ 以上,精神高度沉郁,不食,间有呕吐和腹泻。当中枢神经受到侵害时,则出现神经症状,身体各部位肌肉呈痉挛性收缩,病猪兴奋不安,步态僵硬,站立不稳,运动失调,前肢呈八字样开张,鼻镜歪向一侧,口角、眼睑等头部皮肤擦伤,口腔水泡增多,站立不稳,四肢开张或摇晃,最后体温下降,昏迷死亡。病程较短,一般 1～2 d。死亡率较高,可达 60% 以上,刚出生的仔猪死亡率高达 95% 以上。

(2)病理变化

病猪体表尤其是口、唇及耳部有较多的外伤。皮下有时出现浆液性渗出物浸润,脑膜充血及脑脊髓液增多,扁桃体充血、坏死,有化脓灶,肾肿大,表面有散在的细小出血点,胸膜和胃肠黏膜充血或小点出血,肝脾有粟粒大坏死结节,肺充血水肿并有小出血点。组织学检查,有非化脓性脑膜炎及神经炎的变化。

(3)诊断

根据流行特点、临床症状和剖检变化可作出初步诊断。确认可采取病猪血清及大脑组织作病毒分离及血清学试验。

本病最简单而又可行的诊断方法是动物接种试验。采取病猪脑组织磨碎后,加生理盐水,制成 10% 的灭菌生理盐水混悬液,取 2 mL 分别用皮下或肌肉接种方法接种家兔或猫,如病料中含有伪狂犬病毒,接种 2～3 d 后,接种部位皮肤呈现剧烈瘙痒并有抓咬伤痕,发痒后 1～2 d 死亡。

(4)预防和治疗

成年猪发病较轻,常不治自愈。仔猪发病,目前尚无特效药,但在病猪出现神经症状之前,注射高免血清或病愈猪血清,有一定的治疗效果,对于长期携带病毒的猪,应隔离饲养或扑杀。圈舍用 2%～3% 的氢氧化钠或 20% 石灰乳彻底消毒,对疑似病猪应进行严格隔离,并对场内所有猪只进行紧急预防接种。目前国内多采用引进的 K_{61} 弱毒株研制的伪狂犬冻干苗,哺乳仔猪肌肉注射 0.5 mL,断奶后再注射 1 mL,连续注射 3 年。平时要加强饲养管理,禁止野外动物窜入猪舍,消灭鼠类和蚊蝇。对圈舍地面、设备、用具、围栏等每周消毒一次。

136. 如何防治猪繁殖及呼吸综合征？

猪繁殖及呼吸综合征又称为"猪蓝耳病"，由于我国近年来大量引进种猪和进口猪肉产品，增加了带进本病的可能性。

（1）症状

自然感染潜伏期一般为 2 周左右。发病之初症状与感冒相似，发热，体温升高一般至 40℃ 左右，精神沉郁、嗜睡，食欲不振，有时咳嗽。部分病猪在鼻盘、耳尖、腹部、外阴、四肢末端、尾巴、乳头等部位呈现蓝紫色，这种特殊症状多发生在一般症状出现后的 5~7 d，以耳尖变蓝最为常见。这种局部皮肤颜色发生，时间短暂，有时仅持续数小时。仔猪和育肥猪常表现为呼吸急促、困难，呈腹式呼吸或有鼻炎等呼吸系统症状。发病中期，妊娠母猪发生早产、流产，早产胎儿可比正常分娩提早 6 周左右，流产死胎有不少为木乃伊胎，另外产弱仔数量增多。因本病使哺乳母猪泌乳困难，耐过母猪虽可重新怀孕，但窝产仔数和仔猪存活率均下降。公猪表现为倦怠，嗜睡，精液质量下降。

（2）病理变化

胸腔、腹腔内有大量黄色积液和纤维性渗出物，呈现多发性浆液纤维素性胸膜炎和腹膜炎。肺脏大面积充血水肿；腹股沟淋巴结和肺门淋巴结明显肿大。部分病死猪肾脏肿大（用大量抗生素治疗后死亡的尤其明显），呈褐色或土黄色，质地较脆，有瘀血现象；脾脏肿大、质脆；膀胱内尿液浑浊呈茶色；个别猪有消化道病变，主要表现为胃黏膜大面积充血、出血。

（3）诊断

根据流行特点、临床症状和病理变化可作初步诊断。在诊断过程中应注意与猪细小病毒病，猪伪狂犬病和猪乙型脑炎相区别。必要时采取病猪鼻黏膜、肺及脾组织、流产胎儿送有关实验室，采用间接荧光抗体法和酶抗体法对病毒进行鉴定。在死胎、弱胎的血清和体液中可检出抗体，对本病的确诊有较高的价值。

（4）预防和治疗

①本病尚无药物治疗。

②不要从发生过本病的地区引进病猪。

③消灭牧场及养猪厂及环境中的鼠类，严格将猪牛分开饲养。

④发现病猪立即隔离，猪圈、场地、用具用 2％氢氧化钠或 20％石灰水进行消毒。

⑤免疫用伪狂犬病弱毒冻干苗，仔猪第一次肌注 0.5 mL，断奶时再注 1 mL；3 月以上育肥猪 1 mL；成猪和妊娠猪（产前 1 个月）2 mL，仅限于疫区和受威胁区使用。

⑥也可用伪狂犬病油剂灭活苗肌注，初生仔猪 2 mL，断奶仔猪 3 mL，妊娠母猪（70 d）5 mL。

137. 如何防治猪传染性萎缩性鼻炎？

本病是一种慢性接触性传染病，以鼻炎、鼻梁变形和鼻甲骨的下卷曲发生萎缩和生长迟缓为特征。本病常见于 2～5 月龄的幼猪。

（1）症状

幼猪发病初期，时常摇头打喷嚏，特别在饲喂或运动时更为明显，有鼻塞音，鼻流脓性分泌物。病猪表现不安，拱地或拱槽，或用前肢扒搔鼻孔周围，摇头，奔跑，体温不正常，病程稍长，3～4 周后鼻孔皮肤形成皱褶。病情进一步发展，鼻腔软骨组织和面骨萎缩，呈现畸形。一旦气候变冷，还易发生感冒与肺炎。

（2）病理变化

特征病变是鼻腔软骨和鼻甲骨软化、萎缩。鼻腔常有大量的黏脓性及干酪样渗出物，急性时渗出物内含有脱落的上皮碎屑。慢性时鼻黏膜一般苍白，轻度水肿。

（3）诊断

病猪打喷嚏，不断在周围器物上擦鼻，从鼻孔流出黏性脓液，不断流泪。鼻面部皮肤红肿皱褶，鼻梁变形。无本病的猪场一旦有可疑时,为了及时确诊可试宰几头,进行病理解剖学检查。若为本病,一般在鼻黏膜、鼻甲骨等处可发现典型的病理变化。

(4)预防和治疗

加强检疫,杜绝病原。对已存在的病猪和可疑病猪,应立即宰杀,头、肺进行高温处理,其余可加以利用。为了预防幼猪感染此病,可按饲料量的0.02%加喂土霉素。治疗时,病初可用0.1%高锰酸钾溶液,或1%～2%硼酸水,冲洗鼻腔,每日1次。同时每千克体重肌肉注射链霉素10 mg。鼻部已出现严重病变的种猪必须坚决淘汰。

138.如何防治猪传染性胸膜肺炎?

猪传染性胸膜肺炎是由胸膜肺炎放线杆菌所致的一种高接触传染性呼吸道疾病,以纤维素性胸膜肺炎和肺炎为特征,慢性感染猪,生长速度降低。所有年龄的猪均易感,断奶猪与架子猪发病率最高。

(1)症状

潜伏期因病菌毒力和感染量而异,自然感染1～2 d,人工感染4～12 d。本病根据病程经过可以分为最急性、急性、亚急性和慢性。

①最急性型。有一头或几头猪突然发病,体温升高至41.5℃,食欲废绝,沉郁,可见短时的腹泻和呕吐。病初无明显呼吸道症状,但心跳加快,心脏和循环发生障碍,耳、鼻、腿、体侧皮肤发绀。后期呼吸高度困难,张口呼吸,犬坐姿势。临死前从口、鼻中流出大量淡红色泡沫样液体。病程24～36 h。有的猪毫无先兆突然死亡。病死率达80%～100%。

②急性型。有很多猪发病,表现体温升高,沉郁,食欲废绝。呼吸困难,咳嗽,张口呼吸。受到饲养管理水平和环境因素影响,可以转为亚急性和慢性,病程长短不定。

③亚急性型和慢性型。不发热,有不同程度的间歇咳嗽,食欲

不振,增重减慢。慢性感染猪群亚临床发病多见,其他病原微生物(支原体、巴氏杆菌等)继发感染,可以使临床症状加重。首次暴发本病时,妊娠猪可能流产。

(2)病理变化

病变主要见于呼吸系统。胸膜表面多见广泛的纤维素沉积,肺广泛性充血、出血、水肿,肺炎病变大多为双侧性,病变最常见于膈叶,病变部与健部界限明显。在最急性和急性病例,肺炎区色深且质地坚实,切面易碎。胸腔内有血色液体。气管和支气管内有带血色的泡沫状黏液。慢性病例,在肺膈叶有大小不一的脓肿样结节,有的在肺内部,有的突出于肺表面,胸膜和肺发生粘连。病原如为血清3型,病猪可见关节炎、心内膜炎和不同部位脓肿。

(3)诊断

①急性。猪突然发病,体温升高,沉郁、厌食、咳嗽、呼吸困难,常出现心脏衰竭。病情严重者呈犬坐势,张口伸舌,耳、鼻、腿及全身皮肤发红与出现紫斑。在出现最初症状后几小时至48 h可发生死亡。死前从口和鼻孔流出深紫色或淡红色血液泡沫。

②亚急性和慢性。常由急性转变而成,体温不高或略有升高,食欲不振,阵咳或间断性咳嗽,增重率降低。在慢性感染群中,常有许多无症状病猪,慢性感染的猪常常会得继发性肺炎,变成生长缓慢的僵猪,这些猪常会发生胸膜炎和肺脓肿。本病首发时还可以出现流产。

③主要病变为肺炎和胸膜肺炎。胸膜表面多见广泛的纤维素沉积,肺广泛性充血、出血、水肿和肝变。气管和支气管内有大量的血色液体和纤维素凝块,胸、腹腔内均有纤维素渗出物。严重的可见肺胸膜粘连,甚至与心包粘连。

(4)预防和治疗

①一般采取正常浓度作紧急注射,非肠道给药治疗。青霉素、氨苄青霉素及头孢(先锋)霉素为首选药物。庆大、多黏菌素、增效磺胺(TMB+SM2)及四环素也有效,恩诺沙星有特效。单用泰妙

菌素或联合使用壮观霉素与林肯霉素效果也令人满意。在病的早期治疗效果较好,为维持血液中的有效浓度,应根据所用抗菌药物的特性反复注射。四环素和硫黏菌素加到饲料中能控制这种疾病。

a. 青霉素,每头每次 80 万～240 万 IU,每天 2 次,连用 3～5 d。

b. 环丙沙星注射液,3～10 mg/kg,肌肉注射,每天 2 次,连用 3～5 d。

c. 强效阿莫西林 20 mg/kg、盐酸恩诺沙星 5 mg/kg 和地塞米松 10 mg/只,3 种药混合,在颈部一侧肌肉注射,另一侧肌肉注射硫酸丁胺卡那霉素 8 mg/kg,每天 1 次,连用 5 d。

②已有几种疫苗可以用来预防胸膜肺炎,疫苗应当包括猪场分离到的血清型。由于免疫母猪通过初乳传递的母源抗体可在 5～9 周内保护仔猪免受感染,所以仔猪首免不应早于 6～8 周龄,首免后隔 2 周再免一次。种猪在引入时或 6 月龄免疫,3 周后再免,每次 4～2 mL。这些抗体在 4～6 周达到高峰,能减少病死率和降低流行,并可维持好几个月。

③最好是将抗体阳性率高的猪群全部扑杀,再从血清学阴性猪场引入新猪。对于阳性率较低的种猪群,可在仔猪断奶后不断对猪群进行血清学检查,发现阳性猪及时淘汰。

139. 如何防治仔猪水肿病?

本病是由致病性大肠杆菌引起的断奶后仔猪的一种肠毒血症,称为大肠杆菌病毒血症、小猪摇摆病。特征为胃壁和其他某些部位发生水肿。突然发病,发病率较低,但致死率很高,常出现内毒素中毒性休克症状而迅速死亡。

(1)症状

乳猪断奶 1～2 周后,突然发病,其病为数小时,一般为 1～2 d,最长可达 7 d 以上。病猪精神沉郁,食欲不振,体温一般正常。病猪独卧一隅,时有抽搐,行走不稳,有的前肢跪地,后肢直立,有的则站立不起,有的倒地四肢呈游泳姿势。有的病猪表现感觉过敏、触摸时惊叫,叫声嘶哑。病猪常见眼睑肿胀,严重时可波及整个头颈部。

（2）病理变化

眼睑水肿,切开皮肤,皮下呈胶冻样。胃壁水肿是本病的证病性病变,水肿主要发生在胃大弯,严重的可蔓延到食道部和整个胃底部。有的病例水肿面积很小,仅五分硬币大小或更小。水肿胃壁厚度可达 1～2 cm,切开可见水肿液浸润于黏膜和肌层之间,使胃黏膜与肌层之间显著增宽,呈灰白色或黄白色透明胶冻样。结肠间肠系膜明显水肿,透明胶冻样。全身淋巴结充血水肿,肠系膜淋巴结水肿最为明显。心包和胸腹腔有较多积液,暴露于空气中则凝成胶冻样。肺水肿常见。有些病例肾包膜水肿,积有红色液体,接触空气后凝成胶冻样。部分病例不见水肿变化,而表现明显的出血性胃肠炎。

（3）诊断

①一般在断奶后 10～14 d 出现症状。多发于吃料太多、营养好、体格健壮的仔猪。

②眼睑、头、颈部甚至全身水肿。

③体温一般无变化,呼吸、心跳加快,肌肉震颤,盲目行走,转圈,共济失调,痉挛或惊厥,尖叫,口吐白沫,倒地抽搐,四肢划动,最后四肢麻痹,不能站立,休克性死亡。

④病死猪剖检可见猪体各部位发生不同程度的水肿。胃壁水肿,肠系膜呈凉粉状,切开后有液体流出,全身淋巴结都有水肿变化,心包、胸腔、腹腔积液较多,液体澄清或无色,暴露在空气中成胶冻状。眼睑、颜面、下颌部、头部皮下呈灰白色凉粉样水肿。

（4）预防和治疗

①断奶后 3～7 d 在饮水或料中添加抗菌药,如呼肠舒、氧氟沙星、环丙沙星等,连给 1～2 周。目前常用的抗菌药有强力霉素、氟甲砜霉素、新霉素、恩诺沙星等。使用抗菌药治疗的同时,配合

使用地塞米松。对病猪还可应用盐类缓泻剂通便,以减少毒素的吸收。

②水肿克星或水肿康 5 mL/头,2 次/d,连用 3 d;亚硒酸钠维生素 E 针剂,1~2 mL 肌注,2 次/d,连用 3 d;10%安钠咖 2 mL,50%葡萄糖 3 ml/kg,静注,2 次/d,连用 3 d。根据情况延长用药时间。

③中药治疗。茯苓、白术、厚朴、青皮、生姜各 20 g,陈皮、大枣各 30 g,泽泻、甘草各 15 g,乌梅 3 个。用于 15 kg 仔猪,煮水分2 次内服,连用 3 d。

140. 如何防治猪圆环病毒病?

猪圆环病毒(PCV)是迄今发现的一种最小的动物病毒。血清型Ⅱ型圆环病毒(PCV2)具有致病性,它是断奶仔猪多系统衰竭综合征的主要病原。此外,猪皮炎肾病综合征、增生性坏死性肺炎、猪呼吸道疾病综合征、繁殖障碍、先天性颤抖、肠炎等疾病亦与PCV2 感染有重要关联。PCV2 严重侵害免疫系统,可引起猪免疫抑制。猪圆环病毒病的死亡率 10%~30%,较严重的猪场在暴发本病时死淘率高达 40%,给养猪业造成严重的经济损失。

(1)症状

圆环病毒侵害猪体后,根据猪的大小可分为 4 种类型。

①传染性先天性震颤(CT):母猪怀孕期间无任何异常表现,仔猪出生或几小时后出现震颤,共济失调,吮乳时,口频频点击乳头附近,但需一定时间才能吸住乳头,有的仔猪由于口部颤抖厉害,吸不住乳头,一部分仔猪饿死或被母猪压死。同一窝仔猪中有个别发病的,也有全部发病的,同一窝仔猪中如有个别发病的,其康复时间快,颤抖也较轻,大部分或全部发病仔猪,颤抖较重,恢复相对较慢。卧下或睡眠时颤抖较轻或停止,观察颤抖停止的仔猪与正常猪基本一样。耐过的仔猪,大部分满月后可自行康复,康复仔猪无后遗症。极个别猪颤抖延续到成年。

②断奶仔猪多系统衰竭综合征(PMWS):常见于断奶后至 16

周龄的仔猪,可见断奶前膘肥体壮的仔猪,断奶后逐渐消瘦,断奶前后形成强大反差。皮肤苍白,个别猪黄疸,毛长、毛稠、毛乱无光泽。呼吸加快、咳嗽。行走无力,精神沉郁。个别严重病例耳水肿增厚,其上布满红紫斑和紫色的疙瘩,眼周围充血、瘀血红肿。部分病猪腹泻黑色粪便。提起两后肢摆动,感觉绵软、衰竭、挣扎无力。猪仰卧可见腹股沟淋巴结明显肿大。腹泻,尿黄或排尿到最后时,可见灰白色絮状物。

③皮炎肾病综合征(PDNS):本病是架子猪易得一种以皮肤炎症、肾小球肾炎和间质性肾炎为特征的疾病。皮肤初期潮红,中后期皮肤苍白,表面有圆形或不规则形凸起的疙瘩,疙瘩先后呈红色、紫红色或顶部黑色结痂。有的猪几乎一夜之间遍及全身,有的猪周身皮肤紫红色或灰紫色。但猪并未表现强烈的痒感。本病的紫疙瘩布满整个皮肤,病愈的猪疙瘩消失后,留下明显的痕迹。有的猪可见眼睑稍肿,眼睫毛上附着较硬的污垢,但并未见眼角有大量脓性分泌物。急性病例可见体温升高、厌食、腿软等症状。

④繁殖障碍型:哺乳母猪在仔猪断奶后,母猪长时间不发情,或虽然发情却屡配不孕;怀孕母猪体温正常或稍高,皮肤暗红粗糙,阴门见黄豆大小的紫泡,流产、早产,产出木乃伊胎或弱仔。

(2)病理变化

①传染性先天性震颤(CT):剖检病死仔猪,各器官无肉眼可见的变化。病理组织学可见脊髓髓磷脂沉着迟缓。

②断奶仔猪多系统衰竭综合征(PMWS):肌肉色淡,萎缩,肺肿胀呈间质肺炎,质硬肺泡出血,心叶、尖叶萎缩;脾肿大肉变。淋巴结呈灰白色肿大,切面外翻,也有呈深浅不一的暗红色,肿大 4～5 倍。

③皮炎肾病综合征(PDNS):整个脾肿大、梗死、质地坚硬,用针从脾的中间穿过提起,可见脾两头稍下垂似扁担状。肾苍白水肿,体积和重量均超过正常猪的 4 倍,切面肾盂和肾髓质弥散性出血。肾包膜有紫红色瘀血斑点,肾上腺切面可见坏死灶。肺肉变,

下缘有大的瘀血斑,表面有点状出血。大肠有几个较深的溃疡灶,肌肉色淡。淋巴结灰白色肿大。

④繁殖障碍型:流产、早产和产出的木乃伊胎或弱仔,暂时还没有能明显区别于其他繁殖障碍性疾病的肉眼可见病变。

(3)诊断

本病诊断必须将临床症状、病理变化和实验室的病原或抗体检测相结合才能得到可靠的结论。最可靠的方法为病毒分离与鉴定。

①临床症状。断奶后仔猪患病表现为肌肉衰弱无力、下痢、呼吸困难、黄疸、贫血、腹股沟淋巴结肿胀明显,皮肤出现紫红色病变斑块,皮下水肿;母猪导致繁殖障碍或流产、死胎、木乃伊胎及弱仔,有的仔猪可发生先天性震颤病。

②剖检变化。肉眼病变主要为淋巴结明显肿大,切面变硬,可见均匀的白色;肺炎、肺肿胀变坚硬呈橡皮样或呈弥漫性间质性肺炎;肝、脾萎缩;肾苍白肿大,被膜下有坏死灶;结肠水肿,黏膜充血;胃溃疡;不同程度的肌肉萎缩。

③病理学检查。此法在病猪死后极有诊断价值。当发现病死猪全身淋巴结肿大,肺退化不全或形成固化、致密病灶时,应怀疑本病。可见淋巴组织内淋巴细胞减少,单核吞噬细胞类细胞浸润及形成多核巨细胞,若在这些细胞中发现嗜碱性或两性染色的细胞质内包涵体,则基本可以确诊。

④血清学检查。是生前诊断的一种有效手段。诊断本病的方法有:间接免疫荧光法、免疫过氧化物单层培养法、ELISA法、聚合酶链式反应(PCR)法、核酸探针杂交及原位杂交试验(ISH)等方法。

(4)预防与治疗

①避免过早断奶和断奶后更换饲料,断奶后继续饲喂断奶前的饲料至少10 d。

②在断奶仔猪饲料中按每吨饲料中添加1.2 kg利高霉素,15%

金霉素 2.5 kg 或强力霉素 150 g,阿莫西林 150 g,连续饲喂 15 d。

③避免断奶后并窝合群,断奶前、后 1 周内多次注射疫苗,降低饲养密度。

④仔猪用药:哺乳仔猪在 3 日龄、7 日龄、21 日龄注射三针得米先,断奶前 1 周至断奶后半个月,在每吨饲料中添加 1.5 kg 利高霉素或强力霉素 150 g。

⑤母猪用药:母猪产前 1 周和产后 1 周,每吨饲料中添加 1.2 kg 利高霉素,2.5 kg 15%金霉素,150 g 阿莫西林进行饲喂。

⑥中药治疗:

a.熟附子 10 g,肉桂 3 g,干姜 5 g,炒白术 6 g,党参 8 g,茯苓 6 g,五味子 3 g,陈皮 3 g,半夏 3 g,炙甘草 3 g。煎汤灌服,早晚各 1 次,连服 3 d。

b.服用上述药方 3 d 后,改用此方:党参 12 g,炒白术 8 g,茯苓 8 g,陈皮 5 g,炙甘草 5 g,白芍 8 g,熟地 8 g,当归 6 g,川芎 4 g,黄芪 10 g,肉桂 3 g,荆芥 6 g。煎汤灌服,早晚各 1 次,连服 5 d。

141.如何防治猪链球菌病?

猪链球菌病是致病性链球菌感染而引起的一些疾病的总称。急性型常为出血性败血症和脑炎,慢性型则以关节炎、心内膜炎及组织化脓性炎症为特点。一年四季均可发生,但以 5~11 月份发生较多,大小猪均能感染,但其中以架子猪和怀孕母猪发病率高。

(1)症状

本病在临床上分为猪败血性链球菌病、猪链球菌性脑膜炎和猪淋巴结脓肿三个类型。

①猪败血性链球菌病:病原为 C 群链球菌,D 群和 L 群链球菌也能引发本病。潜伏期一般为 1~3 d,长的可达 6 d 以上。根据病程长短和临床表现,分为最急性、急性和慢性三种类型。

最急性型　发病急,死亡快,多在不见任何症状的情况下突然死亡,或突然不食、少食,体温升高至 40~42℃,沉郁、卧地不起,呼吸急促,多在 24 h 内死于败血症。

急性型 常突然发病,病初体温升高至 40～41.5℃,继而升高达 42～43℃,呈稽留热,精神沉郁、呆立或喜卧,食欲减退或废绝,饮欲增强。眼结膜潮红,有出血斑,流泪。呼吸急促,有时咳嗽。鼻镜干燥,流浆液性或脓性鼻液。颈部、耳朵、腹下、四肢下端皮肤呈紫红色,并有出血点。常见便秘,有时可见血尿和腹泻。病程 3～5 d。

②猪链球菌性脑膜炎 主要由 C 群链球菌引起,以脑膜炎为主要症状。多见于哺乳仔猪和断奶仔猪。病初体温升高,食欲废绝,便秘,流出浆液性或黏液性鼻液。迅速出现神经症状,盲目走动,步态不稳,或作转圈运动,磨牙、空嚼。当有人接近或触及躯体时,尖叫或抽搐。病程 30～36 h。亚急性或慢性病程稍长,常伴有多发性关节炎。

慢性型多由急性转化而来。主要表现为多发性关节炎,一肢或多肢出现关节炎,关节周围肿胀,高度跛行,有痛感,站立困难,严重病例出现瘫痪。其次是心内膜炎,病猪常见皮肤发红或发绀,体表发凉,常见四肢缩于腹下平卧、少见侧卧。最后衰竭死亡。

③猪淋巴结脓肿 多由 E 群链球菌引起。以颌下、咽部、颈部等处淋巴结化脓和形成脓肿为特征。其中以颌下淋巴结的化脓炎症最为常见。局部隆起,触之坚硬,有痛感,局部温度升高。严重时出现体温升高,食欲减退。脓肿成熟后自行破溃,流出带绿色、浓稠、无臭味的脓汁,此时全身症状减轻。病程 2～3 周,一般不引起死亡。

(2)病理变化

急性死亡病例从天然孔流出暗红色血液,凝固不良。胸腔积液,有大量黄色透明或含纤维素渗出物的液体。心包积液,有时可见纤维素性心包炎,心肌松软,色淡,右心室扩张,心耳、心冠沟和右心室内膜有出血斑点。慢性心内膜炎型常在二尖瓣或三尖瓣有白色或黄色赘生物。肺充血肿胀,喉头、气管充血,内含大量泡沫。

脾明显肿大，有时可增大 1～3 倍，呈灰红色或暗红色，质软易脆裂，被膜下可见出血点，少数病例可见脾边缘有黑红色出血梗死区，切面隆起，结构模糊。肝边缘钝圆，质硬，切面模糊，胆囊水肿囊壁增厚。肾稍肿大，充血和出血，皮质髓质界限不清。胃肠黏膜浆膜点状出血。全身淋巴结水肿、出血。肿大的关节皮下胶冻样水肿，关节囊膜面充血，滑液浑浊，并含有黄白色奶酪样块状物。

脑膜炎型病猪剖检可见脑膜充血出血，少数病例脑膜下水肿。脑切面可见白质和灰质有小点状出血。常见纤维素性心包炎、胸膜炎和腹膜炎。其他病变类似败血性链球菌病。部分病例在头、颈、背、胃壁、肠系膜及胆囊壁有胶样水肿。

（3）诊断

①急性败血型：多突然发生，体温升高到 40～42℃，精神沉郁，食欲减退，全身皮肤发红，耳、颈、腹下、大腿后侧及四肢下端等处皮肤常有大片紫红色斑块，指压不褪色。有脑膜炎症状的表现为惊厥，震颤，圆圈运动或卧倒四肢摆动。大多数猪只死亡时鼻腔流出带血的泡沫。

②关节炎型：表现为一肢或几肢关节肿胀、疼痛，肢体软弱，行动摇摆，步态僵硬，跛行，重者不能站立。

③淋巴结脓肿型：多见颌下淋巴结、咽部和颈部淋巴结肿胀，有热痛，根据发生部位不同可影响采食、咀嚼、吞咽和呼吸。扁桃体发炎时体温可升高到 41.5℃ 以上。

④剖检败血型主要为出血性败血症病变和浆膜炎，体表有局限性化脓性肿胀，全身淋巴结肿大、出血；心内膜出血，脾脏肿大、出血，胃黏膜充血、出血，有溃疡。脑膜脑炎型，脑膜充血、出血。少数脑膜下有积液，脑切面可见白质和灰质，有小点出血，骨髓也有类似症状。心包、胸腔、腹腔有纤维素性炎症变化。

（4）预防和治疗

①加强饲养管理，注意环境卫生，经常对污染的环境、用具消毒，及时淘汰病猪。健康猪可用猪链球菌弱毒活菌苗接种。建议

在仔猪断奶前后注射 2 次,间隔 21 d。母猪分娩前注射 2 次,间隔 21 d。

②治疗时选用青霉素 3 000~4 000 IU/kg,肌肉注射,每天 2 次,连续 3~5 d。土霉素口服 0.05~0.1 g/kg,每天分 2 次。磺胺嘧啶 80 mg/kg,每天分 3 次口服,连服 5 d。以上药物如能两种药物联合或交叉应用,则效果更好。但必须坚持连续用药和给足药量,否则易复发。

③对于病猪体表脓肿,初期可用 5% 碘酊或鱼石脂软膏外涂,已成熟的脓肿,在局部用碘酊消毒后,用刀切开,将脓汁挤尽后,撒消炎粉。

142.如何防治猪日本乙型脑炎?

本病是由日本乙型脑炎病毒引起的一种人畜共患传染病。主要在夏季至初秋蚊子滋生季节流行。

(1)症状

猪常突然发生,发烧至 40~41℃,呈稽留热,持续几天或十几天以上;病猪精神萎靡,食欲减少或废绝,粪干呈球状,表面附着灰白色黏液;有的猪后肢呈轻度麻痹,步态不稳,关节肿大,跛行;有的病猪视力障碍,最后麻痹死亡。妊娠母猪突然发生流产,产死胎、木乃伊和弱胎,母猪无明显异常表现。公猪除有一般症状外,常发生一侧性睾丸肿大,也有两侧性的,患病睾丸阴囊皱襞消失、发亮,有热痛感,经 3~5 d 后肿胀消退,有的睾丸变小变硬,失去配种繁殖能力。

(2)病理变化

流产胎儿脑水肿,皮下血样浸润,肌肉似水煮样,腹水增多;木乃伊胎儿从拇指大小到正常大小;肝、脾、肾有坏死灶;全身淋巴结出血;肺瘀血、水肿。子宫黏膜充血、出血和有黏液。胎盘水肿或见出血。公猪睾丸实质充血、出血和小坏死灶;睾丸硬化者,体积缩小,与阴囊粘连,实质结缔组织化。

（3）诊断

①母猪。产前症状表现体温升高,精神沉郁,喜卧嗜睡,不愿站立和走动。渴欲增加,尿黄粪干,可视黏膜潮红。产后症状减轻,逐渐恢复正常,有的反而加重,胎衣不下,从阴道流出红白色黏液。分娩期正常或延迟,死胎大小均匀。四肢有畸形,脑软膜充血、水肿。

②公猪。常发生睾丸炎,多为单侧性,初期肿胀有热痛感,数日后炎症消退,睾丸萎缩变硬、性欲减退、精液带毒、失去配种能力。

③仔猪。体温突然升高到40～41℃,精神不振,减食或不食,眼结膜通红,粪便干燥呈球状,上附有黏液,尿色深黄,少数患猪后肢轻度麻痹、关节肿大、瘸腿、乱冲乱撞,最后死亡。

（4）预防和治疗

①定期驱蚊、虱等昆虫和体外寄生虫,切断传播媒介。

②本病流行地区猪场,在蚊虫开始活动前1～2个月,对4月龄以上至2岁的公母猪,用乙型脑炎弱毒疫苗预防注射,第二年加强免疫一次。

③做好死胎儿、胎盘及分泌物等的处理。

④目前无特效治疗药物。根据实际情况采取对症治疗和防止继发感染。5%葡萄糖注射液250～500 mL,10%维生素C注射液20～30 mL,40%乌洛托品10～20 mL,静脉注射,每天1次,连用3～5 d。

⑤中药治疗。大青叶30 g,黄芩、栀子、丹皮、紫草各10 g,黄连3 g,生石膏100 g,芒硝6 g,鲜生地50 g,水煎至100 mL,候温灌服,每天1次,连用3～5 d。

（七）猪常见寄生虫病的诊治

143.如何防治猪蛔虫病？

猪蛔虫病是由猪蛔虫寄生在猪体内而引起的一种寄生虫病。

流行较广,严重危害着 3～6 月龄的仔猪,不仅影响其生长、发育,甚至引起死亡。

(1)症状

感染猪蛔虫的发病情况,随猪年龄大小、体质强弱、感染强度及蛔虫所处的发育阶段不同而有所不同。一般营养良好,体壮的猪不表现明显症状。仔猪因幼虫在体内移行而引起肺炎症状,表现咳嗽,体温升高,逐渐出现精神不振,呼吸及心跳加快,食欲不振、异嗜癖,生长发育受阻;成虫大量寄生小肠内,可引起肠炎、肠阻塞或肠破裂,出现腹痛;若虫体钻入胆管,还可引起黄疸等。蛔虫产生的毒素能引起仔猪皮疹、痉挛等神经症状。

(2)病理变化

大量幼虫在肝、肺移行时,可引起肝出血、坏死,肝表面出现大小不等的白色斑纹,肺叶成暗红色,小肠蛔虫多时,肠黏膜出现卡他性炎症,有出血斑。成虫大量扭结时,可见肠管阻塞,若虫体阻塞胆管可引起黄疸。

(3)诊断

感染不严重时,一般无特殊症状,除非在猪粪便或尸体的肠道内发现虫体。通常 2 月龄以上的猪,取粪便用饱和盐水漂浮后,进行虫卵检查。2 月龄以内的仔猪体内还没有成熟的蛔虫,粪便检查不能发现虫卵,可取尸体的肺或肝脏,用幼虫分离法分离幼虫,以求确诊。

(4)预防

定期驱虫,2～6 月龄的猪每 2 个月驱虫一次,母猪怀孕初期驱虫一次;猪舍及周围环境定期消毒,粪便与垫草等堆积发酵处理。

(5)治疗

左旋咪唑每千克体重 10 mg,一次口服或拌入少量饲料喂服,也可配成 5% 的溶液,肌注或皮下注射;丙硫苯咪唑每千克体重 5 mg,拌料一次喂服;噻嘧啶每千克体重 15～25 mg,拌料一次喂服;精制敌百虫每千克体重 0.1 g(总量不超过 7 g),拌料空腹喂服。

144.如何防治猪囊虫病?

猪囊虫病也叫猪囊尾蚴病,是由寄生于人体内的有钩绦虫的幼虫(猪囊尾蚴),寄生于猪体内而引起。猪囊虫病是人畜共患的蠕虫病之一,不仅给养猪业带来损失,也威胁着人体健康。

(1)症状

猪感染本病后一般无明显症状,只有在严重感染或某个器官受到损害时才表现出症状。囊尾蚴寄生于呼吸肌、肺、咽喉、心肌等处时,病猪表现呼吸困难,声音嘶哑、吞咽困难、心律不齐;寄生于脑则表现癫痫发作;若寄生于眼部可产生视觉障碍。

(2)病理变化

猪囊尾蚴寄生部位的肌肉呈苍白色,在心肌、脑及肺部可形成半透明、黄豆大的囊泡。

(3)诊断

生前诊断较困难,感染严重时,触摸舌两侧和舌下系带部位,有豆状肿胀结节,则可确诊。但一般只有屠宰后,在猪的肌肉组织或其他脏器内,发现猪囊尾蚴方可确诊。实验室诊断常用间接血凝试验、酶联免疫吸附试验等。

(4)预防和治疗

①加强肉品卫生检验工作,发现猪肉中有猪囊尾蚴时,应按规定处理,在每 40 cm² 的切面上,若超过 3 个以上囊尾蚴时,严禁出售,切面上囊尾蚴在 3 个以内时,经过煮熟后可食用。

②大力宣传科普知识,使广大群众了解到猪囊尾蚴的发生、发展规律,对人、猪的危害性及防制方法。加强卫生工作,厕所与猪圈要分开,发现病人,立即药物驱虫,杜绝传染来源。

③药物治疗。丙硫苯咪唑每千克体重肌注 60 mg,每隔 48 h注射一次,共注射 3 次;吡喹酮每千克体重 30～60 mg,每天口服

一次,连服 3 次,吡喹酮价格较贵,且杀死的囊虫多钙化,会影响猪肉的销售。

145. 如何防治猪疥螨病?

猪疥螨病是由猪疥螨寄生在猪的皮内而引起。病猪以皮炎和奇痒为特征,各年龄猪均可感染,俗称"猪癞",属接触性传染。

(1)症状

主要表现为皮肤发炎、脱毛、奇痒和消瘦。病初先是毛少皮薄部位,如眼周、头部、耳根、腹部遭感染,进一步蔓延到颈、背、躯干两侧及后肢内侧等部位。患部皮肤奇痒,常在墙壁、栏柱等粗糙物上擦痒,使皮肤出现丘疹、水疱,破溃后结痂脱毛,增厚,形成皱褶和龟裂。感染严重的病猪可出现食欲不振、生长缓慢、消瘦和贫血等全身症状。

(2)病理变化

主要病变在皮肤。

(3)诊断

根据临床症状及皮肤炎症不难诊断。确诊可取患部皮肤上痂皮病料,加适量 50%甘油水溶液镜检,见到活螨即可确诊。

(4)预防和治疗

①猪舍保持通风、干燥、清洁,定期消毒。新引进的猪隔离观察,无病后方可合群。

②药物治疗。0.5%～1.0%的敌百虫水溶液涂擦或喷洒患部,每周一次,连用 2～3 次;伊维菌素每千克体重 0.3 mg,颈部皮下注射,连用 2 次,间隔 5 d;0.005%溴氰菊酯水溶液喷洒患部,连用 2～3 次,间隔 5 d。

146. 如何防治猪弓形虫病?

猪的弓形虫病是由刚第弓形虫(又称龚地弓形虫)寄生在猪、牛、羊、犬、猫和人体内而引起的一种人畜共患的寄生原虫病。

（1）症状

潜伏期 3～7 d，病初体温升高至 40.5～42.0℃稽留，精神不振，食欲减退或废绝，多数便秘，有时拉稀，眼结膜充血，呼吸困难，咳嗽，耳、腹下、胸下等处皮肤出现红斑、发绀，体表淋巴结肿大，有的四肢及全身肌肉僵直，行走困难，少数病猪出现呕吐。病程10～15 d，不死者逐渐康复。妊娠母猪可发生流产或死胎。

（2）病理变化

全身淋巴结肿大，切面有坏死灶和出血点，肺、肝、脾、肾有不同程度的坏死灶和出血点，胃肠黏膜肿胀、充血、出血，胸腹腔渗出液增多。

（3）诊断

本病易与急性猪瘟混淆，确诊须进行实验室诊断。可采取猪脏器、淋巴结或胸腹腔渗出液，涂片、染色、镜检虫体，还可进行动物接种和血清学诊断。

（4）预防和治疗

①猪场内禁止养猫，严格灭鼠，猪饲料不要被猫粪污染。对发病地区的猪进行弓形虫检疫，对隐性感染猪治疗或淘汰，消灭传染源。

②药物治疗。磺胺嘧啶加甲氧苄氨嘧啶每千克体重 50～100 mg，肌注，每天一次，连用 3～4 d；或磺胺甲氧吡嗪每千克体重 30 mg、甲氧苄胺嘧啶每千克体重 10 mg，混合后内服，每天一次，连用 4 d。

147. 如何防治猪肺丝虫病?

猪肺丝虫病是由后圆线虫寄生在猪的呼吸道而引起，主要危害仔猪，严重时可以引起肺炎。

（1）症状

轻度感染猪的症状不明显，只是生长发育受阻。严重感染时，表现阵发性咳嗽和气喘，特别是早、晚更明显，有时鼻孔流出鼻液，甚至出现呼吸困难,贫血,病猪逐渐消瘦,最后导致死亡。

（2）病理变化

主要是支气管炎和肺炎。肺脏表面可见灰白色隆起呈肌肉样硬变的病灶,局部气肿,支气管增厚、扩张,管内有多量黏液和虫体。

（3）诊断

可用硫酸镁或亚硫酸钠饱和溶液,也可用饱和食盐水加等量甘油,做漂浮集卵检查。剖检时发现丝虫,并有肺部病变时可确诊。

（4）预防和治疗

①搞好猪舍内、外环境卫生,勤打扫,粪便堆积发酵处理,加强饲料管理,改善饲养条件,不让猪与蚯蚓有接触的机会。对流行地区猪群要进行预防性驱虫。

②药物治疗。左旋咪唑每千克体重 8 mg,拌料或饮水一次口服;丙硫苯咪唑每千克体重 5 mg,拌料口服;伊维菌素每千克体重 0.3 mg,皮下注射。

148. 如何防治猪旋毛虫病?

猪旋毛虫病是旋毛虫的幼虫,寄生于猪的横纹肌内而引起。除猪外,其他许多动物如猫、犬、鼠等和人都可感染,是人畜共患的蠕虫病之一。

（1）症状

轻度感染一般无明显症状,严重感染时可出现体温升高、肠炎、腹泻、消瘦、肌肉疼痛或僵硬,有时出现面部浮肿、叫声嘶哑、吞咽困难等症状,但极少死亡。

（2）病理变化

肠旋毛虫可引起肠炎,肠黏膜充血、出血;肌旋毛虫可使寄生部位肌纤维肿胀变粗。包囊肉眼不易看到,钙化后包囊有时可见到灰色的小结节。

（3）诊断

生前诊断较困难，一般取屠体两侧膈肌各一小块，重 30～50 g，顺肌纤维方向剪取 24 小块米粒大小的肉块，均匀放在玻片上，用另一玻片压成薄片，在低倍显微镜下检查。目前正在推广的酶联免疫吸附试验，简便快速，敏感性和特异性较强，可用于生前诊断。

（4）预防和治疗

①加强屠宰卫生检疫，猪圈养，猪场要防鼠、灭鼠，防止饲料被鼠污染，不用生废肉屑喂猪，发现疫情，应进行调查，制订防制措施。

②药物治疗。每千克饲料加入 0.3 g 丙硫苯咪唑，连喂 10 d；噻咪唑每千克体重 50～150 mg，拌料喂服；伊维菌素每千克体重 0.3 mg，皮下注射。

（八）猪常见普通病的诊治

149. 如何防治猪消化不良？

消化不良是猪胃肠消化机能障碍的统称，多发生于 1 月龄以内的哺乳仔猪，通常分为单纯性消化不良和中毒性消化不良两种，不具传染性，但仔猪生长发育受阻，易引起死亡。

（1）病因

妊娠母猪的饲料营养不全，影响胎儿在母体内的发育，使初生仔猪先天不足及母乳质量低劣，导致仔猪消化不良。哺乳母猪和仔猪的饲养管理不当，卫生条件不好，易导致仔猪消化不良的发生。少数断奶母猪消化不良，主要由饲料的突然改变引起。中毒性消化不良，多数是单纯性消化不良治疗不及时或治疗不当，造成肠内异常发酵出现有害物质及其毒素，对机体发生作用而形成。此外，遗传因素和应激因素对仔猪消化不良的发生，也起一定作用。

（2）症状

主要特征是腹泻，仔猪常在出生后 3～4 d 开始发病。

①单纯性消化不良。仔猪精神不振，喜卧，初期吸乳正常，随后减少或拒乳。体温一般正常，随地舔食，发生呕吐和腹泻，排出黄色黏性稀粪，含有气泡和未消化的乳凝块，有酸臭气味。日龄较大的仔猪，开始排出灰色黏性或水样粪便，以后可转为灰色或黄色条状，最后为球状而痊愈。若持续腹泻，病猪出现脱水时，被毛蓬乱失去光泽，眼球凹陷，站立不稳，全身战栗，粪便呈酸性反应。

②中毒性消化不良。病猪精神沉郁，食欲废绝，全身衰弱无力，喜钻草窝，对刺激反应减弱。严重腹泻，排出水样稀粪，甚至排便失禁。

（3）诊断

根据病史、临床症状及肠道微生物的检查进行诊断。对母猪乳汁，特别是初乳的质量分析，也有助于本病的诊断。本病还应与猪传染性胃肠炎、仔猪白痢、寄生虫性胃肠炎加以区别。

（4）防治

①加强妊娠母猪及哺乳母猪的饲养管理，改善卫生条件，保护仔猪机体功能。

②及时治疗。病初可限制饲喂，喂给人工乳、生理盐水或温茶水。药物治疗可采用人工胃液（盐酸 5 mL，胃蛋白酶 10 g，水 1 000 mL，添加适量维生素 B 和维生素 C），每天 3 次，每次 10～30 mL 灌服；嗜酸菌乳，每天 3～4 次，每次 5～10 mL，口服；碘淀粉（5%碘酊 5～8 mL，淀粉 10 g，凉开水 200 mL 混合），2～10 日龄每次 2～4 mL，10～30 日龄，每次 4～6 mL，每天 2 次灌服或涂于母猪奶头上，让仔猪吮吸；为防继发感染可用硫酸新霉素 0.5 g 口服；严重脱水时，可用生理盐水灌肠。

150. 如何防治猪胃肠炎?

胃肠炎是胃肠黏膜及其深层组织发生炎症变化,引起胃肠机能紊乱的一种疾病。

(1)病因

引起胃肠炎的原因较多,主要是饲养管理不当,喂给霉烂变质、质量低劣、冷冻饲料,不清洁的饮水,或误食含有毒物质的饲料等。也可继发于某些传染病(如猪瘟、猪副伤寒、大肠杆菌病等)或寄生虫病。

(2)症状

多突然出现剧烈而持续的腹泻,排出恶臭稀粪,并混有血液、黏液、有时还混有脓液。病猪精神沉郁,食欲减少或消失,饮水减少,以后由于腹泻而脱水,饮水量增加,喜卧,偶有腹痛而表现不安,有时出现呕吐,体温升高至 40~41℃。重症猪,肛门松弛,排便失禁或呈里急后重现象。

全身症状较明显,眼结膜发红,有时伴有黄疸,舌苔厚,口干臭,皮温不整,耳鼻四肢发凉。随病情的恶化,病猪眼窝下陷,四肢无力,步态不稳,呼吸快而浅,脉搏微弱,体温下降(低于正常体温),严重脱水,血液浓缩,尿量减少,全身肌肉震颤,出汗,有的出现兴奋、痉挛或昏迷等神经症状,终因衰竭而死亡。

(3)诊断

本病应及早诊断,如过晚,常可造成死亡。根据全身症状,食欲变化,舌苔变化,腹泻及粪便中所含黏液、血液、脱落组织等,不难作出正确诊断。若进行流行病调查和血、粪、尿的化验,对单纯性胃肠炎、传染病和寄生虫病的继发性胃肠炎,可进行鉴别诊断。

(4)防治

①合理饲养,不喂发霉、变质、不洁饲料,保证水源卫生。饲料搭配合理,不能突然更换饲料。猪舍保持清洁,做好通风保暖工作。

②一旦发生胃肠炎要及早治疗,本病的治疗原则是以抑菌消炎、补液解毒为主,辅以清理胃肠、止泻、强心等。氟哌酸、黄连素、庆大霉素等口服,同时注意补充维生素 B_1 和维生素 C。根据具体情况,可用人工盐、硫酸钠、石蜡油等缓泻,用药用炭、鞣酸蛋白和次碳酸铋等止泻。严重脱水、自体中毒、心力衰竭等病例要施行补液、解毒、强心等措施,可选用5%葡萄糖生理盐水、复方氯化钠注射液、5%碳酸氢钠注射液等,用量依脱水、中毒程度确定,心力衰竭可用安钠咖静注。若出现腹痛不安或呕吐现象时,内服颠茄制剂和安乃近有一定的效果。

151.如何防治猪便秘?

便秘以粪便干硬,停滞肠间难以排出为特征,是一种常见的消化道疾病。各种年龄猪都有发生。

(1)病因

原发性便秘主要是由于长期饲喂含粗纤维过多的饲料(如粗稻糠、谷壳、花生壳、秸秆等);缺乏青绿多汁饲料;饮水、运动不足;突然改变饲料;或饲料不清洁,混有多量泥沙等原因而诱发。

上述原因都可降低猪的胃肠道运动和分泌机能,妊娠后期、分娩不久的母猪及断奶仔猪易发生。某些传染病、热性病和肠道寄生虫病等发病过程中,也常呈现便秘。

(2)症状

病猪采食减少,饮水增加,腹围逐渐增大,喜卧,腹痛不安,常做排便动作。开始时可排出少量干硬、颗粒状的粪球,粪球表面附有黏液或少许血液,肛突、常见红肿,随后排便停止,直肠大量积粪。病猪腹围明显增大、呼吸加快、尿黄而少,甚至尿闭。有时还能少量饮食,用手触压腹侧,可摸到腹腔中有一条屈曲的圆柱状的肠管或串珠状的坚硬的粪球。原发性便秘体温一般不高或低于正常。

（3）诊断

通常依据临床症状即可确诊。

（4）防治

①加强饲养管理，科学搭配饲料，不饲喂过多粗糙和不洁饲料，供给充足的青绿多汁饲料和饮水，加强运动。

②首先去除病因，禁食、供给充足饮水。泻药治疗，如硫酸钠（镁）30～80 g，石蜡油 50～100 mL，大黄末 50～80 g，加水 300～1 000 mL 灌服，有较好下泻作用；温肥皂水反复深部灌肠，将肥皂水通过胶皮管送到深部肠管，控制好压力，随液体的流入，深部粪便得到软化，将胶管撤出后，滞留肠管的粪便就逐渐排出；发病过程出现腹痛症状时，可用 20％安乃近注射液 3～5 mL 肌注；肠道疏通后，喂给青绿多汁饲料，促进病猪痊愈。

152. 如何防治猪佝偻病？

佝偻病是仔猪由于维生素 D 缺乏及钙、磷代谢障碍所致。临床特征是消化紊乱，异嗜癖、跛行及骨骼变形。

（1）病因

由于饲料配合不科学，致使维生素 D 不足和钙、磷比例失调或钙磷缺乏；猪舍光照不足，降低了维生素 D 原（7-脱氢胆固醇）转化成维生素 D 的能力；某些慢性病、消化道疾病等使肠道对钙、磷的吸收减少，排出增多。

（2）症状

早期食欲减退，精神不振，消化不良。然后出现严重异嗜癖（舔食泥沙、砖头、粪便、污秽的垫草等），生长缓慢，喜卧，不愿站立和运动，突然卧地，阵发性肌痉挛，跛行，前肢呈下跪姿势以腕关节爬行。后期出现硬腭肿胀，口腔闭合困难，关节肿胀，骨端粗厚，四肢骨明显变形、弯曲等症状。X 射线和病理学检查，发现关节软骨发生皱折和溃疡。

（3）诊断

根据发病年龄、饲养管理条件,慢性经过,生长迟缓、异嗜癖和骨骼变化等,不难诊断。骨的 X 射线及骨的组织学检查,可帮助确诊。

（4）预防

科学调配饲料,供给含钙、磷多的饲料及青饲料,尤其是豆科饲料,并注意钙、磷比例［钙、磷比例应维持在(1.2～2)：1 范围内］,改善条件,使猪舍光照充足,饲料按维生素 D 的需要量给予补充。

（5）治疗

乳酸钙 1 g、磷酸钙 5 g,拌料一次喂给,每日 2 次,连用 7 d;维生素 A、维生素 D 肌注 1～4 mL 或维丁胶性钙肌注 2～4 mL,隔日一次,连用 3 次;鱼肝油 10～15 mL 拌料喂服,每日一次,连用 10 d;选用贝壳粉、蛋壳粉、鱼粉等 50～100 g,1 天分 2 次,拌料喂服。

153. 如何防治仔猪贫血?

贫血是指单位容积血液中,红细胞数和血红蛋白的量低于正常水平。贫血的原因是多方面的,这里只介绍仔猪营养性贫血。仔猪营养性贫血主要是仔猪所需的铁缺乏或不足,而引起造血机能障碍所致,又称仔猪缺铁性贫血,多发生于冬、春两季及圈养的 2 月龄以内的仔猪。

（1）病因

主要是母猪乳汁或饲料中缺乏铁、铜、钴等微量元素所引起。缺铁就会影响到血红蛋白的生成,而缺铜会导致红细胞数量减少。新生仔猪体内铁、铜的贮存非常有限,仔猪出生后生长迅速,体内贮存的铁很快被消耗,从母乳中得到的铁又很少,满足不了仔猪生长发育的需要。此时若得不到外源性的铁补充,就造成仔猪缺铁,影响血红蛋白的生成,出现贫血。长期在水泥地面猪舍内饲养的仔猪,不能与含铁等微量元素的土壤接触,仔猪补料不足或所补精料质量不佳,缺乏铁、铜、钴等,均会导致贫血。

(2)症状

精神不振,易于疲劳,呼吸加快,心跳快而弱,眼结膜、鼻端及四肢内侧皮肤等处苍白,被毛粗乱无光,干燥易断,皮肤弹性降低,有的病猪出现水肿、消化不良、消瘦、腹泻,血液稀薄,血红蛋白和红细胞降低,红细胞形态异常,大小不均。

(3)诊断

除根据仔猪环境条件及日龄大小等特点外,还根据临床表现及血液学变化等特征,如血红蛋白量显著减少,随后红细胞数量也下降,不难诊断。

(4)预防

加强母猪和初生仔猪的饲养管理。母猪妊娠后期和哺乳期保证全价饲料,仔猪要适时补料,加强运动,保证有与新鲜土壤接触的机会,仔猪出生后 2~3 d 内投服铁的化合物,如补喂铁铜合剂。

(5)治疗

牲血素或富血来注射液肌注;肌注葡萄糖亚铁注射液 2~4 mL,每天一次;0.1％硫酸亚铁和 0.1％硫酸铜混合水溶液供仔猪饮水;肌注维生素 B_{12} 注射液 2~4 mL,每天一次,连用 7~10 d。

154. 如何防治猪维生素 A 缺乏症?

维生素 A 缺乏症是由于维生素 A 缺乏所引起的以生长发育不良、视觉障碍和器官黏膜损害为特征的营养代谢病。青绿饲料不足的初春、冬季和秋末最易发生,多见于仔猪。

(1)病因

维生素 A 缺乏主要影响视色素的正常代谢、骨骼的生长和上皮组织的健康。严重缺乏的母猪,可影响胎儿正常发育。当长期饲喂缺乏维生素 A 原(胡萝卜素)的饲料时,可发生本病。此外,维生素 A 原是在肠上皮中转变为维生素 A,主要在肝脏中贮存,所以当患肠道疾病或肝病时,可继发维生素 A 缺乏症。

(2)症状

病猪头常偏向一侧和脊柱弯曲,步行不稳,后躯无力软瘫。有时病猪眼有浆液性分泌物,随后角膜角化。严重缺乏维生素 A 时,可发生"夜盲症",母猪可发生流产、死胎及产出无眼或小眼等畸形仔猪。仔猪发病后,生活力下降,易于感染。

(3)诊断

根据饲养管理和临床症状可作出初步诊断,确诊须检查血浆和肝脏中维生素 A 和维生素 A 原的水平。

(4)预防

多供给母猪富含维生素 A 及维生素 A 原的饲料,减少发病率。

(5)治疗

鱼肝油 5～10 mL 分点皮下注射;维生素 A 2.5 万～5 万 IU 肌注;鱼肝油 10～15 mL 内服。

155. 如何防治猪硒、维生素 E 缺乏症?

本病是猪体缺乏硒和维生素 E 而引起肌肉变性、肝坏死和肝脏营养不良及心肌纤维变性为特征的一种营养代谢病。我国部分地区发生过,常见于仔猪。

(1)病因

硒、维生素 E 是动物机体物质代谢所必需的重要营养物质,具有抗氧化作用,可使组织免受体内过氧化物的损害,对细胞正常功能起保护作用。一旦缺乏,可使骨骼肌、心肌、肝和血管内皮等高度需氧组织的细胞发生变性、萎缩和坏死。

硒缺乏主要是因为饲料中的硒含量不足,而饲料硒含量不足,又与土壤中可利用的硒水平有关。一般碱性土壤中的可溶性硒含量较高,易被植物吸收,而酸性土壤中的硒不易被植物吸收。维生素 E 在各种植物种子的胚乳中及青绿植物中含量丰富,但由于化学性质不稳定,易被氧化,故若饲喂品质不好的饲料及冬春缺少青绿饲料时,常促成本病的发生。

(2)症状

①白肌病。仔猪常营养状况良好,但突然发病,尤其体壮的猪发病,表现精神不振,呼吸急促,突然死亡。病程稍长的猪,表现颈部水肿,站立困难,常前肢跪下或犬坐姿势。随病情发展,四肢麻痹,行走摇晃,部分猪原地转圈,心律不齐,最后衰竭而死亡。

②肝营养不良和桑葚心。急性病例多见于营养良好、生长迅速的仔猪,常突然死亡。病程稍长者,可出现精神不振,食欲减退及腹泻、呕吐、呼吸困难,胸腹皮肤发绀,或四肢内侧出现紫红色斑点等症状。

(3)病理变化

白肌病主要病变是骨骼肌和心肌颜色变淡,发亮有泡,皮下水肿处呈胶冻状,骨骼肌横切面有灰白色的坏死斑纹,肌肉含水量增高,又称“水猪肉”。肝营养不良主要病变是肝脏色黄质脆,呈紫黑色、瘀血、肿大、边缘钝圆、切面外翻,表面粗糙、有大小不等的坏死灶。桑葚心主要病变是心脏色淡、松软,外表面呈紫红色的草莓或桑葚状,冠状沟脂肪胶样变性,心外膜和心内膜有出血点,心肌有白色条纹及斑点状出血,两心室容积增大,肺水肿,胸膜腔内有胶冻状渗出液。

(4)诊断

目前尚缺乏有效特异性诊断方法。根据临床症状、病理变化、测定病猪饲料及组织中的硒水平,可作出诊断。本病应注意与猪水肿病区别。水肿病水肿主要表现在眼睑和头额,并能从肿大的肠系膜淋巴结中分离培养出大肠杆菌。

(5)预防和治疗

增加青绿饲料与富含硒及维生素 E 的饲料。仔猪出生后 7 d 内、断乳时和断乳后 1 个月,用亚硒酸钠溶液每千克体重 0.13 mg 和维生素 E 每千克体重 10 万～15 万 IU,各注射一次;日粮注意添加亚硒酸钠—维生素 E 添加剂。治疗方法可用亚硒酸钠维生素 E 注射液 1~3 mL 肌注或 0.1%亚硒酸钠 2~4 mL 皮下注射或肌注。

156. 如何防治猪食盐中毒？

食盐是动物生理上不可缺少的成分,适量的食盐能增加饲料的适口性,增进食欲,但采食过量则会发生中毒,甚至死亡。

(1)病因

饲喂含盐量过高的加工副产品和腌制品的剩水,或饲料中添加了过量食盐等而引起中毒。猪的食盐致死量为 125~250 g,平均每千克体重 3.7 g。

(2)症状

中毒初期表现极度口渴,眼和口腔黏膜充血、发红,呕吐,口角流出泡沫,不断咀嚼。随后大多数病猪出现神经症状,表现兴奋不安,盲目行走,转圈,前冲后撞,肌肉痉挛,身体震颤。严重的瞳孔扩大,呼吸困难,四肢瘫痪不能站立,最后倒地昏迷。常于发病后 1~2 d 内死亡。

(3)诊断

主要根据有采食过量食盐的病史和临床神经症状可作出诊断。

(4)预防

日粮中添加食盐要适量,控制在 0.2%~0.5%,并拌匀;利用含盐量高的残渣废水时,要限制用量,并与其他饲料混合饲喂;保证猪有充足的饮水。

(5)治疗

立即停喂含盐量高的饲料。轻度中毒猪可供给大量饮水或灌服大量糖水,急性中毒开始阶段,应严格控制饮水,以防食盐吸收和扩散,使症状加剧。可采用 0.1%~1.0%单宁酸洗胃,再用 0.5~1.0 g 硫酸铜内服催吐,或内服植物油 50~100 mL 导泻;静脉注射

5％葡萄糖酸钙 200～400 mL,或 10％氯化钙 10～30 mL 加入葡萄糖溶液,静脉注射;为缓和兴奋和痉挛发作,用 40％硫酸镁 10 mL 或氯丙嗪、安定等镇静药,肌肉注射。

157.如何防治猪霉饲料中毒?

猪霉饲料中毒常见两种类型:

(1)黄曲霉毒素中毒

①病因。黄曲霉菌常寄生于作物种子中,如花生、玉米、黄豆、棉籽等,在适宜的温度、湿度条件下,迅速生长繁殖并产生毒素,当猪采食了被感染的种子,加工的饲料及其副产品后,就会发生中毒。作物收获季节,如果天气不好,阴雨连绵,作物种子难以晒干,或堆放饲料的地点阴暗潮湿,堆放时间过长,常发生本病。

②症状。病猪在采食发霉饲料后 5～15 d 出现症状。急性中毒猪可在运动中死亡,病猪精神委顿,不食,走路不稳,黏膜苍白,粪便干燥、带血,有时出现神经症状,间歇性抽搐,角弓反张,或站立一隅,头抵墙下。慢性病例表现食欲降低,精神不振,口渴,异嗜癖,生长迟缓,有的皮肤充血、出血,后期红细胞大幅降低,凝血时间延长,白细胞总数增加。

③病理变化。急性病例主要是贫血、出血,胸膜腔大出血、肌肉出血,胃肠道出血。慢性病例主要是肝硬化、坏死,胸膜腔积液,肾苍白,肿大。

④诊断。根据病史、饲料样品检查、临床症状、病理变化等,做出初步诊断,确诊可做真菌分离培养。

⑤防治。目前尚无特效解毒药,应以预防为主。①严格禁止使用霉变饲料喂猪,做好饲料的防霉工作,收获的作物籽实要充分晒干,贮存在低温、干燥处。②对已中毒的病例,用 0.1％的高锰酸钾溶液、清水或弱碱溶液进行灌肠、洗胃,再用健胃缓泻剂,同时停喂精料,只喂给青绿饲料,待症状好转后再逐渐增加精料。

（2）赤霉菌毒素中毒

①病因。赤霉菌能感染小麦、大麦、燕麦、玉米以及其他禾本科植物，在适宜温度和湿度条件下，大量繁殖，并产生毒素，猪采食了感染此菌的茎叶或种子后，可引起中毒。

②症状。猪急性中毒时，于采食 30 min 后不断发生呕吐，拒食，消化不良，腹泻。慢性中毒可引起性机能紊乱，母猪阴户肿大，乳腺增大，子宫增生，阴户、阴道内部黏膜肿胀、充血、发炎；公猪包皮水肿、发炎和乳腺肥大。

③病理变化。胃肠道黏膜、肝、肾和肺等坏死性损害和出血，阴道、子宫颈黏膜水肿、增生、出血和变形。

④诊断。根据饲喂发霉饲料的病史、临床症状和病理变化可作出初步诊断。

⑤防治。目前还没有特效治疗药物，应预防为主。禁止用受赤霉菌感染的植物作为饲料；做好植物赤霉病的预防工作；对轻微感染赤霉病的饲料，用 10％石灰水溶液浸泡，反复换水 3～4 次后，取出晒干可作饲料，或在日粮中搭配其他饲料。

158. 如何防治猪感冒？

猪感冒是由寒冷刺激引起的以呼吸道黏膜炎症为主的全身性疾病，主要发生在冬春季节。

（1）病因

气候突然变化，猪舍潮湿，保温条件差，贼风侵袭，长途运输，猪体受风寒刺激等易引起发病。

（2）症状

病猪体温升高，精神不振，食欲减退，眼结膜潮红，鼻黏膜充血、肿胀、流鼻涕、咳嗽，畏寒怕冷，喜钻垫草，皮温不均，耳尖及四肢发凉。有的病猪出现下痢或便秘，行走无力，弓背垂尾。若不及时治疗，可继发支气管炎或肺炎等。

（3）防治

①做好防寒保温工作,猪舍保持清洁干燥。

②病初应解热镇痛,防止并发病的发生。10%复方氨基比林5～10 mL,或30%安乃近5～10 mL肌注,每日1～2次。为防继发感染,用青霉素40万～80万 IU肌注,每日2次;银翘解毒丸2～3丸(小猪酌减),开水冲化,候温灌服,每日2～3次。

159.如何防治猪风湿病?

风湿病是背、腰、四肢的肌肉和关节发生病变的全身性疾病,在寒湿地区和冬春季节发病较高。

（1）病因

本病的发病原因迄今尚不十分清楚。在寒冷、潮湿的天气,猪舍保温条件差,猪遭受风寒侵袭,或受冰雪雨淋,久卧湿地等,都易发生本病。

（2）症状

突然发病,先发生在后肢,随后扩展到腰背部。触诊患部肌肉,疼痛、温热、表面坚硬、不平滑,慢性病例肌肉萎缩,因疼痛为转移性,故四肢交替跛行。病猪弓腰、喜卧、消瘦,若多数肌肉或关节发病,则呈现全身症状,精神不振,体温升高,食欲减少,运动困难,卧地不起。经数日或1～2周后,症状消失,但易复发。

（3）防治

①加强饲养管理,冬季防寒保暖,避免感冒,猪舍保持清洁干燥。

②可选用下列疗法。2.5%醋酸可的松注射液3～10 mL肌注,或0.5%氢化可的松注射液2～10 mL肌注;复方水杨酸钠注射液10～20 mL静注;风湿宁注射液5～10 mL,前肢抢风、后肢百会等穴位注射,隔日1次,3～4次为一疗程。

160.如何防治猪应激综合征?

猪应激综合征是指猪在应激因子(应激原)的作用下,如追捕、运输、驱赶、混群、高温、电击、拥挤、咬斗、注射、麻醉、手术保定、环境突变、日粮中维生素和微量元素缺乏等,致使下丘脑兴奋,产生一系列非特异性应答反应。

（1）病因

猪在应激时体内的 ATP 和肌酸迅速降低,肌糖元酵解成大量乳酸,体温骤然升高至 42～45℃。应激易感猪为常染色体隐性基因遗传,据调查,部分或全部关禁饲养,并加强遗传选择后,肌肉生长得最丰满的猪,发病率高。

（2）症状

猪在应激时产生恶性高热。应激反应的早期,病猪肌肉和尾巴震颤,进一步呈现不规则呼吸和呼吸困难,体温迅速升高,心跳加速,皮肤、黏膜发绀,肌肉僵直,特别是后肢僵直,眼球突出,站立不稳。发病严重的猪未见症状突然猝死。

（3）病理变化

猝死猪剖检一般无特殊的病变,主要是死亡后立即发生尸僵,随时间延长,肌肉僵硬程度加剧。大部分应激易感猪死亡或宰杀后,肌肉苍白、柔软、汁液渗出增多（PSE 肉）,由于酸中毒、肌肉 pH 降低,肉质低劣,营养性和适口性降低。

（4）防治

①选育抗应激猪种,改进饲养管理,降低应激反应的发生。出栏前对已知的应激易感猪,用氯丙嗪预防注射,防止发生应激反应。

②选用氯丙嗪每千克体重 1～2 mg,肌肉注射 1 次;肾上腺皮质激素,每次每头猪注射 20～80 mg。

五、效益分析

(一)猪成本核算

猪的成本核算就是考核养猪生产中的各项消耗,分析各项消耗增减原因,从而找到降低成本的途径。成本是企业生产产品所消耗的物化劳动和活劳动的总和,是在生产中被消耗掉的价值,为了维持再生产,这种消耗必须在生产成果中予以补偿。一个养猪企业如果要增加盈利,通常有两条途径,一是通过扩大再生产,增加总收入;二是通过改善经营管理,节约各项消耗,降低生产成本。因此,猪场的经营管理者必须重视成本,分析成本项目,熟练掌握成本核算方法。

161. 猪的生产成本由哪些项目构成?

猪的生产成本分为直接成本和间接成本。直接成本是指直接用于养猪生产的费用,主要包括饲料费、防疫费、兽药费、劳务费等;间接成本是指间接用于养猪生产的费用,主要包括管理人员工资、固定资产折旧费、种畜价值摊销费、设备维修费、贷款利息、供暖费、水电费、工具费、差旅费、招待费等。在养猪生产实践中,需要计入成本的直接费用和间接费用项目很多,概括起来主要有以下 10 种。

(1)饲料费

指直接用于各猪群的各种全价饲料、浓缩料、预混料及其他单一饲料等方面的开支。

（2）防疫费

指养猪所消耗的疫苗等能直接记入的防疫费用。

（3）兽药费

指养猪所消耗的兽药等能直接记入的医疗费用。

（4）劳务费

指直接从事某种产品生产的饲养员工资和福利开支。

（5）种畜价值摊销费

指应负担的种公猪和生产母猪的摊销费用。若是购买或转入的仔猪、后备猪,应将期初原值计入成本。

（6）固定资产折旧费

指固定资产(包括办公设施、猪舍、设备、种猪等)按照一定的使用年限所发生的折旧费用。

（7）固定资产修理费

指固定资产所发生的一切维护保养费用和修理费用。如猪舍维修费、电机修理费等。

（8）燃料和动力费

指饲养所消耗的水、电、煤、油等方面的费用。

（9）低值易耗品费

指能够直接记入的低值工具和劳保用品价值。如喷雾器、注射器、工作服、扫帚、手套等方面的费用。

（10）其他杂费

凡不能直接列入以上各项的费用,如差旅费、招待费等。

162.怎样进行养猪成本核算?

在养猪企业的生产中,经常发生各种消耗。这些消耗,有的直接与某一种产品的生产相关,例如饲料费、兽药费、饲养员工资等,这种为生产某一种产品所支付的开支,就叫直接支出,又叫该产品的直接生产费用,客观上可以真实计入生产经营成本,不打折扣。而另外一些消耗如固定资产折旧费、燃料和动力费、贷款利息、日常办公杂费等,是为了几种产品的生产所支付的开支,叫该产品的间接生产费用,又叫间接支出,这些费用不是为一种产品服务,而是为几种产品服务,所以不能只记在某一种产品的账上,亦即不能单独计入某种产品的生产经营成本,需要采取一定的方法,在部门内几种产品之间进行分摊,这种分摊就是分配计入。

计算猪的生产成本,需要必备的基础性资料。首先要在一个生产周期或一年内,根据成本项目记账或汇总,核算出各猪群的总费用;其次是要有各猪群的头数、活重、增重、主副产品产量等的统计资料。运用这些数据资料,才能计算出各猪群的直接成本、间接成本、单位主产品的成本,进而进行产品的经济效益分析。在养猪生产中,一般要计算猪产品成本、猪产品饲养日成本和猪产品单位成本。

(1)猪产品成本

表明猪场生产某一产品生产期内的全部成本之和(包括直接生产成本和间接生产成本),是计算产品单位成本的重要依据。其计算公式如下:

$$猪产品成本=直接生产成本+间接生产成本$$

(2)猪产品饲养日成本

表明猪场生产某一产品平均每天每头猪支出的成本(包括直接成本和间接成本),对猪场的经济核算十分重要。其计算公式如下:

$$猪产品饲养日成本=产品成本÷猪群饲养头数÷猪群饲养日数$$

(3)猪产品单位成本

这是经营者必须进行分析核算的重要成本指标。在产品单价一定的条件下,主产品单位成本越高,所获的盈利越少,全场的经济效益就越低。如果主产品成本超过主产品销售单价,势必发生亏损,应尽量避免这种情况的发生。

$$猪产品单位成本=(猪产品成本-副产品价值)÷猪产品产量$$

（二）猪效益分析

猪的效益分析是根据成本核算所反映的生产情况，对猪的产品产量、产品成本、盈利等进行全面系统的统计和分析，以便对猪场的经济活动作出正确评价，保证下一阶段工作顺利完成。

163.如何计算猪的产品产量？

通常是分析仔猪成活率、猪平均日增重、肉猪出栏数等指标是否完成计划指标。

$$仔猪成活率＝（断奶时成活仔猪数÷初生时活仔猪数）×100\%$$
$$猪平均日增重＝（末重－始重）÷饲养天数$$

164.怎样分析养猪产品成本？

猪场的主产品是仔猪和育肥猪。产品成本的分析主要根据生产成本项目统计资料计算猪的直接费用和间接费用，一般对仔猪、育肥猪计算其产品成本或单位成本进行分析，也可通过仔猪活重成本、育肥猪的总增重成本进行分析。通常饲料费占总成本70％左右，是影响成本的重要因素。因此，提高猪的饲料利用率，开发本地饲料资源，是降低养猪生产成本的有效途径。

165.如何分析养猪利润？

在猪产品所创造的价值中，扣除支付劳动报酬、补偿生产消耗之后的余额，即养猪者的盈利又叫毛利。毛利减去税金就是利润。利润是在一定时期内以货币表现的最终经营结果，利润核算是考核养猪者生产经营好坏的重要手段。

$$利润额＝产品销售收入－产品销售成本－销售费用－$$
$$税金±营业外收支$$

当上式结果出现负值时即为亏损。总利润额只说明利润多少,不能反映利润水平的高低。因此,考核利润还要计算利润率,猪的利润率一般应计算成本利润率、产值利润率和投资利润率等指标。

$$成本利润率＝利润额÷产品成本×100\%$$
$$产值利润率＝利润额÷总产值×100\%$$
$$投资利润率＝利润额÷投资总额×100\%$$

(三)猪成本核算和效益分析生产实例

166.案例简介

陕西省安康市某养猪场建于 2008 年 12 月,固定资产原值为 500.00 万元,年折旧率 5%,2012 年末账面净值为 410.00 万元。2012 年该猪场猪群结构和喂料标准如表 5-1、表 5-2 所示。

(1)2012 年猪场的猪群结构(表 5-1)

表 5-1 陕西省安康市某养猪场猪群结构

猪群种类	饲养周数	猪群组数	每组头数	存栏头数	备注
空怀母猪群				70	配种后观察 21d
妊娠母猪群	5			156	
泌乳母猪群	12	5	14	72	
哺乳仔猪群	6	12	13	575	期初头数
保育仔猪群	5	6	12	520	期初头数
生长肥育猪群	5	5	115	1 300	期初头数
后备母猪群	13	5	104	104	10 月龄配种
公猪群	52	13	100	12	10 月龄配种
后备公猪群	52	52	2	4	12 月龄配种
总存栏数	52			2 813	最大存栏头数

(2)2012年猪场各类猪群喂料标准(表5-2)

表5-2　陕西省安康市某养猪场猪群喂料标准

阶段	饲喂时间/d	饲料类型	喂料量/(kg/头·天)
后备母猪	230	331	2.3
空怀母猪	35	333	2.7
妊娠母猪	84	332	2.5
哺乳母猪	42	333	4.5
后备公猪	290	331	2.3
种公猪	365	335	2.7
哺乳仔猪	35	311	0.30
保育仔猪	35	312	0.60
育肥猪	110	313	2.0

经调查,2012年12月该场共有管理人员7人,饲养人员10人。生产安排采用以周为单位,全进全出、均衡生产的饲养工艺。存栏猪2 813头,母猪年产仔胎数2.2,每胎产仔数10.5头,哺乳期35 d,保育期35 d,育肥期110 d,留种仔猪和育肥猪同期饲养至180日龄后进入后备培育期,时间为130 d;猪只哺乳期、保育期和育肥期的成活率分别为90%、95%和98%,种猪的年更新率为35%;哺乳仔猪料价格0.8万元/t,保育仔猪料价格0.6万元/t,其他猪料价格0.4万元/t,兽药防疫费仔猪5元/头,育肥猪3元/头,其他猪10元/头;管理人员工资2 400元/月,饲养人员工资2 000元/月;年淘汰种猪收入10.80万元,仔猪(含种猪)粪肥价值2.35元,育肥猪粪肥价值1.13万元;根据市场价格确定仔猪(70日龄)单价为800元,育肥猪(180日龄)单价为2 200元,种猪价值2 000元,按4年使用期回收,固定资产维修费1.66万元,燃料和动力费9.73万元,低值易耗及工具费3.12万元,其他杂费9.20万元。资料显示,2012年该猪场生产运行正常,经营管理良好,并取得了预期的经济效益。请依据上述资料,分析该猪场的成本和效益。

167. 案例分析

（1）成本分析

① 直接成本计算。

仔猪生产成本：由于种猪的主产品是仔猪，淘汰的种猪又需要后备猪及时补充。根据成本项目分配原则，种猪、后备猪的饲养成本应分摊至种猪主产品（仔猪）当中进行成本核算。

a. 种猪。2012 年猪场常年存栏种猪 310 头，其中种公猪 12 头，基础母猪 298 头，年更新率 35％，即该猪场 2012 年需要更新的种猪为：

310×0.35＝108 头（种公猪 4 头，生产母猪 104 头）。

饲料费：按种猪生产类别分别计算。

种公猪：12×365×2.7÷1 000×0.40＝4.73 万元。

空怀母猪：14×35×2.7×52÷1 000×0.40＝27.52 万元。

妊娠母猪：13×84×2.5×52÷1 000×0.40＝56.78 万元。

哺乳母猪：12×42×4.5×52÷1 000×0.40＝47.17 万元。

饲料费合计：136.20 万元。

兽药防疫费：310×10÷10 000＝0.31 万元（10 元/头计）。

劳务费：2 000×12×3÷10 000＝7.20 万元（饲养员工资依据配种、妊娠、哺乳等生产环节实行分段承包，共有饲养员 3 人，月工资 2 000 元）。

2012 年种猪的直接成本为 143.53 万元。

b. 后备猪（182～312 日龄）。2012 年猪场培育成功的后备猪 108 头（7～10 月龄），用于种公猪和繁殖母猪的更新。

饲料费：108×2.3×130÷1 000×0.40＝12.92 万元。

兽药防疫费：108×10.00÷10 000＝0.11 万元（10 元/头计）。

劳务费：2 000×12×1÷10 000＝2.40 万元（饲养员工资依据后备猪的育成率实行承包，共有饲养员 1 人，月工资 2 000 元）。

2012 年后备猪的直接成本为 15.43 万元。

c.仔猪(出生～70 日龄)。2012 年猪场存栏基础母猪 298 头,若年产仔胎数 2.2,每窝产仔数 10.5 头,则全年生产仔猪数为:

哺乳仔猪:6 884 × 90% = 6 196 头(哺乳期仔猪成活率为 90%)。

保育仔猪:6 196 × 95% = 5 886 头(保育期仔猪成活率为 95%)。

2012 年猪场育成 70 日龄仔猪数 5 886 头,计划销售 2 886 头,转入育肥舍 3 000 头。

饲料费:按照仔猪生产分段分别计算。

哺乳仔猪:6 884 × 0.30 × 35 ÷ 1 000 × 0.80 = 57.83 万元。

保育仔猪:6 196 × 0.60 × 35 ÷ 1 000 × 0.60 = 78.07 万元。

兽药防疫费:按照仔猪生产分段分别计算。

哺乳仔猪:6 884 × 5 ÷ 10 000 = 3.44 万元(5 元/头计)。

保育仔猪:6 196 × 5 ÷ 10 000 = 3.10 万元(5 元/头计)。

劳务费:2 000 × 12 × 4 ÷ 10 000 = 9.60 万元(饲养员工资依据仔猪成活率、目标体重等指标实行承包,共有饲养员 4 人,月工资 2 000 元)。

2012 年仔猪(包括种猪、后备猪)的直接成本为 311.00 万元。

育肥猪(71～181 日龄)生产成本:2012 年猪场转入育成舍的保育仔猪 3 000 头,饲养至 180 日龄后留种 108 头。若育成阶段猪的成活率为 98%,则期末出栏数为:

3 000 × 98% = 2 940 头(后备留种 108 头,计划销售 2 832 头)。

饲料费:3 000 × 2.0 × 110 ÷ 1 000 × 0.40 = 264.00 万元。

兽药防疫费:3 000 × 3.00 ÷ 10 000 = 0.90 万元(3 元/头计)。

劳务费:2 000 × 12 × 2 ÷ 10 000 = 4.80 万元(饲养员工资依据育肥猪的出栏率实行承包,共有饲养员 2 人,月工资 2 000 元)。

2012 年育肥猪的直接成本为 269.70 万元。

②间接成本计算。

a.管理人员工资:猪场设场长、副场长、技术员、会计各 1 人,

其他工作人员 3 人,月工资平均 2 400 元,全年支出工资总额为:

2 400×12×7÷10 000＝20.16 万元。

b.固定资产折旧费:猪场固定资产原值为 500.00 万元,2012 年末账面净值为 410.00 万元,年折旧率 5％,则全年提取固定资产折旧费为:

410.00×5％＝20.10 万元。

c.种猪价值摊销费:种猪是猪场抽象的固定资产,若原值按 4 年使用期折旧,则年提取折旧费为:

2 000÷4×310÷10 000＝15.50 万元。

d.固定资产维修费:办公设施、猪舍、设备等维修费 1.66 万元。

e.燃料和动力费:水电、供热等费用 9.73 万元。

f.低值易耗及工具费:办公用品、日常用品、生产耗材等费用 3.12 万元。

g.其他杂费:贷款利息、差旅费等费用 9.20 万元。

上述各项之总和为猪群全年饲养期间的间接成本,合计 79.47 万元。

③间接成本分摊。

猪场的间接成本不只是为一种猪产品服务,而是为几种猪产品服务的。因此,需要采取一定的方法在几种产品之间进行分摊计入。即按照饲养头数和饲养天数将其分配计入到猪产品(仔猪和育肥猪)的成本中。具体分摊如下:

a.猪(产品)饲养日总和:5 886×70＋2 832×110＝723 540(日)。

b.猪饲养日单位间接成本:79.47×10 000÷723 540＝1.10(元/头·d)。

c.仔猪分摊额:5 886×70×1.10÷10 000＝45.32 万元。

d.育肥猪分摊额:2 832×110×1.10÷10 000＝34.27 万元。

④猪产品成本计算。

a. 猪产品成本＝直接成本＋间接成本。

b. 仔猪成本：311.00＋45.32＝356.32 万元。

c. 育肥猪成本：269.70＋34.27＝303.97 万元。

d. 产品总成本：356.32＋303.97＝660.29 万元。

⑤猪产品饲养日单位成本计算。

a. 猪产品饲养日成本＝猪产品成本÷猪饲养头数÷猪群饲养日数。

b. 仔猪饲养日单位成本：356.32×10 000÷5 886÷70＝8.65（元/头·d）。

c. 育肥猪饲养日单位成本：303.97×10 000÷2 832÷110＝9.76（元/头·d）。

⑥猪产品单位成本计算。

根据成本项目分配原则,种猪和后备猪的直接生产成本因计入仔猪成本中核算,故其副产品价值应计入仔猪成本中即可。

a. 猪产品单位成本＝(猪产品成本－副产品价值)÷猪产品总产量。

2012 年该猪场仔猪副产品价值 13.15 万元,其中淘汰的种猪价值 10.80 万元,粪肥价值 2.35 元,育肥猪副产品(粪肥)价值 1.13 万元。

b. 仔猪单位成本：(356.32－13.15)×10 000÷5 886＝583.02（元/头）。

育肥猪单位成本(303.97－1.13)×10 000÷2 832＝1 069.35（元/头）。

⑦产品销售成本计算。

2012 年该猪场育成 70 日龄仔猪 5 886 头,其中市场销售 2 886 头,本场集中育肥 3 000 头,故产品的销售成本为:

a. 仔猪销售成本：2 886×583.02÷10 000＝168.26 万元。

b. 育肥猪销售成本：(3 000×583.02＋2 832×1 069.35)÷10 000＝477.75 万元。

c. 产品销售总成本：168.26＋477.75＝646.01 万元。

（2）效益分析

①猪产品的销售收入。

猪产品的销售收入＝产品销售产量（头）×产品单价（元/头）

根据猪产品单位成本和市场价格，2012 年该猪场确定的仔猪（70 日龄）单价为 1 000 元，育肥猪的单价为 2 200 元，则产品的销售收入为：

a. 仔猪销售收入：2 886×1 000÷10 000＝288.60 万元。

b. 育肥猪销售收入：2 832×2 200÷10 000＝623.04 万元。

c. 产品销售总收入：288.60＋623.04＝911.64 万元。

②猪产品的利润额。

产品总利润：产品销售总收入－产品销售总成本－销售费用＋营业外收支。

2012 年猪场产品销售总收入 911.64 万元，种猪淘汰费 10.80 万元，仔猪粪肥价值 2.35 万元，育肥猪粪肥价值 1.13 万元，产品销售总成本 646.81 万元，仔猪销售费用 0.58 万元，育肥猪销售费用 1.13 万元。由于近几年养殖业税金很少，可以忽略不计。据此计算产品利润则为：

a. 产品总利润：911.64－646.01－1.71＋14.28＝278.20 万元。

b. 仔猪利润：288.60－168.26－0.58＋2.35＋10.80＝132.91 万元。

c. 育肥猪利润：623.04－477.75－1.13＋1.13＝145.29 万元。

猪场的成本核算就是对猪场仔猪和育肥猪等产品所消耗的物化劳动和活劳动的价值总和进行计算，得到产品生产所消耗的资金总额，即产品成本。定期的成本核算可使经营者明确目标，做到心中有数，从而做出正确的决策，有针对性地加强成本管理。成本管理则是在细致严格地进行成本核算基础上，考察构成成本的各

参考文献

[1] 李和国,关红民.养猪生产技术.北京:中国农业大学出版社,2014.

[2] 李和国.猪的生产与经营.北京:中国农业出版社,2001.

[3] 段诚中.规模化养猪新技术.北京:中国农业出版社,2000.

[4] 杨公社.猪生产学.北京:中国农业出版社,2002.

[5] 陈清明,王连纯.现代养猪生产.北京:中国农业出版社,1997.

[6] 蔡宝祥.家畜传染病学.4版.北京:中国农业出版社,2001.

[7] 王连纯.养猪与猪病防治.北京:中国农业出版社,2000.

[8] 葛云山.养猪生产关键技术.南京:江苏科学技术出版社,2000.

[9] 李炳坦.养猪生产技术手册.北京:中国农业出版社,1990.

[10] 王爱国.现代实用养猪技术.北京:中国农业出版社,2002.

[11] 苏振环.现代养猪使用百科全书.北京:中国农业出版社,2004.

[12] 王林云.养猪词典.北京:中国农业出版社,2004.

[13] 李立山.养猪与猪病防治.北京:中国农业出版社,2006.

[14] 白文彬,于康震.动物传染病诊断学.北京:中国农业出版社,2002.

[15] 陈焕春.规模化猪场疫病控制与净化.北京:中国农业出版社,2000.

[16] 费恩阁,李德昌,等.动物疫病学.北京:中国农业出版社,2004.

项消耗数量,查找猪场盈利或亏损的主要原因,寻找降低成本的途径和措施。

2012 年该猪场的成本核算和效益分析,定量了仔猪和育肥猪的各种生产成本,同时得到了猪产品的利润。通过分析结果,可以知道每生产 1 头猪需用多少资金,耗费多少生产资源,这个结果,不但有利于决策者对现实的成本构成做出正确评价,而且还可以根据产品市场售价,随时了解猪场的盈亏状态,减少单位产品的摊销费用,从而达到提高经济效益的目的。